住房城乡建设部土建类学科专业"十三五"规划教材

全国住房和城乡建设职业教育教学指导委员会规划推荐教材

建 筑 结 构 基 础 与 识 图

（第四版）

（工程造价与工程管理类专业适用）

杨太生　主　编

陈东佐　梁建民　主　审

中国建筑工业出版社

图书在版编目（CIP）数据

建筑结构基础与识图/杨太生主编. —4 版. —北京：
中国建筑工业出版社，2019.5（2025.5重印）
住房城乡建设部土建类学科专业"十三五"规划教材
全国住房和城乡建设职业教育教学指导委员会规划推荐教材
ISBN 978-7-112-23355-7

Ⅰ.①建… Ⅱ.①杨… Ⅲ.①建筑结构-高等职业教育-
教材②建筑结构-建筑制图-识图-高等职业教育-教材
Ⅳ.①TU3②TU204

中国版本图书馆 CIP 数据核字（2019）第 033435 号

　　《建筑结构基础与识图》（第四版）是一本适合高职高专教育工程造价与建筑管理类专业的教材。全书共分 10 个教学单元，包括绪论、建筑力学基础知识、结构设计方法与设计指标、混凝土结构基本构件、钢筋混凝土楼（屋）盖、钢筋混凝土多层与高层结构、砌体结构基础知识、钢结构基础知识、建筑基础基础知识、建筑结构施工图识读等内容。并附有实践教学课题、思考题与习题、结构施工图，供师生在教与学过程中参考。

　　本次再版依据正式颁布的国家现行规范、标准和全国高职高专教育工程管理类分指委制定的教育标准、培养方案及主干课程教学大纲，在第三版的基础上经广泛征求意见修订而成。内容简明，突出应用，便于教学与学习。可以作为各类院校高职高专教育工程造价与建筑管理类专业的教学用书，也可作为工程技术人员的参考书。

　　为便于本课程教学，作者自制免费课件资源，请发送至 10858739@qq.com 索取。

责任编辑：王　跃　张　晶　刘平平
责任校对：李欣慰

住房城乡建设部土建类学科专业"十三五"规划教材
全国住房和城乡建设职业教育教学指导委员会规划推荐教材

建筑结构基础与识图

（第四版）

（工程造价与工程管理类专业适用）

杨太生　主　编

陈东佐　梁建民　主　审

*

中国建筑工业出版社出版、发行（北京海淀三里河路9号）

各地新华书店、建筑书店经销

北京红光制版公司制版

建工社（河北）印刷有限公司印刷

*

开本：787×1092 毫米　1/16　印张：14½　插页：7　字数：399 千字
2019 年 6 月第四版　　2025 年 5 月第四十次印刷
定价：**39.00** 元（赠课件）
ISBN 978-7-112-23355-7
（33649）

第四版教材编审委员会名单

主　任：胡兴福

副主任：黄志良　贺海宏　银　花　郭　鸿

秘　书：袁建新

委　员：（按姓氏笔画排序）

王　斌　王立霞　文桂萍　田恒久　华　均

刘小庆　齐景华　孙　刚　吴耀伟　何隆权

陈安生　陈俊峰　郑慧虹　胡六星　侯洪涛

夏清东　郭起剑　黄春蕾　程　媛

第三版教材编审委员会名单

主　任：李　辉

副主任：黄兆康　夏清东

秘　书：袁建新

委　员：（按姓氏笔画排序）

王艳萍　田恒久　刘　阳　刘金海

刘建军　李永光　李英俊　李洪军

杨　旗　张小林　张秀萍　陈润生

胡六星　郭起剑

第二版教材编审委员会名单

主　任：吴　泽

副主任：陈锡宝　范文昭　张怡朋

秘　书：袁建新

委　员：（按姓氏笔画排序）

马纯杰　王武齐　田恒久　任　宏　刘　玲

刘德甫　汤万龙　杨太生　何　辉　宋岩丽

张　晶　张小平　张凌云　但　霞　迟晓明

陈东佐　项建国　秦永高　耿震岗　贾福根

高　远　蒋国秀　景星蓉

第四版序言

全国住房和城乡建设职业教育教学指导委员会工程管理类专业指导委员会（以下简称工程管理专指委），是受教育部委托，由住房城乡建设部组建和管理的专家组织。其主要工作职责是在教育部、住房城乡建设部、全国住房和城乡建设职业教育教学指导委员会的领导下，负责住房和城乡建设职业教育的研究、指导、咨询和服务工作。按照培养高端技能型人才的要求，研究和开发高职高专工程管理类专业的教学标准，制定工程管理类的工程造价专业、建设工程管理专业、建筑经济管理专业、建设项目信息化管理专业的教学基本要求，持续开发"工学结合"及理论与实践紧密结合的特色教材。

高职高专工程管理类的工程造价、建设工程管理、建筑经济管理专业教材自2001年开发以来，经过"专业评估"、"示范性建设"、"骨干院校建设"等标志性的专业建设历程和普通高等教育"十一五"国家级规划教材、"十二五"国家级规划教材、教育部普通高等教育精品教材的建设经历，已经形成了有特色的教材体系。

根据住房和城乡建设部人事司《全国住房和城乡职业教育教学指导委员会关于召开高等职业教育土木建筑大类专业"十三五"规划教材选题评审会议的通知》（建人专函[2016]3号）的要求，2016年7月，工程管理专指委组织专家组对规划教材进行了细致地研讨和遴选。2017年7月，工程管理专指委组织召开住房城乡建设部土建类学科专业"十三五"规划教材主编工作会议，专指委主任、委员、各位主编教师和中国建筑工业出版社编辑参会，共同研讨并优化了教材编写大纲、配套数字化教学资源建设等方面内容。这次会议为"十三五"规划教材建设打下了坚实的基础。

近年来，随着国家"推广建筑产业信息化"、推广装配式建筑等政策出台，工程管理类专业的人才培养、知识结构等都需要更新和补充。工程管理专指委制定完成的教学基本要求，为本系列教材的编写提供了指导和依据，使工程管理类专业教材在培养高素质人才的过程中更加具有针对性和实用性。

本系列教材内容根据行业最新法律法规和相关规范标准编写，在保证内容先进性的同时，也配套了部分数字化教学资源，方便教师教学和学生学习。本轮教材的编写，继承了工程管理专指委一贯坚持的"给学生最新的理论知识、指导学生按最新的方法完成实践任务"的指导思想，让该系列教材为我国的高职工程管理类专业的人才培养贡献我们的智慧和力量。

全国住房和城乡建设职业教育教学指导委员会
工程管理类专业指导委员会

第三版序言

住房和城乡建设部高职高专教育土建类专业教学指导委员会工程管理类专业分委员会（以下简称工程管理类分指委），是受教育部、住房和城乡建设部委托聘任和管理的专家机构。其主要工作职责是在教育部、住房和城乡建设部、全国高职高专教育土建类专业教学指导委员会的领导下，按照培养高端技能型人才的要求，研究和开发高职高专工程管理类专业的人才培养方案，制定工程管理类的工程造价专业、建筑经济管理专业、建筑工程管理专业的教育教学标准，持续开发"工学结合"及理论与实践紧密结合的特色教材。

高职高专工程管理类的工程造价、建筑经济管理、建筑工程管理等专业教材自2001年开发以来，经过"专业评估"、"示范性建设"、"骨干院校建设"等标志性的专业建设历程和普通高等教育"十一五"国家级规划教材、教育部普通高等教育精品教材的建设经历，已经形成了有特色的教材体系。

通过完成住建部课题"工程管理类学生学习效果评价系统"和"工程造价工作内容转换为学习内容研究"任务，为该系列"工学结合"教材的编写提供了方法和理论依据。使工程管理类专业的教材在培养高素质人才的过程中更加具有针对性和实用性。形成了"教材的理论知识新颖、实践训练科学、理论与实践结合完美"的特色。

本轮教材的编写体现了"工程管理类专业教学基本要求"的内容，根据2013年版的《建设工程工程量清单计价规范》内容改写了与清单计价和合同管理等方面的内容。根据"计标〔2013〕44号"的要求，改写了建筑安装工程费用项目组成的内容。总之，本轮教材的编写，继承了管理类分指委一贯坚持的"给学生最新的理论知识、指导学生按最新的方法完成实践任务"的指导思想，让该系列教材为我国的高职工程管理类专业的人才培养贡献我们的智慧和力量。

住房和城乡建设部高职高专教育土建类专业教学指导委员会

工程管理类专业分委员会

第 二 版 序 言

　　高职高专教育土建类专业教学指导委员会（以下简称教指委）是在原"高等学校土建学科教学指导委员会高等职业教育专业委员会"基础上重新组建的，在教育部、建设部的领导下承担对全国土建类高等职业教育进行"研究、咨询、指导、服务"责任的专家机构。

　　2004年以来教指委精心组织全国土建类高职院校的骨干教师编写了工程造价、建筑工程管理、建筑经济管理、房地产经营与估价、物业管理、城市管理与监察等专业的主干课程教材。这些教材较好地体现了高等职业教育"实用型""能力型"的特色，以其权威性、科学性、先进性、实践性等特点，受到了全国同行和读者的欢迎，被全国高职高专院校相关专业广泛采用。

　　上述教材中有《建筑经济》、《建筑工程预算》、《建筑工程项目管理》等11本被评为普通高等教育"十一五"国家级规划教材，另外还有36本教材被评为普通高等教育土建学科专业"十一五"规划教材。

　　教材建设如何适应教学改革和课程建设发展的需要，一直是我们不断探索的课题。如何将教材编出具有工学结合特色，及时反映行业新规范、新方法、新工艺的内容，也是我们一贯追求的工作目标。我们相信，这套由中国建筑工业出版社陆续修订出版的、反映较新办学理念的规划教材，将会获得更加广泛的使用，进而在推动土建类高等职业教育培养模式和教学模式改革的进程中、在办好国家示范高职学院的工作中，作出应有的贡献。

高职高专教育土建类专业教学指导委员会

第 一 版 序 言

高等学校土建学科教学指导委员会高等职业教育专业委员会（以下简称土建学科高等职业教育专业委员会）是受教育部委托并接受其指导，由建设部聘任和管理的专家机构。其主要工作任务是，研究如何适应建设事业发展的需要设置高等职业教育专业，明确建设类高等职业教育人才的培养标准和规格，构建理论与实践紧密结合的教学内容体系，构筑"校企合作、产学结合"的人才培养模式，为我国建设事业的健康发展提供智力支持。在建设部人事教育司的领导下，2002 年以来，土建学科高等职业教育专业委员会的工作取得了多项成果，编制了土建学科高等职业教育指导性专业目录；在重点专业的专业定位、人才培养方案、教学内容体系、主干课程内容等方面取得了共识；制定了建设类高等职业教育"建筑工程技术"、"工程造价""建筑装饰技术"、"建筑电气技术"等专业的教育标准和培养方案；制定了教材编审原则；启动了建设类高等职业教育人才培养模式的研究工作。

土建学科高等职业教育专业委员会管理类专业小组指导的专业有工程造价、建筑工程管理、建筑经济管理、建筑会计与投资审计、房地产经营与估价、物业管理等 6 个专业。为了满足上述专业的教学需要，我们在调查研究的基础上制定了工程造价、建筑工程管理、物业管理等专业的教育标准和培养方案，根据培养方案认真组织了教学与实践经验较丰富的教授和专家编制了主干课程的教学基本要求，然后根据教学基本要求编审了本套教材。

本套教材是在高等职业教育有关改革精神指导下，以社会需求为导向，以培养实用为主、技能为本的应用型人才为出发点，根据目前各专业毕业生的岗位走向、生源状况等实际情况，由理论知识扎实、实践能力强的双师型教师和专家编写的。因此，本套教材体现了高职教育适应性、实用性强的特点，具有内容新、通俗易懂、符合高职学生学习规律的特色。我们希望通过本套教材的使用，进一步提高教学质量，更好地为社会培养具有解决工作中实际问题的有用人材打下基础。也为今后推出更多更好的具有高职教育特色的教材探索一条新的路子，使我国的高职教育办得更加规范和有效。

高等学校土建学科教学指导委员会
高等职业教育专业委员会

第 四 版 前 言

　　"建筑结构基础与识图"是高等职业教育工程造价专业与建筑管理类专业的一门必修专业基础课,其内容由建筑结构基础知识和结构施工图识读方法两部分组成。通过本课程教学使学生在了解力学基础、国家制图标准、结构构件类型与受力特点的基础上,重点掌握各构件的构造要求及配筋形式,培养结构施工图识读的基本能力和施工中结构问题认知及处理能力,为从事工程造价与建筑管理工作提供必备的职业技能,同时为后续课程提供必需的理论基础和技术支持。本次修订紧紧围绕专业人才培养方案和"十三五"规划教材对本课程的基本要求,结合建筑企业对工程造价与建筑管理岗位的知识、能力、素质需求,力求理论联系实际,强化实践动手能力,做到"学以致用"。

　　本教材由杨太生任主编,太原大学陈东佐教授和山西省建筑工程质量监督管理总站梁建民教授级高工任主审。教学单元 1 由北京农业职业学院杨欣修订,教学单元 2、6 由山西建筑职业技术学院段贵明修订,教学单元 3、4、5 由山西建筑职业技术学院段春花修订,教学单元 7、8 和绪论由山西建筑职业技术学院杨太生修订,教学单元 9 由山西建筑职业技术学院闫玉红修订。在修订过程中,得到许多院校领导、教师和读者的鼎力支持,参阅了一些公开出版和发表的文献,在此一并致谢。

　　限于编者水平和局限性,恳请广大读者对书中疏漏与错误、改进与充实等方面提出宝贵意见,使本教材日臻完善。

2019 年 1 月

第 三 版 前 言

随着高等职业教育的深入发展，在一批示范院校、骨干院校建设浪潮的推动下，各院校都在人才培养模式、校企合作、课程体系、教学内容等方面实施改革。在此前提下，编者按照本课程的教学基本要求和土建学科专业"十二五"规划教材修订要求，在广泛征求意见的基础上进行了修订。

本教材前两版经过八年的使用，虽得到广大读者的认可，但随着时间的推移，离当前教改趋势尚有相当差距。本次修订中，针对专业人才培养目标，精简了一些理论性较强的内容，淘汰了一些过时或应用面不广的内容，增加了一些与职业能力密切相关的内容，力求做到理论与实践相联系，反映高职高专工程造价与建筑管理类专业毕业生岗位知识、能力要求。

本教材绪论、第七章、第八章由山西建筑职业技术学院杨太生修订，第一章由北京农业职业学院杨欣修订，第三章、第四章、第五章由山西建筑职业技术学院段春花修订，第二章、第六章由山西建筑职业技术学院段贵明修订，第九章由山西建筑职业技术学院闫玉红修订。全书由杨太生任主编，太原大学陈东佐教授和山西省建设工程质量监督管理总站梁建民教授级高工任主审。在修订过程中，得到不少院校的教师和读者的关注与支持，在此一并致谢。

限于编者水平，以及对当前高职教改的把握，恳请广大读者对书中不妥之处提出宝贵意见。

第 二 版 前 言

　　《建筑结构基础与识图》是高等职业教育工程造价与建筑管理类专业规划教材之一，自 2004 年出版以来，以其先进性、实用性，受到全国同行的普遍赞誉，被全国各高职院校相关专业广泛选用。但随着高等职业教育的深入发展，课程体系和教学内容的改革完善，教材建设也应随之不断完善，以推广课程体系和教学内容的改革成果。

　　本次教材修订工作主要依据全国高职高专教育工程管理类专业教学指导委员会提出的修订要求和新制订的专业人才培养方案对本课程的教学基本要求进行修订。新版教材淘汰了一些应用面不广的内容，增加了建筑力学基本知识和一些与职业能力密切相关的内容，并针对专业人才培养目标定位和建筑结构技术的发展，对相应内容进行了调整。力求反映培养技术应用能力为主线，体现高等职业教育"能力型"、"成品型"的特色。

　　本书由山西建筑职业技术学院杨太生主编。绪论、第一章、第七章、第八章由杨太生修订，第三章、第四章、第五章由段春花修订，第二章、第六章、第九章由段贵明修订。全书由太原大学陈东佐教授和山西省建设工程质量监督管理总站梁建民教授级高工主审。在修订过程中还得到不少院校和读者的关注与支持，并参考了一些公开出版和发表的文献，在此表示衷心的感谢。

　　由于水平有限，书中难免有不足之处，恳请广大读者批评指正。

第 一 版 前 言

本书是工程造价专业系列规划教材之一，是根据高等学校土建学科教学指导委员会高等职业教育专业委员会管理类专业指导小组制定的本专业培养目标及主干课程教学基本要求编写的，并按照国家颁布的《混凝土结构设计规范》GB 50010—2002、《钢结构设计规范》GB 50017—2003、《建筑地基基础设计规范》GB 50007—2002、《建筑抗震设计规范》GB 50011—2001、《建筑结构制图标准》GB/T 50105—2001 等新规范、新标准编写的。

本书针对高职工程造价专业人才培养目标的定位，主要研究一般结构构件的布置原则、受力特点、构造要求、施工图表示方法等建筑结构基本概念和基本知识。在编写过程中，编者结合长期教学实践的经验，以培养技术应用能力为主线，教学内容取材以必须够用为原则，注意针对性和实用性。通过各类结构构件的受力特点和构造要求的系统介绍，致力于结构施工图识读能力的培养，并尽力做到理论与工程实际相联系，力求反映高等职业技术教育的特点。

本书由杨太生任主编。参加本书编写工作的有杨太生（绪论、第一、七、八章）、段春花（第三、四、五章）、段贵明（第二、六、九章）。

太原大学陈东佐教授主审了全书，并提出了许多宝贵意见；在编写过程中，我们参阅了一些公开出版和发表的文献，并得到山西建筑职业技术学院、太原大学等单位的大力支持，谨此一并致谢。

限于编者水平和经验，书中不妥之处在所难免，恳请广大读者和同行专家批评指正。

目　　录

0 绪 论

0.1 建筑结构的分类及应用

建筑结构是由梁、板、墙、柱、基础等基本构件，按照一定组成规则，通过正确的连接方式所组成的能够承受并传递荷载和其他间接作用的骨架。

建筑结构有多种分类方法，一般可按照结构所用材料、承重结构类型、使用功能、外形特点、施工方法等进行分类。

（1）按所用材料分类

1）混凝土结构

混凝土结构包括素混凝土结构、钢筋混凝土结构和预应力混凝土结构，其中钢筋混凝土结构应用最为广泛。其主要优点是强度高、整体性好、耐久性与耐火性好、易于就地取材、具有良好的可模性等。主要缺点是自重大、抗裂性差、施工环节多、工期长等。

2）砌体结构

砌体结构是由块材和砂浆等胶结材料砌筑而成的结构，包括砖砌体结构、石砌体结构和砌块砌体结构，广泛应用于多层民用建筑。其主要优点是易于就地取材、耐久性与耐火性好、施工简单、造价低。主要缺点是强度（尤其是抗拉强度）低、整体性差、结构自重大、工人劳动强度高等。

3）钢结构

钢结构是由钢板、型钢等钢材通过有效的连接方式所形成的结构，广泛应用于工业建筑及高层建筑结构中。随着我国经济建设的迅速发展，钢产量的大幅度增加，钢结构的应用领域有了较大的扩展。可以预计，钢结构在我国将得到越来越广泛的应用。

钢结构与其他结构形式相比，其主要优点是强度高、结构自重轻、材质均匀，可靠性好、施工简单、工期短、具有良好的抗震性能。主要缺点是易腐蚀、耐火性差、工程造价和维护费用较高。

4）木结构

木结构是指全部或大部分用木材制作的结构。由于木材生长受自然条件的限制，砍伐木材对环境的不利影响，以及易燃、易腐、结构变形大等因素，目前已较少采用，本书对木结构将不再叙述。

（2）按承重结构类型分类

1）砖混结构

砖混结构是指由砌体和钢筋混凝土材料制成的构件所组成的结构。通常，房屋的楼（屋）盖由钢筋混凝土的梁、板组成，竖向承重构件采用砌体材料，它主要用于层数不多的住宅、宿舍、办公楼、旅馆等民用建筑。

2）框架结构

框架结构是指由梁和柱为主要构件组成的承受竖向和水平作用的结构。目前我国框架结构多采用钢筋混凝土建造。框架结构具有建筑平面布置灵活，与砖混结构相比具有较高的承载力、较好的延性和整体性、抗震性能较好等优点，因此在工业与民用建筑中获得了广泛应用。但框架结构仍属柔性结构，侧向刚度较小，其合理建造高度一般为30m左右。

3）框架-剪力墙结构

框架-剪力墙结构是指在框架结构内纵横方向适当位置的柱与柱之间，布置厚度不小于160mm的钢筋混凝土墙体，由框架和剪力墙共同承受竖向和水平作用的结构。这种结构体系结合了框架和剪力墙各自的优点，目前广泛使用于20层左右的高层建筑中。

4）剪力墙结构

剪力墙结构是指房屋的内、外墙都做成实体的钢筋混凝土墙体，利用墙体承受竖向和水平作用的结构。这种结构体系的墙体较多，侧向刚度大，可建造比较高的建筑物，目前广泛使用于住宅、旅馆等小开间的高层建筑中。

5）筒体结构

筒体结构是指由单个或多个筒体组成的空间结构体系，其受力特点与一个固定于基础上的筒形悬臂构件相似。一般可将剪力墙或密柱深梁式的框架集中到房屋的内部或外围形成空间封闭的筒体，使整个结构具有相当大的侧向刚度和承载能力。根据筒体不同的组成方式，筒体结构可分为框架-筒体、筒中筒、组合筒三种结构形式。

6）排架结构

排架结构是指由屋架（或屋面梁）、柱和基础组成，且柱与屋架铰接，与基础刚接的结构。多采用装配式体系，可以用钢筋混凝土或钢结构建造，广泛用于单层工业厂房建筑。

此外，按承重结构的类型还可分为深梁结构、拱结构、网架结构、钢索结构、空间薄壳结构等，本书不再一一叙述。

（3）其他分类方法

1）按使用功能可以分为建筑结构（如住宅、公共建筑、工业建筑等）；特种结构（如烟囱、水塔、水池、筒仓、挡土墙等）；地下结构（如隧道、涵洞、人防工事、地下建筑等）。

2）按外形特点可以分为单层结构、多层结构、大跨度结构、高耸结构等。

3）按施工方法可以分为现浇结构、装配式结构、装配整体式结构、预应力混凝土结构等。

0.2 建筑结构的发展概况

建筑结构有着悠久的历史，并随着人类社会的进步、科学技术的发展而不断发展，至今仍生机勃勃。

大量的考古发掘资料表明，我国远在公元前5000年～公元前3000年就已有房屋结构的痕迹。在历史的长河中，人们应用最早的建筑结构是砖石结构和木结构，现存的金字塔（图0.1）、万里长城（图0.2）、河北省赵县的安济桥（隋代）（图0.3）、山西省五台县的佛光寺大殿（唐代）（图0.4）、山西省应县木塔（辽代）（图0.5）、北京故宫（明清）（图0.6），以及许许多多宏伟的宫殿、寺院和宝塔等都是建筑结构发展史上的辉煌之作。

17世纪工业革命后，随着工业化的发展，推动了建筑结构的发展。17世纪开始使用生铁，19世纪初开始使用熟铁建造桥梁和房屋，自19世纪中叶开始，随着冶炼技术的发

图0.1 金字塔

图0.2 万里长城

图0.3 安济桥

图0.4 佛光寺大殿

图0.5 应县木塔

图0.6 北京故宫

展，钢结构的应用也获得了蓬勃发展。19 世纪 20 年代波特兰水泥制成后，混凝土相继问世，随后出现了钢筋混凝土结构、预应力混凝土结构，使混凝土结构的应用范围更为广泛。新的结构形式不断推出，新的材料、施工工艺也有了很大发展。建筑结构的跨度从砖石结构、木结构的几米、几十米发展到几百米，直到现代的千米。建筑高度也不断增加，达到现代的几百米。如：迪拜塔（图 0.7）162 层，高度达 828m；上海中心大厦（图 0.8），地上 118 层，地下 5 层，总高度 632m；贵州坝陵河大桥（图 0.9），全长 2237m，主跨 1088m。以北京国家大剧院（图 0.10）、鸟巢（图 0.11）为代表的一大批建筑，在形式上也发生了根本的变化。

图 0.7　迪拜塔

图 0.8　上海中心大厦

图 0.9　坝陵河大桥

图 0.10　国家大剧院

图 0.11　鸟巢

在设计理论方面，从 1955 年我国有了第一批建筑结构设计规范，至今已修订了多次。由原来的简单近似计算到以概率理论为基础的极限状态设计方法，从对结构仅进行线性分析发展到非线性分析，从对结构侧重安全发展到全面侧重结构的性能，使设计方法更加完善、更加科学。随着理论的深入研究、计算机的广泛应用和现代测试技术的发展，建筑结构的计算理论和设计方法必将日趋完善，并向着更高的阶段发展。

0.3　本课程的特点与基本要求

《建筑结构基础与识图》是一门综合性较强的课程，其内容主要由钢筋混凝土结构、砌体结构、钢结构、建筑基础、建筑结构施工图识读五部分组成。主要研究一般结构构件的布置原则、受力特点、构造要求、施工图表示方法与识读等建筑结构基本概念和基本知识。突出培养学生识读一般建筑工程结构施工图和相关标准图的能力，为正确计算结构工程量奠定基础。

本课程是工程造价专业及相关专业的一门专业基础课程，它不仅是学习专业课程的基础，同时也是一门应用技术。它与其他课程之间有着密切的关系并有其自身的特点。在学习本课程时，应注意以下几点：

1）学习本课程时，应与建筑力学、建筑构造、建筑材料等相关知识相联系，使新知识植根于旧知识，随着学习内容的展开和深入，逐步加深理解，使新旧知识得到巩固和提高。

2）本课程与结构设计规范密切相关，通过本课程的学习，应熟悉并学会应用现行有关规范。对本课程涉及的众多构造要求，要充分给予重视，理解其中的道理。

3）本课程是一门实践性很强的课程，在课堂教学过程中，要注重联系实际，多到施工现场参观、实习，才能加深理解，巩固提高。

4）识读结构施工图是工程造价专业学生的核心能力之一，为了达到这一目的，即要掌握基本的结构概念、理解有关的结构构造要求、熟悉结构施工图的表示方法，同时在教学过程中最好能准备几套不同结构类型的施工图（包括相关的标准图），进行实际的识图训练。

1 建筑力学基础知识

【学习提要】 本单元作为后续内容的基础知识，应侧重相关概念的理解，熟悉常见约束的约束反力和平面一般力系平衡条件的应用，具备对一般物体进行受力分析和对简单杆件求解内力的能力。

1.1 静力学的基本概念

1.1.1 力和平衡的概念

（1）力的概念

力是物体间相互的机械作用，这种作用引起物体运动状态的变化（外效应），或者使物体发生变形（内效应）。静力学研究物体的外效应。

既然力是物体与物体之间的相互作用，就不可能脱离物体而单独存在，有受力体时必定有施力体。在自然界中物体间的相互作用是多种多样的，例如，人推小车，手用力拉弹簧，两物体的碰撞作用，电磁的感应作用，地球对每个物体的引力作用，机器刹车时由于摩擦力的作用使速度逐渐减小，桥梁受到车辆的作用而产生弯曲变形等。可见物体间相互的机械作用可分为两类：一类是物体间直接接触的相互作用；另一类是场和物体间的相互作用。尽管相互作用力的来源和物理本质不同，但它们所产生的效应是相同的。

从实践可知，力对物体的作用效应取决于下面三个因素：力的大小、力的方向和力的作用点，这三个因素通常称为力的三要素。在描述一个力时，必须全面表明力的三要素。

力的大小反映物体间相互作用的强弱程度，我们必须规定力的单位来表示力的大小。在国际单位制中采用牛顿（N）作为力的基本单位。

力的方向包含力的作用线在空间的方位和指向，如水平向左，铅垂向下等。

力的作用点是指力对物体的作用位置。实际上当两个物体相互作用时，其接触部位总是具有一定的面积，当接触面积与物体相比很小时，可近似看成是一个点，这个点称为力的作用点，该作用力称为集中力；如果接触面积较大而不能忽略时，该作用力称为分布力，用荷载集度 q（N/m^2）来表示。

力是矢量，通常用一段带有箭头的线段来描述它。力的大小由线段的长度（按选定的比例）来表示，方向由线段的方位和箭头的指向来表示，作用点由线段的起点或终点来确定。如图 1.1 表示了一个力 F。

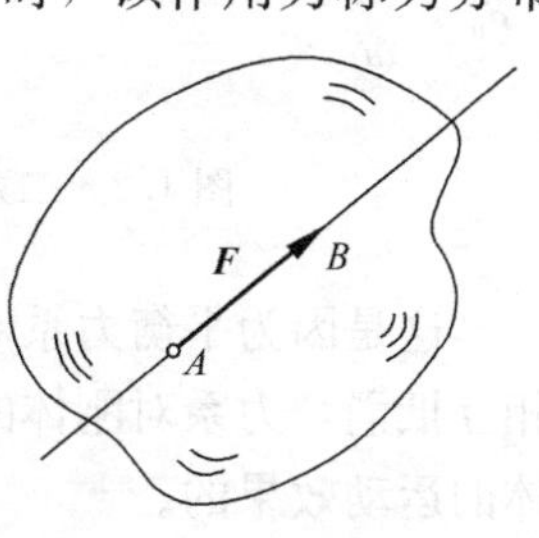

力可以分为外力和内力，外力是指其他物体对所研究物体的作用力，内力是指物体系内各物体间相互作用的力。外力和内力

图 1.1 力的图示法

的区分并非是绝对的，将由研究对象的不同而异。如将一个盒子放在桌子上，如果把盒子与桌子同时看作研究对象，那么盒子与桌子间的作用就是内力，如果单独研究桌子，那么盒子对桌子的作用就是外力。

（2）刚体和平衡的概念

刚体是指在任何外力作用下忽略其几何形状改变的物体。

实践表明，自然界中受力的物体都有或大或小的变形，那么为什么在理论力学中忽略其变形而假设为刚体呢？主要是因为工程实际中的大多数物体的变形都非常微小，对物体的外效应影响甚微，我们抓住对机械运动的研究这个主要因素，而把对所研究问题影响不大的次要因素暂时忽略掉，这样就便于问题的讨论。然而，当研究物体受到力的作用会不会破坏时，变形就成为主要因素不能忽略，将物体看成变形体。至于变形体的问题，有待在材料力学等课程中去解决。

平衡是指物体相对于周围物体处于静止或匀速直线运动的状态，如果没有特别注明相对于哪个物体时，都是指相对于地球而言。即平衡是指物体相对于地球处于静止或匀速直线运动的状态。

1.1.2　静力学基本公理

为了便于以后的研究，首先明确静力学中的几个基本定义。

力系：同时作用在一个物体上的一群力，称为力系。

等效力系：两个力系对同一个物体分别作用后，其效果相同时，这两个力系互称为等效力系。如果一个力与一个力系等效，这个力就称为该力系的合力，该力系中其他各力称为这个合力的分力。

平衡力系：如果物体在某力系作用下处于平衡状态，则该力系称为平衡力系。

静力学公理是人们经过长期观察和分析而得到的最基本的力学规律，这些规律为我们研究静力学的主要问题提供了必要的基础。

（1）二力平衡公理

作用在一个刚体上的两个力，若使刚体处于平衡，其充分和必要的条件是：这两个力大小相等，方向相反，且作用线在同一直线上，如图1.2所示。

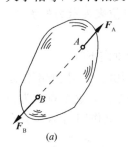
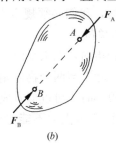

图1.2　二力平衡公理

在两个力作用下处于平衡的刚体称为二力体，对杆件则称为二力杆。由二力平衡公理可知，作用在二力体上的两个力，它们必然通过两个力作用点的连线（与杆件的形状无关），且等值、反向。

（2）加减平衡力系公理

在作用于一个刚体上的已知力系中，加上或减去任意一个平衡力系，不会改变原力系对刚体的作用效应。

这是因为平衡力系对刚体运动状态是没有影响的，平衡力系中诸力对刚体的作用效应相互抵消，力系对刚体的作用效应等于零。所以增加或去掉一个平衡力系，是不会改变刚体的运动效果的。

［推论］　力的可传性原理

　　由公理 1 和公理 2 我们可以得到如下推论：作用在刚体上的力可沿其作用线移动到刚体内任意一点，而不改变它对刚体的作用效应。

　　如图 1.3 所示，在力 $\boldsymbol{F}$ 的作用线上任取一点 B，加上一对 $\boldsymbol{F}_1=-\boldsymbol{F}_2=\boldsymbol{F}$ 的平衡力系，由公理 2 可知刚体的运动状态是不会改变的，即力系（$\boldsymbol{F}$，$\boldsymbol{F}_1$，$\boldsymbol{F}_2$）与力（$\boldsymbol{F}$）等效。再由公理 1 可知 $\boldsymbol{F}_2$ 与 $\boldsymbol{F}$ 亦为平衡力系，可以去掉，所以力系（$\boldsymbol{F}$，$\boldsymbol{F}_1$，$\boldsymbol{F}_2$）与力（$\boldsymbol{F}_1$）等效。因此作用于 A 点的力 $\boldsymbol{F}$ 与作用于 B 点的力 $\boldsymbol{F}_1$ 是等效的。力 $\boldsymbol{F}_1$ 可看成是力 $\boldsymbol{F}$ 沿其作用线由 A 点移至 B 点的结果，通常称为力的可传性。

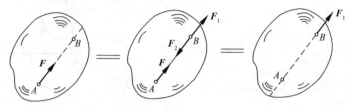

图 1.3　力的可传性

　　由推论可知，力对刚体的作用决定于力的大小、力的方向和力的作用线，至于在作用线上的那一点则是无关紧要的。同样必须指出，力的可传性原理只适用于刚体而不适用于变形体。

　　（3）力的平行四边形公理

　　作用于物体上同一点的两个力，可以合成为一个合力，其大小和方向可以由以此两个力为边所构成的平行四边形的对角线表示，其作用点也在此二力的交点。如图 1.4 所示，其矢量表达式为：

$$\boldsymbol{F}_R = \boldsymbol{F}_1 + \boldsymbol{F}_2 \tag{1.1}$$

　　在求两共点力的合力时，为了作图方便，只需画出平行四边形的一半便可。其方法是自 O 点开始，先画出矢量 $\boldsymbol{F}_1$，然后再由 $\boldsymbol{F}_1$ 的终点画另一矢量 $\boldsymbol{F}_2$，最后将 O 点与 $\boldsymbol{F}_2$ 的终点连线得合力 $\boldsymbol{F}_R$，如图 1.5（a）所示。显然，若改变 $\boldsymbol{F}_1$ 与 $\boldsymbol{F}_2$ 的顺序，其结果不变，如图 1.5（b）所示。这种作图方法称为力的三角形法则。

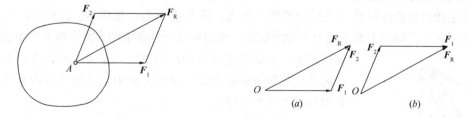

图 1.4　力的平行四边形法则　　　　图 1.5　力的三角形法则

　　利用力的平行四边形法则，可以把两个共点力合成为一个力，也可以把一个已知力，分解为与其共点的两个力。但是，会得到无数组解答。要得出唯一解答，必须给以限制条件，如已知两分力的方向求其大小，或已知一个分力的大小和方向求另一个分力等。在实际计算中，常把一个任意力 $\boldsymbol{F}$ 沿直角坐标轴分解为互相垂直的两个分力 $\boldsymbol{F}_X$ 与 $\boldsymbol{F}_Y$，如图 1.6 所示。

　　[推论]　三力平衡汇交定理

一刚体受共面不平行的三个力作用而平衡时，这三个力的作用线必汇交于一点。

如图 1.7 所示，设刚体上的 A_1、A_2、A_3 三点分别作用着共面不平行的三个力 F_1、F_2、F_3 而成平衡。根据力的可传性原理，将力 F_1、F_2 移到其汇交点 A，按力的平行四边形公理合成为合力 F_R，F_R 也作用在 A 点，并且与力 F_3 平衡。由二力平衡公理知，力 F_3 与 F_R 必共线通过 A 点。因此，力 F_1、F_2、F_3 的作用线必汇交于一点。

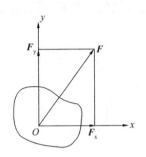

图 1.6　力的分解

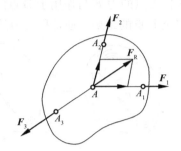

图 1.7　三力平衡汇交

（4）作用力与反作用力公理

若甲物体对乙物体有一个作用力，则乙物体同时对甲物体必有一个反作用力，并且这一对力总是大小相等，方向相反，沿同一直线，分别作用在这两个物体上。

这个公理概括了两个物体间相互作用的关系。有作用力，必定有反作用力，两者总是同时产生。虽然它们大小相等，方向相反，沿同一直线，但不是作用在同一刚体上的两个力，因此不能错误地认为它们是一个平衡力系。

1.1.3　约束与约束反力

在任何方向都能自由运动的物体称为自由体，例如空中的气球、飞机等。如果由于某些条件的限制，使物体在某些方向的运动成为不可能，这种物体称为非自由体，这些限制物体运动的条件就称为约束。由约束而引起的对物体的作用力称为约束反力或约束力，简称反力。约束反力的方向总是与物体的运动（或运动趋势）的方向相反，其作用点就在约束与被约束物体的接触点。

凡是能引起物体运动（或运动趋势）的力，称为主动力，如重力、风压力、水压力等。作用在工程结构上的主动力常称为荷载。而约束反力是在主动力的影响下产生的。一般情况下，主动力是已知的，约束反力是未知的，决定于刚体的运动趋势和约束的性能。现就工程中常见的几种约束类型来介绍其约束反力的特征：

（1）柔体约束

由柔软而不计自重的绳索、链条等构成的约束统称为柔体约束。由于柔体约束只能限制物体沿着柔体约束的中心线离开柔体约束的运动，而不能限制物体在其他方向的运动，所以柔体约束的约束反力为拉力，通过接触点，沿着柔体的中心线背向物体，用符号 F_T 表示，如图 1.8 所示。

（2）光滑接触面约束

物体间光滑接触（摩擦很小，略去不计）时，只能限制

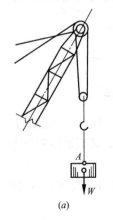

图 1.8　柔体约束

物体沿着接触面的公法线方向且指向物体的运动，而不能限制物体在其他方向的运动，所以光滑接触面约束的约束反力为压力，通过接触点，沿着接触面的公法线指向物体，用符号 F_N 表示，如图 1.9 所示。

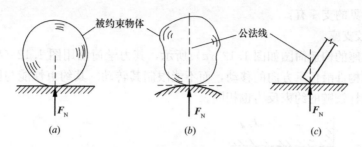

图 1.9 光滑接触面约束

（3）圆柱铰链约束

这种约束简称为铰链约束，其构造是在具有圆孔的两个物体上用圆柱销钉连接起来，物体只能绕圆柱销钉转动，如图 1.10（a）所示，其力学简图用图 1.10（b）表示。这种约束只能限制物体在垂直于销钉轴线的平面内沿任意方向的相对移动，而不能限制物体在其他方向的运动。如果接触面是光滑的，实质上便是光滑接触面约束。但在不同的受力情况下，圆柱销钉与物体有不同的接触面，约束反力将沿不同面的法线方向。因此，铰链的约束反力通过销钉中心，作用在与销钉轴线垂直的平面内，但方向待定。可用一个大小和方向都是未知的力 F_A 来表示，如图 1.10（c）所示。也可用互相垂直的两个分力 F_{AX} 和 F_{AY} 表示，如图 1.10（d）所示。

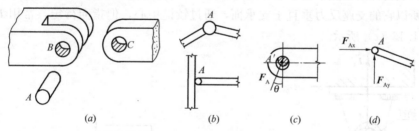

图 1.10 圆柱铰链约束

（4）链杆约束

两端用铰链与物体连接，中间不受力的直杆叫作链杆，如图 1.11（a）所示，其力学简图用图 1.11（b）表示。这种约束只能限制物体沿着链杆轴线离开或趋近的运动，而不能限制物体在其他方向的运动。所以链杆约束的约束反力沿着链杆轴线，但指向待定，需根据物体的受力情况来确定，如图 1.11（c）所示。

图 1.11 链杆约束

（5）支座与支座反力

一切工程结构都是与地面相连的，而这种连接往往是通过支座来实现的。所谓支座就是建筑物下面支承结构的约束，其反力不仅与荷载情况有关，而且与支座的约束性能有关。工程中常见的支座有：

1）固定铰支座

固定铰支座的构造简图如图1.12（a）所示，其力学简图用图1.12（b）表示。它可以限制结构或构件沿任意方向的移动，而不能限制其转动。其约束性能与圆柱铰链相同，支座反力与圆柱铰链的约束反力也相同。

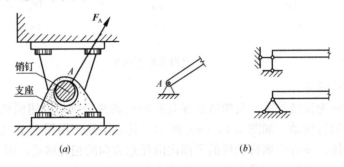

图1.12　固定铰支座

2）可动铰支座

可动铰支座的构造简图如图1.13（a）所示，其力学简图用图1.13（b）表示。它只能限制结构或构件沿垂直于支承面方向的移动，而不能限制其绕铰轴转动和沿支承面方向的移动。所以它的支座反力垂直于支承面，通过铰链中心，但指向待定，常用 F 或 R 表示，如图1.13（c）所示。

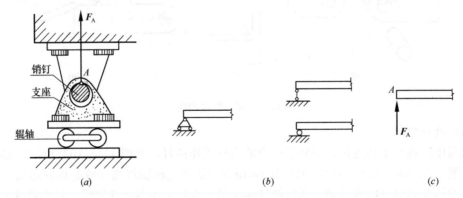

图1.13　可动铰支座

3）固定端支座

如果把结构或构件的一端牢牢地嵌固在支承物里面，就构成固定端支座，如雨篷嵌固在墙内，柱子与基础整浇在一起等，其力学简图用图1.14（a）表示。它既能限制其移动，又能限制其转动。所以它的支座反力常用两个互相垂直的分力和反力偶三个反力分量来表示，但指向待定，如图1.14（b）所示。

1.1.4　物体的受力分析与受力图

在进行力学计算时，首先要分析物体的受力情况，了解物体受到哪些力的作用，其中哪些力是已知的，哪些力是未知的，这个过程就称为对物体进行受力分析。我们如能画出一个物体的简图，在图上表示出作用在它上面的主动力和约束反力，这样就能使问题一目了然。这种表示物体受力情况的图形称为物体的受力图。

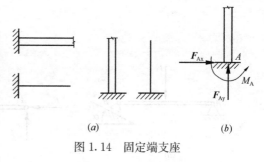

图 1.14　固定端支座

在工程实际中，一般都是几个构件或杆件相互联系在一起的情况。因此，需要首先明确对哪一个物体进行受力分析，即明确研究对象。把该研究对象从与它相联系的周围物体（包括约束）中分离出来画出其简图，这个被分离出来的研究对象称为脱离体。

正确画出受力图是求解力学问题的关键，其主要步骤如下：

1）明确研究对象，取出脱离体。

2）根据已知条件，画出作用在研究对象上的全部主动力。

3）根据约束类型和物体运动趋势，画出相应的约束反力。

下面举例说明如何画物体的受力图：

【例 1.1】　重量为 W 的小球置于光滑的斜面上，并用绳索拉住，如图 1.15（a）所示，试画出小球的受力图。

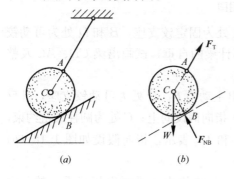

图 1.15　例 1.1 附图

【解】　解除约束将小球从周围的物体中分离出来，作为研究对象画出其脱离体。根据已知条件，画出作用在小球上的主动力即小球的重力 W，作用于球心，铅垂向下。根据约束类型和小球运动趋势，知光滑面对小球的约束反力 F_{NB} 通过切点 B，沿着公法线指向球心；绳索的约束反力 F_T 作用于接触点，沿着绳索的中心线背向球心。小球的受力图如图 1.15（b）所示。大家可看出小球受共面不平行的三个力作用而平衡时，这三个力的作用线必汇交于一点。

【例 1.2】　水平梁 AB 在跨中 C 受已知集中力 F 作用，A 端为固定铰支座，B 端为可动铰支座，如图 1.16（a）所示。梁的自重不计，试画出梁 AB 的受力图。

【解】　解除约束将梁 AB 作为研究对象画出其脱离体。在梁的中点 C 画出主动力 F。根据约束类型和梁的运动趋势，B 端为可动铰支座，支座反力可用通过铰链中心且垂直于支承面的力 F_B 表示；A 端为固定铰支座，支座反力可用通过铰链中心 A 并相互垂直的分力 F_{AX} 和 F_{AY} 表示。梁 AB 的受力图如图 1.16（b）所示。

另外，梁 AB 受共面不平行的三个力作用而平衡，也可根据三力平衡汇交定理进行受力分析。已知 F、F_B 相交于 D 点，则 F_A 必沿 A、D 两点连线通过 D 点，可画受力图如图 1.16（c）所示。

【例 1.3】　水平梁 AB 在自由端 B 受已知集中力 F 作用，A 端为固定端支座，如图

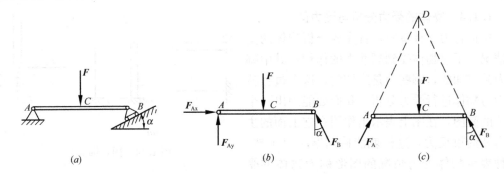

图 1.16　例 1.2 附图

1.17（a）所示。梁的自重不计，试画出梁 AB 的受力图。

　　【解】　解除约束将梁 AB 作为研究对象画出其脱离体。在 B 点画出主动力 **F**。根据约束类型和梁的运动趋势，固定端的支座反力可用未知的水平和垂直的两个分力 F_{AX} 和 F_{AY} 以及反力偶 M_A 表示。梁 AB 的受力图如图 1.17（b）所示。

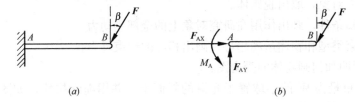

图 1.17　例 1.3 附图

　　【例 1.4】　图 1.18（a）所示为两跨静定梁，A 处为固定铰支座，B 和 D 处为可动铰支座，C 处为圆柱铰链约束，受已知力 **F** 作用。不计梁的自重，试画出梁 CD、AC 及整梁 AD 的受力图。

　　【解】　1）先取梁 CD 为研究对象，在 E 点画出主动力 **F**。D 处为可动铰支座，其反力可用通过铰链中心且垂直于支承面的力 F_D 表示，指向假设向上；C 处为圆柱铰链约束，其反力可用通过铰链中心 C 并相互垂直的分力 F_{CX} 和 F_{CY} 表示，指向假设如图 1.18（b）所示。

　　2）取梁 AC 为研究对象，先在 C 点按作用力与反作用力关系画出相互垂直的分力 F'_{CX} 和 F'_{CY}；再在 A 点和 B 点按固定铰支座和可动铰支座画出其支座反力，指向假设如图 1.18（c）所示。

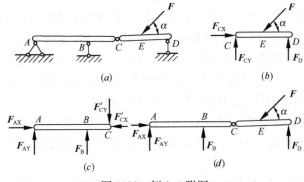

图 1.18　例 1.4 附图

3）取整梁 AD 为研究对象画出其脱离体，在 A、B、D 点按固定铰支座和可动铰支座画出其支座反力，此时 C 点的约束反力作为物体系内各物体间相互作用的内力可不必画出。梁 AD 的受力图如图 1.18（d）所示。

另外，梁 CD 和梁 AC 受共面不平行的三个力作用而平衡，也可根据三力平衡汇交定理进行受力分析，请读者自行解答。

【例 1.5】 三铰拱 ACB 如图 1.19（a）所示，A 和 B 处为固定铰支座，C 处为圆柱铰链连接，受已知力 F 作用。不计拱的自重，试画出拱 BC、AC 的受力图。

【解】 1）取拱 BC 为研究对象，因为拱 BC 只在两端各受一个力作用而平衡，所以拱 BC 是二力体。其反力的作用线必沿 B、C 两点的连线，指向假设，且等值、反向。拱 BC 的受力图如图 1.19（b）所示。

2）取拱 AC 为研究对象，先在 D 点画出主动力 F；再在 C 点按作用力与反作用力关系画出其约束反力；然后在 A 点按固定铰支座画出其支座反力，指向假设。拱 AC 的受力图如图 1.19（c）所示。

3）整体的受力图请读者自行解答。

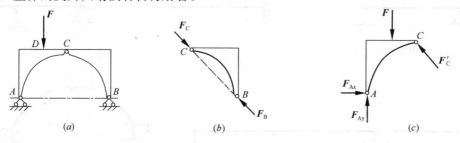

图 1.19　例 1.5 附图

1.1.5　计算简图的概念

工程实际中的结构、构造、荷载等往往是比较复杂的，如果完全按照实际情况进行力学分析和计算，会使问题非常复杂难以求解。因此有必要采用简化的图形来代替实际结构，这种简化的图形就称为结构的计算简图。

在选取计算简图时，要正确反映主要受力情况，使计算结果接近实际情况，有足够的精确性；要忽略影响不大的次要因素，以简化计算工作量。

计算简图一般从如下四个方面来进行简化：

1）体系的简化

工程实际中往往都是由若干构件或杆件组成的空间体系，除特殊情况外，一般根据其受力情况简化为平面体系。对于构件或杆件常用其纵向轴线（画成粗实线）来表示。

2）节点的简化

杆件与杆件相互连接处称为节点。在工程实际中连接的形式是多种多样的，但在计算简图中，通常只简化为铰节点和刚节点两种理想的连接方式。

铰节点是指杆件与杆件相互连接处采用前面所介绍的圆柱铰链约束，连接后杆件之间可以绕节点中心产生相对转动而不能产生相对移动。虽然在工程实际中完全用理想铰来连接杆件的实例非常少见，但从节点的构造来分析，造成的误差并不显著。

刚节点是指杆件与杆件相互连接处采用焊接（钢结构）或现浇（钢筋混凝土结构）等

方式，连接后杆件之间既不能产生相对移动，也不能产生相对转动，即使结构在荷载作用下发生变形，在节点处各杆端之间的夹角仍然保持不变。

3）支座的简化

在工程结构中，随着支座构造形式或材料不同，其支承的约束情况差异很大。在简化时通常根据实际构造的约束情况，参照前述内容把支座恰当的简化为固定铰支座、可动铰支座、固定端支座等。

4）荷载的简化

工程结构受到的荷载，一般是结构构件的自重和作用在其上的面荷载。在简化时通常根据其分布情况，简化为作用在构件纵向轴线上的线荷载、集中荷载、集中力偶等。

综上所述，恰当地选取实际结构的计算简图，是结构设计中十分重要的问题，不仅要掌握它的基本原则，还应具有丰富的实践经验。在工程结构中，常见的有：简支梁（板）（图1.20a）、悬臂梁（板）（图1.20b）、外伸梁（板）（图1.20c）、连续梁（板）（图1.20d）、拱（图1.20e）、框架（图1.20f）、桁架（图1.20g）等。

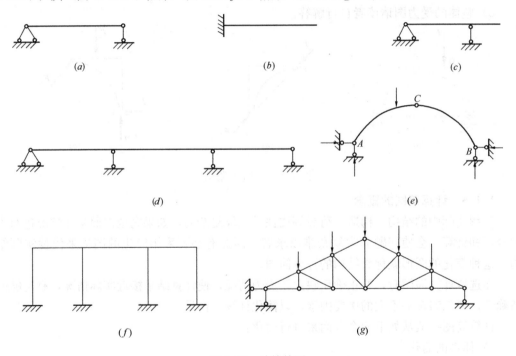

图 1.20　计算简图

1.2　平面力系平衡条件的应用

在静力学中主要研究力系的合成与分解以及平衡条件。为了便于研究问题，我们按照力系中各力作用线的分布情况进行分类，凡是作用线均在同一平面内的力系称为平面力系，凡是作用线不在同一平面内的力系称为空间力系。在这两类力系中，作用线交于一点的称为汇交力系，作用线相互平行的称为平行力系，仅作用一群力偶的称为力偶系，作用线任意分布的称为一般力系。本节主要研究平面力系平衡条件的应用。

1.2.1 力的投影、力矩和力偶

（1）力在坐标轴上的投影

图 1.21 表示了在坐标 oxy 平面内的一个力 F，它与 ox 轴的夹角为 α。自力的两端分别向 x、y 轴作垂线，则线段 ab 与 $a'b'$ 的长度并加以正负号，分别称为力 F 在 ox 与 oy 轴上的投影，用 F_X 与 F_Y 表示。力的投影是一个代数量，它有正负的区别，如果力始端的投影到终端的投影的方向与投影轴的方向一致时，则投影取正值；反之则取负值。通常都用直观判断的方法来确定投影的正负。

投影的数值可按三角公式计算，由图 1.21 可知：

$$F_X = F\cos\alpha \tag{1.2}$$
$$F_Y = F\sin\alpha \tag{1.3}$$

如果已知力 F 与 oy 轴的夹角 β，则不应机械地套用以上公式，读者可自行按三角关系灵活计算。

反过来，如果已知力在坐标轴上的投影 F_X 与 F_Y，亦可根据几何关系求出该力的大小和方向。

$$F = \sqrt{F_X^2 + F_Y^2} \tag{1.4}$$
$$\tan\alpha = \left| \frac{F_Y}{F_X} \right| \tag{1.5}$$

在图 1.21 中还可画出力 F 沿直角坐标方向的分力 F_X 和 F_Y。应当注意，力的投影和分力是两个不同的概念，投影是标量，只有大小和正负；分力是矢量，具有大小和方向。分力的大小和力在对应坐标轴上投影的绝对值是相同的。

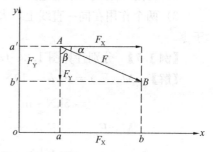

图 1.21　力在坐标轴上的投影

【例 1.6】 已知 $F_1 = 100\text{N}$，$F_2 = 150\text{N}$，$F_3 = F_4 = 200\text{N}$，各力的方向如图 1.22 所示，试求各力在 x 轴和 y 轴上的投影。

【解】 $F_{1X} = -F_1\cos45° = -100 \times 0.707 = -70.7(\text{N})$

$F_{1Y} = F_1\sin45° = 100 \times 0.707 = 70.7(\text{N})$

$F_{2X} = -F_2\cos30° = -150 \times 0.866 = -129.9(\text{N})$

$F_{2Y} = -F_2\sin30° = -150 \times 0.5 = -75(\text{N})$

$F_{3X} = F_3\cos90° = 200 \times 0 = 0(\text{N})$

$F_{3Y} = -F_3\sin90° = -200 \times 1 = -200(\text{N})$

$F_{4X} = F_4\cos60° = 200 \times 0.5 = 100(\text{N})$

$F_{4Y} = -F_4\sin60° = -200 \times 0.866$

$= -173.2(\text{N})$

（2）力矩的概念

一个力作用在具有固定轴的物体上，若力的作用线不通过固定轴时，物体就会产生转动效果。例如：用手推门、扳手拧螺母、滑轮、绞盘、摇柄、杠杆等。如图 1.23 所示，扳手拧螺母的转动效果不仅与力 F 的大小有关，而且与点 O 到力作用线的垂

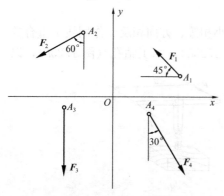

图 1.22　例 1.6 附图

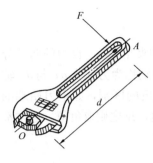

图 1.23　力对点之矩

直距离 d 有关。

为了度量力使物体绕某点（轴）的转动效应，我们引入力矩的概念，其定义是：力对某点的力矩等于该力的大小与点到力作用线垂直距离的乘积。即：

$$M_O(F) = \pm F \times d \qquad (1.6)$$

$M_O(F)$ 表示力对 O 点的力矩，其单位常用 "N·m" 或 "kN·m"。O 点称为转动中心，简称矩心。矩心到力作用线的垂直距离 d 称为力臂。正负号表示力矩的转向，并规定：力使物体绕矩心逆时针转动为正，顺时针转动为负。

由以上力对点之矩的定义，可以得到以下推论：

1）力对已知点之矩不因力在作用线上移动而改变（因为力臂 d 不变）。

2）力的作用线如果通过力矩中心，则力对该点的力矩等于零（因为力臂 $d=0$）。

3）两个作用在同一直线上，大小相等，方向相反的力，对于任一点的力矩代数和等于零。

【例 1.7】　分别计算图 1.24（a）所示的 F_1、F_2 对 O 点的力矩。

【解】　$M_O(F_1) = F_1 d_1 = 10 \times 1 \times \sin 30°$

$\qquad = 5\text{kN·m}$

$\quad M_O(F_2) = -F_2 d_2 = -30 \times 1.5$

$\qquad = -45\text{kN·m}$

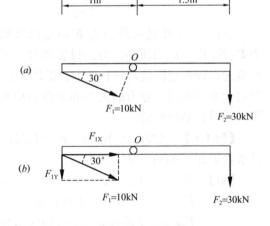

图 1.24　例 1.7 附图

在上题计算 F_1 对 O 点的力矩时，我们也可以把 F_1 分解为沿直角坐标方向的两个分力 F_{1X} 和 F_{1Y}（图 1.24b），并求其对 O 点力矩的代数和。得：

$F_{1X} \times d + F_{1Y} \times d = 10 \times \cos 30°$
$\times 0 + 10 \times \sin 30° \times 1 = 5\text{kN·m}$

可见，合力对平面内某一点之矩等于各分力对同一点之矩的代数和。这就是在力学中被广泛应用的合力矩定理（证明从略）。

（3）力偶的概念

在日常生活和生产实践中，经常会遇到物体受大小相等、方向相反、作用线不重合的两个平行力作用的情况。例如，司机操纵方向盘（图 1.25a），木工钻孔（图 1.25b），以

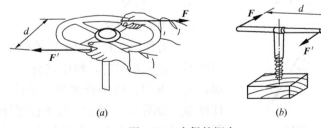

（a）　　　　　　　　　　（b）

图 1.25　力偶的概念

及开关自来水龙头、拧钢笔帽等。实践证明，这种力系只能使物体产生转动效应，而不能产生移动效应。故我们把这两个大小相等、方向相反、作用线不重合的平行力称为力偶，用符号（F、F'）来表示。力偶所在的平面称为力偶的作用面，二力间的垂直距离 d 称为力偶臂。显然，组成力偶的力愈大或力偶臂愈大，则它对物体的转动效果就愈大。

为了度量力偶对物体的转动效应，我们引入力偶矩的概念，它等于力偶中的一个力与其力偶臂的乘积。用 M 表示，即：

$$M = \pm F \times d \tag{1.7}$$

式（1.7）中正负号表示力偶矩的转向，并规定：若力偶的转向逆时针时为正，顺时针时为负。力偶矩的单位与力矩相同。

力偶作为一种特殊力系，具有如下主要性质：

1）如图 1.26 所示，由于力偶是由一对等值反向的平行力所组成，因此力偶在任一轴上的投影等于零。也就是说力偶没有合力，既不能用一个力代替，也不能和一个力平衡，力偶只能与力偶平衡。

2）如图 1.27 所示，把力偶中两个力对平面内任一点 O 取矩，得：

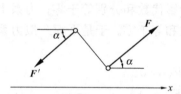

图 1.26　力偶在任一轴上的投影

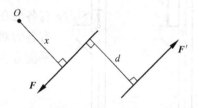

图 1.27　力偶对平面内任一点之矩

$$-Fx + F'(x+d) = F'd = Fd$$

可见，力偶对其作用面内任一点之矩都等于力偶矩，而与矩心的位置无关。

3）如图 1.28 所示，在保持力偶矩大小和转向不变的条件下，可以相应调整力偶中力的大小及力偶臂的长短，而并不改变它对物体的作用。因此表示力偶可以直接用力偶矩 m 来表示，并且在其作用面内任意移转，也不会改变它对物体的作用。

由以上分析可知，决定力偶作用效果的三个要素为：力偶矩的大小、力偶的转向和力偶的作用面。

1.2.2　平面一般力系平衡条件的应用

（1）力的平移定理

设物体的 A 点作用一个力 F

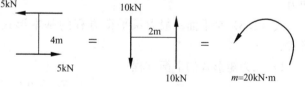

图 1.28　力偶的转动效应不变

（图 1.29a），在物体上任取一点 O，在 O 点加上两个等值、反向、共线并与 F 平行且相等的力 F' 和 F''（图 1.29b），由加减平衡力系公理知，这样不会改变原力 F 对物体的作用效应。显然力 F 和 F'' 组成一个力偶，其力偶矩为：

$$m = F \times d = M_O(F)$$

于是得到力的平移定理：作用于物体上的力 F，可以平行移动到同一物体上的任意一

点 O，但必须同时附加一个力偶，其力偶矩等于原来的力 F 对新作用点 O 之矩（图1.29c）。

在工程实际中，厂房牛腿柱受到吊车梁传来的荷载 F（图1.30a），向柱子的轴线平移后（图1.30b），就可明显看出它对柱子的变形效果，力 F 使柱子轴向受压，力偶 M 使柱子弯曲。

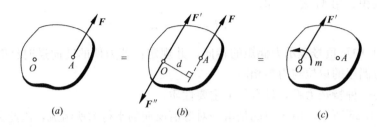

图 1.29　力的平移

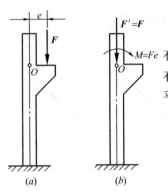

图 1.30　牛腿柱

（2）平面一般力系的平衡方程

平面一般力系处于平衡的必要与充分条件是：力系中所有各力在两个坐标轴上的投影代数和分别等于零；力系中所有各力对任一点之矩的代数和等于零。于是平面一般力系的平衡方程为：

$$\left.\begin{array}{l} \sum F_X = 0 \\ \sum F_Y = 0 \\ \sum M_O = 0 \end{array}\right\} \tag{1.8}$$

式（1.8）中包含两个投影方程和一个力矩方程。两个投影方程表明物体在力系作用下沿 x 轴和 y 轴方向都不能产生移动；力矩方程表明物体在力系作用下绕任一点都不能产生转动。即：当满足平衡方程时，物体既不能移动，也不能转动，物体就处于平衡状态。

平衡方程式一方面可以用来鉴别物体在平面一般力系作用下是否平衡，另一方面当物体在平面一般力系作用下已知处于平衡时，就可以应用这三个方程求解该力系中的三个未知力。

式（1.8）是平面一般力系平衡方程的基本形式，还可以导出平衡方程的其他两种形式。

1）二力矩形式的平衡方程

$$\left.\begin{array}{l} \sum F_X = 0 \\ \sum M_A = 0 \\ \sum M_B = 0 \end{array}\right\} \tag{1.9}$$

式中：x 轴不与 A、B 两点的连线垂直（证明从略）。

2）三力矩形式的平衡方程

$$\left.\begin{array}{l} \sum M_A = 0 \\ \sum M_B = 0 \\ \sum M_C = 0 \end{array}\right\} \tag{1.10}$$

式中：A、B、C 三点不在同一直线上（证明从略）。

综上所述，平面一般力系共有三种不同形式的平衡方程，都可以用来解决平面一般力系的平衡问题。至于究竟选用哪一种形式更为方便，需根据问题的具体情况来决定。总的原则是希望每一个方程式中所包含的未知量越少越好，只有一个未知量最为理想，可以避免解联立方程的繁复计算。但不论采用哪种形式，都只有三个独立的平衡方程，只能求解一个物体上的三个未知量。任何第四个方程都不是独立的，只能用来校核计算结果。

【例 1.8】 悬臂梁 AB 如图 1.31（a）所示，已知 $F_P=10\text{kN}$，$q=2\text{kN/m}$，$l=4\text{m}$，$\alpha=45°$,梁的自重不计，求支座 A 的反力。

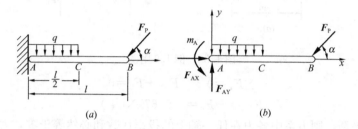

图 1.31 例 1.8 附图

【解】 取梁 AB 为研究对象，支座反力的指向假设，画受力图如图 1.31（b）所示。在计算中可将均布荷载用作用其中心的集中力 $\dfrac{ql}{2}$ 来代替。

选取坐标系，列平衡方程：

$$\sum F_X = 0 \quad F_{AX} - F_P\cos\alpha = 0$$

$$F_{AX} = F_P\cos\alpha = 10 \times 0.707 = 7.07\text{kN}(\rightarrow)$$

$$\sum F_Y = 0 \quad F_{AY} - \frac{ql}{2} - F_P\sin\alpha = 0$$

$$F_{AY} = \frac{ql}{2} + F_P\sin\alpha = \frac{2\times4}{2} + 10 \times 0.707 = 11.07\text{kN}(\uparrow)$$

$$\sum M_A = 0 \quad m_A - \frac{ql}{2}\cdot\frac{l}{4} - F_P\sin\alpha\cdot l = 0$$

$$m_A = \frac{ql}{2}\cdot\frac{l}{4} + F_P\sin\alpha\cdot l = \frac{2\times4}{2}\times\frac{4}{4} + 10 \times 0.707 \times 4 = 32.28\text{kN}\cdot\text{m}(\circlearrowright)$$

注：支座反力的指向通常假设为正方向，若计算结果为正值，说明假设的指向正确；若计算结果为负值，说明指向与原假设相反。最后把各反力正确的指向表示在答案后面的括号内。

【例 1.9】 刚架 AB 如图 1.32（a）所示，已知 $F_P=5\text{kN}$，$\text{m}=2\text{kN}\cdot\text{m}$，刚架自重不计，求支座 A、B 的反力。

【解】 取刚架 AB 为研究对象，支座反力的指向假设，画受力图如图 1.32(b)所示。

选取坐标系，列平衡方程：

$$\sum F_X = 0 \qquad F_{AX} + F_P = 0$$

$$F_{AX} = -F_P = -5\text{kN}(\leftarrow)$$

$$\sum M_A = 0 \qquad -F_P\times3 - m + F_B\times3 = 0$$

$$F_B = \frac{3F_P + m}{3} = \frac{3\times5+2}{3} = 5.67\text{kN}(\uparrow)$$

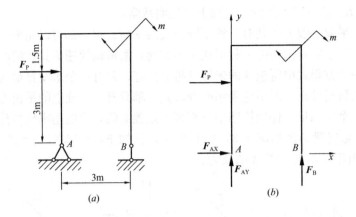

图 1.32 例 1.9 附图

$$\sum F_{Y}=0 \qquad F_{AY}+F_{B}=0$$
$$F_{AY}=-F_{B}=-5.67kN(\downarrow)$$

力系既然平衡，则力系中各力在任一轴上的投影代数和必然等于零，力系中各力对任一点之矩的代数和必然等于零。因此，我们可以列出其他的平衡方程，用来校核计算是否正确。

校核 $\qquad \sum M_{B}=F_{AY}\times 3-F_{P}\times 3-m=5.67\times 3-5\times 3-2=0$

可见，计算结果正确。

1.2.3 平面力系平衡方程的几种特殊情况

由前知，凡是作用线均在同一平面内的力系称为平面力系。在平面力系中，如果所有各力的作用线都汇交于一点的称为平面汇交力系(图 1.33a)；如果仅作用一群力偶的称为平面力偶系(图 1.33b)；如果所有各力的作用线都相互平行的称为平面平行力系(图 1.33c)。

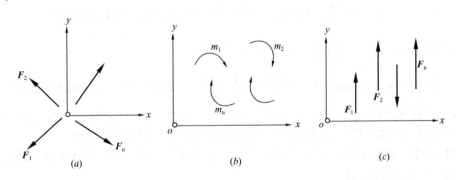

图 1.33 平面力系的其他情况

平面一般力系是平面力系的一般情况，上述平面汇交力系、平面力偶系、平面平行力系都可以看作是平面一般力系的特殊情况，它们的平衡方程都可以从平面一般力系的平衡方程得到。

（1）平面汇交力系

对于平面汇交力系，若取力系的汇交点为力矩中心，则不论力系是否平衡，都会得到

$\Sigma M_O = 0$。因此，平面汇交力系的平衡方程只剩下两个投影方程：

$$\left.\begin{array}{r}\Sigma F_X = 0 \\ \Sigma F_Y = 0\end{array}\right\} \tag{1.11}$$

即平面汇交力系只有两个独立的平衡方程，只能求解两个未知量。

（2）平面力偶系

对于平面力偶系，由于构成力偶的两个力在任何坐标轴上的投影都会得到 $\Sigma F_X = 0$ 和 $\Sigma F_Y = 0$，并且力偶对其作用面内任一点之矩都等于力偶矩，而与矩心的位置无关。因此，平面力偶系的平衡方程为：

$$\Sigma M = 0 \tag{1.12}$$

即平面力偶系只有一个独立的平衡方程，只能求解一个未知量。

（3）平面平行力系

对于平面平行力系，若取 x 轴与力系中的各力垂直，则不论力系是否平衡，都会得到 $\Sigma F_X = 0$。因此，平面平行力系的平衡方程为：

$$\left.\begin{array}{r}\Sigma F_Y = 0 \\ \Sigma M_O = 0\end{array}\right\} \tag{1.13}$$

若采用二矩式可得平面平行力系的平衡方程为：

$$\left.\begin{array}{r}\Sigma M_A = 0 \\ \Sigma M_B = 0\end{array}\right\} \tag{1.14}$$

式中　A、B 两点的连线不与各力的作用线平行（证明从略）。

即平面平行力系只有两个独立的平衡方程，只能求解两个未知量。

1.2.4　静定问题与超静定问题的概念

通过前面的讨论我们知道，平面力偶系仅有一个独立的平衡方程，当只有一个未知量时，我们可以通过平面力偶系的平衡方程式求得；平面汇交力系和平面平行力系只有两个独立的平衡方程，当未知量的数目不多于两个时，我们可以通过其相应的平衡方程式求得；在平面一般力系中，当未知量的数目不多于三个时，我们应用平衡方程式可以求得。这类问题属于静定问题。当未知量的数目超过其相应力系平衡方程的数目时，仅仅依据静力学方法则不能完全求解，我们把这类问题称为超静定（或静不定）问题。

一般而论，未知量的个数不超过相应力系独立平衡方程式数目的问题称为静定问题，未知量的个数超过相应力系独立平衡方程式数目的问题称为超静定问题。从静力平衡看，超过相应力系独立平衡方程式数目的未知量（也称为多余未知力）个数就称为超静定次数。或者说，超静定次数就是运用平衡方程分析计算结构未知力时所缺少的方程个数。例如，图1.34（a）所示三跨连续梁为二次超静定；图1.34（b）所示刚架为三次超静定。

超静定问题在静力学中之所以不能解决，其原因是我们在静力学中把一切物体都看成刚体。如果考虑物体在力作用下所发生的变形，则超静定问题是可以得到解决的。不过这类问题已超出刚体静力学的范围，留待材料力学和结构力学中来研究和解决。

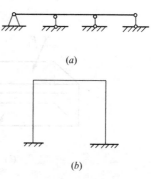

图 1.34　超静定结构

1.3　内力与内力图

工程上所用的构件都是由固体材料制成的，如钢、混凝土、木材等，它们在外力作用下会或多或少地产生变形，这种会产生变形的固体称为变形固体。

在前两节中，我们研究了对构件进行受力分析的方法和在力系作用下的平衡问题。由于物体的微小变形对研究这类问题的影响很小，因此把物体视为刚体。在材料力学中，由于主要研究的是构件在外力作用下的强度、刚度和稳定性问题。即使是微小的变形也是主要影响因素而不能忽略。本节将把组成构件的各种固体视为变形固体，主要研究基本杆件的内力问题。

1.3.1　内力和应力的概念

（1）内力的概念

杆件的材料是由质点组成的连续、均匀、各向同性的变形固体，在没有外力作用时，杆件内部各质点间就已存在着相互的作用力，正是这种作用力使杆件具有固定的几何形状。当杆件受外力作用而发生变形时，内部各质点的相对位置将发生改变，各质点间原来的相互作用力也随着发生了变化。这种相互作用力由于外力作用而引起的改变量，称为附加内力，简称内力。内力是由外力引起的，并随着外力的增加而增大，当达到某一极限值时，杆件就会发生破坏。

分析杆件的内力通常采用截面法，即用一个假想的截面将杆件分开，任取其中一部分为研究对象（或称隔离体），然后利用平衡条件求解截面内力的方法。如图 1.35（a）所示杆件 AB，现研究在外力作用下任意截面 C 上的内力。假想用一平面 m 将杆件在 C 截面处截开，任取其中一部分 AC 段为研究对象，如图 1.35（b）所示。由于整个杆件是处于平衡状态的，所以 AC 段也保持平衡，而 CB 段对 AC 段的作用，就在 C 截面上用内力

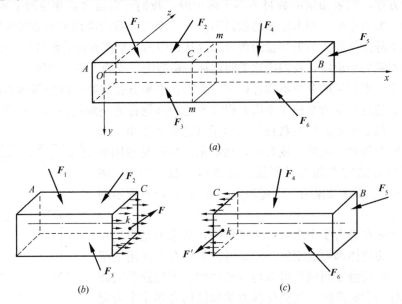

图 1.35　内力的概念

来表示，并且 C 截面上的每一点处都作用有内力，这种在截面上连续分布的内力称为分布内力。

如果取 CB 段为研究对象，如图 1.35 (c) 所示。截面 C 上分布的内力是 AC 段对 CB 段的作用。AC 段 C 截面上的内力与 CB 段 C 截面上的内力互为作用力与反作用力，根据作用与反作用公理可知，图 1.35 (b)、图 1.35 (c) 中同一点 k 上的内力 $\boldsymbol{F}$ 与 $\boldsymbol{F}'$ 应大小相等，方向相反，在同一作用线上，只是在两个隔离体上的不同表示而已。

（2）应力的概念

用截面法可求出杆件横截面上分布内力的合力，但还不能判断杆件是否会因强度不足而破坏。例如，两根材料相同，受力相同，横截面面积不同的杆件，显然两根杆件横截面上的内力是相等的，但随着外力的增加，必然是截面面积小的先破坏。因此，要判断杆件的强度问题，还需知道内力在截面上分布的密集程度（简称内力集度）。

为了描述截面上内力的分布情况，我们引进应力的概念。如图 1.36 (a) 所示，在截面上任一点 E 周围取微小面积 ΔA，作用在 ΔA 上内力的合力为 ΔP，其比值 $p_{\mathrm{m}} = \dfrac{\Delta P}{\Delta A}$ 为微面积 ΔA 上的平均应力。当 ΔA 逐渐缩小到 E 点时，其极限：

$$p = \lim_{\Delta A \to 0} \frac{\Delta P}{\Delta A} = \frac{\mathrm{d}P}{\mathrm{d}A} \tag{1.15}$$

则表示截面上的分布内力在一点处的集度，称为应力。应力的单位是帕斯卡，简称帕（Pa），$1\mathrm{Pa} = 1\mathrm{N/m}^2$。工程上长度尺寸常以毫米为单位，则应力单位常用兆帕（MPa）表示，$1\mathrm{MPa} = 10^6\mathrm{Pa} = 10^6\mathrm{N/m}^2 = 1\mathrm{N/mm}^2$。

当应力 p 与截面既不垂直也不相切时，通常将它分解为垂直于截面和相切于截面的两个分量（图 1.36b）。垂直于截面的应力分量称为正应力（或法向应力），用 σ 表示；相切于截面的应力分量称为剪应力（或切向应力），用 τ 表示。

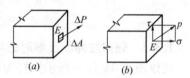

图 1.36　应力的概念

1.3.2　杆件变形的基本形式

杆件在外力作用下产生内力，同时还发生变形，不同的内力将引起杆件不同的变形。在工程结构中杆件的变形有时是下列基本形式之一，或者是几种基本形式组合的复杂变形。

（1）轴向拉伸或压缩

当直杆在两端承受一对大小相等、方向相反的轴向拉力（或压力）作用时，杆件的变形是沿杆轴线方向的伸长（或缩短），这种变形称为轴向拉伸（或轴向压缩），如图 1.37 (a)、图 1.37 (b) 所示。此时，在杆件的横截面上将产生轴力。

（2）剪切

当杆件在两相邻的横截面处承受一对大小相等、方向相反的横向外力作用时，杆件的变形是两相邻截面沿横向力方向发生相对错动，这种变形称为剪切，如图 1.37 (c) 所示。此时，在上述两相邻横截面间将产生剪力。

（3）扭转

当杆件承受一对大小相等，方向相反，作用面垂直于杆轴的外力偶作用时，杆件的变形是任意两横截面绕轴线发生相对转动,这种变形称为扭转,如图 1.37 (d) 所示。此时,在杆件的横截面上将产生扭矩。

(4) 弯曲

当杆件承受一对大小相等、方向相反,作用面垂直于杆件横截面的外力偶作用时,杆件的变形是轴线由直线弯曲为曲线,这种变形称为弯曲,如图 1.37 (e) 所示。此时,在杆件的横截面上将产生弯矩。

通常杆件在一组垂直于杆轴的横向力作用下发生弯曲变形时,还伴随产生剪切变形,可看作是上述两种基本形式组合的复杂变形,也称为组合变形。此时,在杆件的横截面上将产生弯矩和剪力。

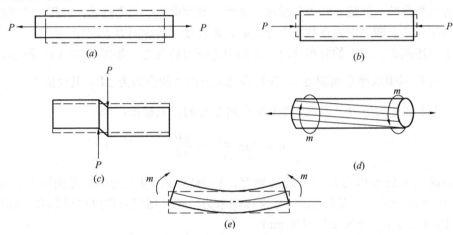

图 1.37 杆件变形的基本形式

1.3.3 轴向拉伸和压缩时的内力

现以图 1.38 (a) 所示拉杆为例,运用截面法确定杆件任一横截面 m-m 上的内力。

将杆件沿截面 m-m 截开,取左段为研究对象,如图 1.38 (b) 所示。由于整个杆件处于平衡状态,因此左段也保持平衡,由平衡条件 $\Sigma F_x=0$ 可知,截面 m-m 上分布内力的合力必是与杆轴相重合的一个力,且 $F_N=F_P$,其指向背离截面。同样,若取右段为研究对象,可得出相同的结果(图 1.38c)。

对于压杆,运用上述方法同样可求得任一横截面 m-m 上的内力。

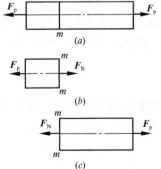

图 1.38 轴向拉伸时的内力

作用线与杆件轴线相重合的内力称为轴力,用符号 F_N 表示。其方向背离截面的轴力为拉力,指向截面的轴力为压力。通常规定:拉力为正,压力为负。

轴力的单位为 "N" 或 "kN"。

必须指出,在采用截面法计算杆件内力时,不能随意使用力的可传性和力偶的可移性原理,这是因为将外力移动后就改变了杆件的变形性质,并使内力随之改变。如将图 1.38 (a) 中左端外力移到右端,右端外力移到左端,拉杆则变为压杆,其轴力也将由拉力变为压力。可见,外力使物体产生的内力和变形,不仅与外力的大小有关,而且与外力的作用位置有关。

当杆件受到多个轴向外力作用时，在杆件的不同截面上轴力将不相同。为了能够直观反映轴力沿杆轴线的变化情况，通常采用绘制轴力图的方法来表示。用平行于杆轴线的坐标表示杆件横截面的位置，用垂直于杆轴线的坐标表示轴力的大小，按选定的比例将各横截面的轴力数值标在坐标图上，并连以直线，这种表示轴力沿杆轴线变化情况的图形就称为轴力图。通常将正值的轴力（拉力）画在上侧，负值的轴力（压力）画在下侧。

【例 1.10】　杆件受力如图 1.39（a）所示，已知 $F_{P1}=20kN$，$F_{P2}=30kN$，$F_{P3}=10kN$，试求杆件各段的轴力并画出轴力图。

【解】　根据问题运算方便情况，可决定是否需要先求出支座反力，此时取整根杆件为研究对象，列平衡方程便可求得。本例较为简单，可不必先求支座反力。

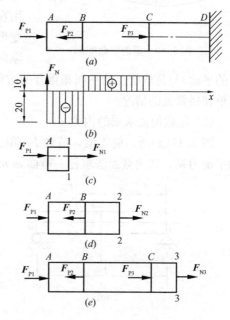

1）计算各段杆的轴力

在计算中，为了使计算结果的正负号与轴力规定一致，在假设截面轴力指向时，一律假设为拉力。如果计算结果为正，表明轴力的实际指向与假设指向相同，如果计算结果为负则相反。

AB 段：用 1-1 截面将杆件在 AB 段内截开，取左段为研究对象（图 1.39c），用 F_{N1} 表示截面上的轴力，由平衡方程：

$$\Sigma F_X=0$$
$$F_{N1}+F_{P1}=0$$

得　$F_{N1}=-F_{P1}=-20kN$（压力）

图 1.39　例 1.10 附图

BC 段：用 2-2 截面将杆件在 BC 段内截开，取左段为研究对象（图 1.39d），用 F_{N2} 表示截面上的轴力，由平衡方程：

$$\Sigma F_X=0$$
$$F_{N2}+F_{P1}-F_{P2}=0$$

得　$F_{N2}=-F_{P1}+F_{P2}=-20+30=10kN$　（拉力）

CD 段：用 3-3 截面将杆件在 CD 段内截开，取左段为研究对象（图 1.39e），用 F_{N3} 表示截面上的轴力，由平衡方程：

$$\Sigma F_X=0$$
$$F_{N3}+F_{P1}-F_{P2}+F_{P3}=0$$

得　$F_{N3}=-F_{P1}+F_{P2}-F_{P3}=-20+30-10=0$

2）画轴力图

以平行于杆轴的 x 轴为横坐标，垂直于杆轴的 F_N 轴为纵坐标，按一定比例将各段轴力标在坐标图上，可画出轴力图如图 1.39（b）所示。

1.3.4　受弯构件的内力

（1）受弯构件和平面弯曲

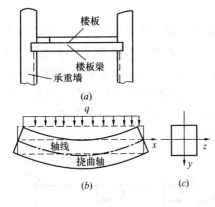

图 1.40　梁的弯曲变形

受弯构件是工程中最常用的一种构件。如图 1.40(a)所示的楼盖梁，在楼板均布荷载作用下，梁就会发生如图 1.40(b)所示的弯曲变形，它的轴线将弯曲成为曲线，称为挠曲轴。这种以弯曲变形为主要变形的构件就称为受弯构件，梁就是最常见的受弯构件。

工程实际中的梁，其横截面多具有一个竖向的对称轴，如图 1.40(c)中的 y 轴，梁上所有外力都作用在包含此对称轴和梁轴线的纵向对称平面内。梁变形时，其弯曲后的轴线(即挠曲轴)仍将保留在此纵向对称平面内。我们把梁的弯曲平面(即挠曲轴所在的平面)与荷载所在的平面相重合的这种弯曲叫做平面弯曲，平面弯曲是弯曲问题中最简单和最常见的情况。

(2) 用截面法求梁的内力

图 1.41(a)所示简支梁，荷载 F_P 和支座反力 F_A、F_B 是作用在梁的纵向对称平面内的平衡力系，现用截面法求任一截面 m-m 上的内力。

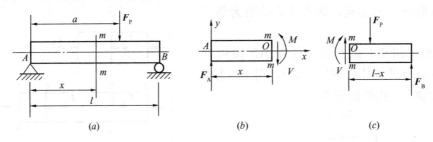

图 1.41　截面法求内力

我们用一假想的横截面 m-m 把梁分成两段，因为梁原来处于平衡状态，所以被截出的任一段也应保持平衡状态。现取左段梁为研究对象，并将右段的作用以截面上的内力代替，如图 1.41(b)所示。可以看出，要使左段梁平衡，截面 m-m 上必然有与支座反力 F_A 等值、平行且反向的内力 V，这个内力 V 称为剪力，剪力的常用单位为"N"或"kN"。同时，F_A 对截面 m-m 的形心 O 点有一个力矩作用，要使左段梁不发生转动，在截面 m-m 上必然有一个与上述力矩大小相等且转向相反的内力偶 M 与之平衡，这个内力偶 M 称为弯矩，弯矩的常用单位为"N·m"或"kN·m"。

剪力和弯矩的大小可由左段梁的静力平衡方程求得，即：

$$\sum F_Y = 0 \qquad F_A - V = 0 \qquad 得 V = F_A$$
$$\sum M_O = 0 \qquad M - F_A x = 0 \qquad 得 M = F_A x$$

如果取右段梁为研究对象，如图 1.41(c)所示，截面 m-m 上的内力 V 和 M，同样可由右段梁的静力平衡方程求得。根据作用与反作用定律，可知左段梁截面上的内力与右段梁截面上的内力应大小相等，方向相反。

(3) 剪力和弯矩的正负号规定

前述已知，不论取左段梁或右段梁为脱离体来计算同一截面 m-m 上的剪力 V 和弯矩

M，其大小都是相同的。为了使左右两段梁上求得同一截面 m-m 上的剪力 V 和弯矩 M 具有相同的正负号，为此作如下规定：

使脱离体产生顺时针转动的剪力为正，反之为负，如图 1.42(a) 所示。

使脱离体产生下侧受拉的弯矩为正，反之为负，如图 1.42(b) 所示。

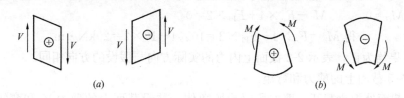

图 1.42　剪力和弯矩的正负号规定

【例 1.11】　简支梁如图 1.43(a) 所示，试求 1-1、2-2、3-3 截面上的剪力和弯矩。

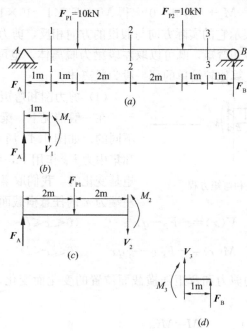

图 1.43　例 1.11 附图

【解】　1) 求支座反力

考虑梁的整体平衡，由 $\sum M_B=0$　　得 $F_A=10kN(\uparrow)$

由 $\sum M_A=0$　　得 $F_B=10kN(\uparrow)$

校核　　　　　$\sum F_Y=F_A+F_B-F_{P1}-F_{P2}=10+10-10-10=0$

2) 求 1-1 截面上的剪力和弯矩

在 1-1 截面处把梁截开，取左段梁为脱离体，并设截面上的剪力 V_1 和弯矩 M_1 均为正，如图 1.43(b) 所示。列平衡方程：

$\sum F_Y=0$　　　　$F_A-V_1=0$　　　　得 $V_1=F_A=10kN$

$\sum M_O=0$　　　　$M_1-F_A\times1=0$　　　得 $M_1=F_A\times1=10\times1=10kN\cdot m$

计算结果均为正，表示 1-1 截面上内力的实际方向与假设的方向相同。

29

3）求 2-2 截面上的剪力和弯矩

在 2-2 截面处把梁截开，取左段梁为脱离体，并设截面上的剪力 V_2 和弯矩 M_2 均为正，如图 1.43(c) 所示。列平衡方程：

$$\sum F_Y = 0 \qquad F_A - F_{P1} - V_2 = 0 \qquad 得 V_2 = F_A - F_{P1} = 10 - 10 = 0$$

$$\sum M_O = 0 \qquad M_2 - F_A \times 4 + F_{P1} \times 2 = 0$$

$$得 M_2 = F_A \times 4 - F_{P1} \times 2 = 10 \times 4 - 10 \times 2 = 20 \text{kN} \cdot \text{m}$$

计算结果均为正，表示 2-2 截面上内力的实际方向与假设的方向相同。

4）求 3-3 截面上的剪力和弯矩

在 3-3 截面处把梁截开，取右段梁为脱离体，并设截面上的剪力 V_3 和弯矩 M_3 均为正，如图 1.43 (d) 所示。列平衡方程：

$$\sum F_Y = 0 \qquad F_B + V_3 = 0 \qquad 得 V_3 = -F_B = -10 \text{kN}$$

$$\sum M_O = 0 \qquad -M_3 + F_B \times 1 = 0 \qquad 得 M_3 = F_B \times 1 = 10 \times 1 = 10 \text{kN} \cdot \text{m}$$

V_3 计算结果为负，表示它的实际方向与假设的方向相反，剪力为负。

求梁横截面上的剪力和弯矩，既可以取左段梁为脱离体，也可以取右段梁为脱离体，一般做法是取外力较少计算比较简单的那一段为脱离体。

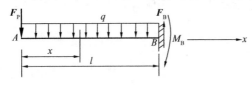

图 1.44　剪力方程和弯矩方程

（4）剪力图和弯矩图

在一般情况下，梁的不同截面上的内力是不同的。如图 1.44 所示悬臂梁在均布荷载 q 和集中力 F_P 作用下，各横截面上的剪力和弯矩是变化的。我们取梁的左端为坐标原点，距左端为 x 的任意横截面上的剪力和弯矩为：

$$V(x) = -F_P - qx \qquad (0 < x < l)$$

$$M(x) = -F_P x - \frac{1}{2} qx^2 \qquad (0 \leqslant x \leqslant l)$$

可见，梁横截面上的剪力和弯矩随横截面位置的变化而变化，可以表示为坐标 x 的函数，即：

$$V = V(x) \qquad M = M(x)$$

这两个函数式表示梁内剪力和弯矩沿梁轴线的变化规律，分别称为剪力方程和弯矩方程。

为了形象、直观地表示剪力和弯矩沿梁轴线的变化规律，可以根据剪力方程和弯矩方程分别绘制剪力图和弯矩图。它们都是函数图形，其横坐标 x 表示梁横截面的位置，纵坐标表示相应横截面上的剪力或弯矩。

通常规定：正剪力画在 x 轴的上方，负剪力画在 x 轴的下方；弯矩图则画在梁受拉的一侧，即正弯矩画在 x 轴的下方，负弯矩画在 x 轴的上方。

【例 1.12】　简支梁受均布荷载作用如图 1.45(a) 所示，试画出梁的剪力图和弯矩图。

【解】　1）求支座反力

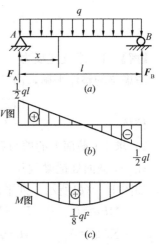

图 1.45　例 1.12 附图

由梁的平衡方程或对称关系，可求得支座反力为：

$$F_A = F_B = \frac{1}{2}ql \ (\uparrow)$$

2）列剪力方程和弯矩方程

$$V(x) = F_A - qx = \frac{1}{2}ql - qx \qquad (0 < x < l)$$

$$M(x) = F_A x - \frac{1}{2}qx^2 = \frac{1}{2}qlx - \frac{1}{2}qx^2 \qquad (0 \leqslant x \leqslant l)$$

3）作剪力图和弯矩图

由剪力方程可知剪力图为一斜直线。当 $x=0$ 时，$V_A = \frac{1}{2}ql$；当 $x=l$ 时，$V_B = -\frac{1}{2}ql$。根据这两个截面的剪力值画出剪力图，如图 1.45(b) 所示。

由弯矩方程可知弯矩图为一抛物线。当 $x=0$ 时，$M_A = 0$；当 $x = \frac{l}{2}$ 时，跨中弯矩最大，$M_{max} = \frac{1}{8}ql^2$；当 $x=l$ 时，$M_B = 0$。根据这三个截面的弯矩值可画出弯矩图的大致形状，如图 1.45(c) 所示。

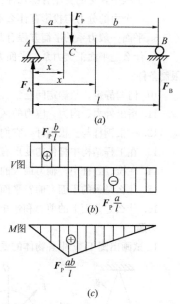

【例 1.13】 简支梁在 C 截面处受集中荷载作用如图 1.46(a) 所示，试画出梁的剪力图和弯矩图。

【解】 1）求支座反力

由梁的平衡方程，可求得支座反力为：

$$F_A = F_P \frac{b}{l} \quad (\uparrow) \qquad F_B = F_P \frac{a}{l} \quad (\uparrow)$$

2）列剪力方程和弯矩方程

梁在 C 截面处有集中荷载作用，故梁在 AC 段和 CB 段的剪力方程和弯矩方程不相同，要分段列出：

图 1.46 例 1.13 附图

AC 段 $\qquad V(x) = F_A = F_P \dfrac{b}{l} \qquad\qquad (0 < x < a)$

$\qquad\qquad M(x) = F_A x = F_P \dfrac{b}{l} x \qquad\qquad (0 \leqslant x \leqslant a)$

CB 段 $\qquad V(x) = -F_B = -F_P \dfrac{a}{l} \qquad\qquad (a < x < l)$

$\qquad\qquad M(x) = F_B(l-x) = F_P \dfrac{a}{l}(l-x) \qquad (a \leqslant x \leqslant l)$

3）作剪力图和弯矩图

由剪力方程可知，AC 段和 CB 段的剪力值均为常数，剪力图均为水平线。在集中荷载作用点 C 截面处发生突变，突变值等于该力的大小，如图 1.46(b) 所示。

由弯矩方程可知弯矩图在 AC 段和 CB 段上均为斜直线。AC 段：当 $x=0$ 时，$M_A = 0$；当 $x=a$ 时，$M_C = F_P \dfrac{ab}{l}$。CB 段：当 $x=a$ 时，$M_C = F_P \dfrac{ab}{l}$；当 $x=l$ 时，$M_B = 0$。在集中荷载作用点 C 截面处发生转折，即出现"尖点"，如图 1.46(c) 所示。

思 考 题 与 习 题

思考题

1. 什么是刚体、平衡、等效力系、合力、分力?

2. 你对力的概念如何理解? 怎样表示一个完整的力?

3. 二力平衡公理和作用与反作用公理有何区别? 试举例说明。

4. 如何理解力的平行四边形公理? 如果作用在刚体上的三个力共面且汇交于一点, 则刚体一定平衡?

5. 何谓约束? 试举例说明。

6. 工程中常见的支座有哪几种? 它们的支座反力性能有何区别?

7. 一个力的分力与投影有什么不同? 力矩与力偶有何异同点?

8. 平面一般力系的平衡方程有几种形式? 应用时有什么限制条件?

9. 什么是平面汇交力系、平面力偶系、平面平行力系? 它们的平衡方程各有那些形式? 应用时有无限制条件?

10. 何谓静定、超静定问题?

11. 指出外力、内力、应力的区别?

12. 一根钢杆与一根铜杆, 它们的截面面积不同, 承受相同的轴向拉力, 它们的内力是否相同?

13. 在工程结构中杆件的变形有哪几种基本形式?

14. 在拉(压)杆中, 轴力最大的截面一定是危险截面吗? 为什么?

15. 什么是梁的平面弯曲? 平面弯曲的受力和变形有什么特点?

16. 什么是截面上的剪力和弯矩? 它们的正负号是如何规定的?

习题

1. 试画出图 1.47 中各物体的受力图。假设各接触面都是光滑接触面, 未注明者, 自重不计。

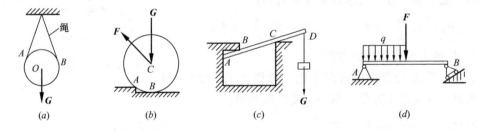

(a) (b) (c) (d)

图 1.47 习题 1 附图

2. 试画出图 1.48(a)球 O_1、O_2; 图 1.48$(b)AC$ 杆、BC 杆、整体; 图 1.48$(c)AC$ 杆、BC 杆、整体; 图 1.48(d)整体的受力图。假设各接触面都是光滑接触面, 未注明者, 自重不计。

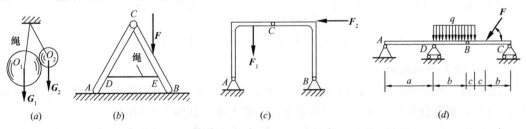

(a) (b) (c) (d)

图 1.48 习题 2 附图

3. 已知 $F_1=F_2=150N$, $F_3=F_4=200N$, 各力的方向如图 1.49 所示, 试分别求各力在 x 轴和 y 轴上的投影。

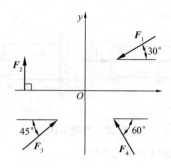

图 1.49　习题 3 附图

4. 计算图 1.50 中力 F_P 对 O 点的力矩。

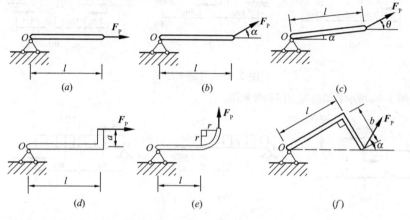

图 1.50　习题 4 附图

5. 求图 1.51 所示梁与刚架的支座反力。

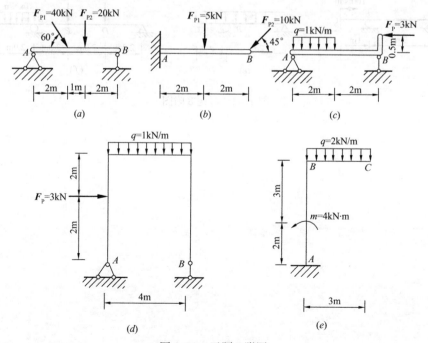

图 1.51　习题 5 附图

6. 画出图 1.52 所示各杆的轴力图。

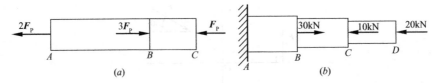

图 1.52 习题 6 附图

7. 试求图 1.53 所示各梁指定截面上的剪力和弯矩。

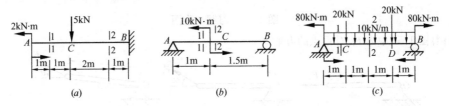

图 1.53 习题 7 附图

8. 画出图 1.54 所示各梁的剪力图和弯矩图。

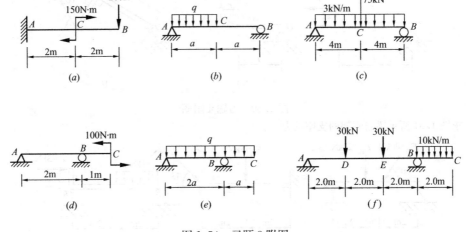

图 1.54 习题 8 附图

2 结构设计方法与设计指标

【学习提要】 在本单元的学习中，应侧重相关概念的理解，熟悉荷载计算和结构设计方法的应用，具备查阅规范获取相关设计指标的能力。

2.1 建筑结构荷载

建筑结构在施工和使用期间，要承受其自身和外加的各种作用，这些作用在结构中产生不同的效应（内力和变形）。这些引起结构或构件产生内力（应力）、变形（位移、应变）和裂缝等的各种原因统称为结构上的作用。结构上的作用就其出现的方式可分为直接作用和间接作用。直接作用是指直接以力的不同集结形式（集中力或均匀分布力）施加在结构上的作用，通常也称为结构的荷载，如结构的自重、土压力、物品及人群重量、风压力、雪压力等；间接作用是指能够引起结构外加变形和约束变形或振动的各种原因，如温度变化、材料的收缩、地基沉降、混凝土的徐变等。直接作用（即荷载）是本书主要介绍的内容，由它引起的效应称为荷载效应。

2.1.1 荷载的分类

《建筑结构荷载规范》GB 50009—2012（以下简称《荷载规范》）将结构上的荷载按时间的变异分为下列三类：

（1）永久荷载

永久荷载是指在结构使用期间，其值不随时间变化，或其变化与平均值相比可以忽略不计，或其变化是单调的并能趋于限值的荷载，如结构自重、土压力、预应力等。永久荷载也称为恒荷载。

（2）可变荷载

可变荷载是指结构使用期间，其值随时间变化，且其变化与平均值相比不可以忽略不计的荷载，如楼面活荷载、屋面活荷载和积灰荷载、风荷载、雪荷载、吊车荷载、温度作用等。可变荷载也称为活荷载。

（3）偶然荷载

偶然荷载是指在结构使用期间不一定出现，而一旦出现其量值很大，且持续时间很短的荷载，如爆炸力、撞击力等。

2.1.2 荷载的代表值

建筑结构设计时，根据不同极限状态的设计要求所采用的荷载量值称为荷载代表值。对永久荷载采用标准值作为代表值；对可变荷载应根据设计要求采用标准值、组合值、频遇值或准永久值作为代表值；对偶然荷载应按建筑结构使用的特点确定其代表值。

（1）荷载标准值

荷载标准值是指结构在设计基准期内，在正常情况下可能出现的最大荷载值。由于荷载是随机变量，我们取设计基准期内最大荷载统计分布的某一特征值来确定。它是荷载的基本代表值，其他代表值可在标准值的基础上乘以相应系数后得出。

对永久荷载标准值，如结构自重，可按结构构件的设计尺寸与材料单位体积的自重计算确定。《荷载规范》附录 A 给出了常用材料和构件的自重，设计时可直接查用。对于自重变异较大的材料和构件（如现场制作的保温材料、混凝土薄壁构件等），自重的标准值应根据对结构的不利状态，取上限值或下限值。

表 2.1 列出部分常用材料和构件自重，供学习时查用。

对可变荷载的标准值，应按《荷载规范》各章的规定确定。表 2.2 列出部分民用建筑楼面均布活荷载标准值，供学习时查用。

部分常用材料和构件的自重　　　　　　　　　　　　　　表 2.1

序号	名　称	单　位	自重	备　注
1	素混凝土	kN/m³	22～24	振捣或不振捣
2	钢筋混凝土	kN/m³	24～25	
3	水泥砂浆	kN/m³	20	
4	石灰砂浆	kN/m³	17	
5	混合砂浆	kN/m³	17	
6	浆砌普通砖	kN/m³	18	
7	浆砌机砖	kN/m³	19	
8	水磨石地面	kN/m²	0.65	10mm 面层，20mm 水泥砂浆打底
9	贴瓷砖墙面	kN/m²	0.5	包括水泥砂浆打底，共厚 25mm
10	木框玻璃窗	kN/m²	0.2～0.3	

部分民用建筑楼面均布活荷载标准值及组合值、频遇值和准永久值系数　　表 2.2

项次	类　别	标准值 (kN/m²)	组合值系数 ψ_c	频遇值系数 ψ_f	准永久值系数 ψ_q
1	(1) 住宅、宿舍、旅馆、办公楼、医院病房、托儿所、幼儿园	2.0	0.7	0.5	0.4
	(2) 试验室、阅览室、会议室、医院门诊室	2.0	0.7	0.6	0.5
2	教室、食堂、餐厅、一般资料档案室	2.5	0.7	0.6	0.5
3	(1) 礼堂、剧场、影院、有固定座位的看台	3.0	0.7	0.5	0.3
	(2) 公共洗衣房	3.0	0.7	0.6	0.5
4	(1) 商店、展览厅、车站、港口、机场大厅及其旅客等候室	3.5	0.7	0.6	0.5
	(2) 无固定座位的看台	3.5	0.7	0.5	0.3
5	(1) 健身房、演出舞台	4.0	0.7	0.6	0.5
	(2) 舞厅、运动场	4.0	0.7	0.6	0.3

项次	类　别	标准值 (kN/m²)	组合值系数 ψ_c	频遇值系数 ψ_f	准永久值 系数 ψ_q
6	(1) 书库、档案库、贮藏室 (2) 密集柜书库	5.0 12.0	0.9	0.9	0.8
7	厨房：(1) 其他 　　　(2) 餐厅	2.0 4.0	0.7	0.6 0.7	0.5 0.7
8	浴室、厕所、盥洗室	2.5	0.7	0.6	0.5
9	走廊、门厅： (1) 宿舍、旅馆、医院病房、托儿所、幼儿园、住宅 (2) 办公楼、餐厅、医院门诊部 (3) 教学楼及其他可能出现人员密集的情况	2.0 2.5 3.5	0.7	0.5 0.6 0.5	0.4 0.5 0.3
10	阳台：(1) 其他 　　　(2) 当人群可能密集时	2.5 3.5	0.7	0.6	0.5
11	楼梯：(1) 多层住宅 　　　(2) 其他	2.0 3.5	0.7	0.5	0.4 0.3

注：(1) 本表所给各项活荷载适用于一般使用条件，当使用荷载较大或情况特殊时，应按实际情况采用；

(2) 第 6 项书库活荷载当书架高度大于 2m 时，书库活荷载尚应按每米书架高度不小于 2.5kN/m² 确定；

(3) 第 11 项楼梯活荷载，对预制楼梯踏步平板，尚应按 1.5kN 集中荷载验算；

(4) 本表各项荷载不包括隔墙自重和二次装修荷载。

(2) 可变荷载组合值

当作用在结构上的可变荷载有两种或两种以上时，由于各种可变荷载同时达到其标准值的可能性极小，因此除其中产生最大效应的荷载（主导荷载）仍取其标准值外，其他伴随的可变荷载均采用小于其标准值的量值为荷载代表值，即可变荷载组合值。

可变荷载组合值可表示为 $\psi_c Q_k$，其中 Q_k 为可变荷载标准值，ψ_c 为可变荷载组合值系数。表 2.2 列出部分可变荷载组合值系数，可查用。

(3) 可变荷载频遇值

对可变荷载，在设计基准期内被超越的总时间仅为设计基准期一小部分或超越频率为规定频率的荷载值被称为可变荷载频遇值。其值可表示为 $\psi_f Q_k$，其中 ψ_f 为可变荷载频遇值系数。表 2.2 列出部分可变荷载频遇值系数，可查用。

(4) 可变荷载准永久值

在验算结构构件的变形和裂缝时，需要考虑荷载长期作用的影响，对于可变荷载，其标准值中的一部分是经常作用在结构上的，其影响类似于永久荷载。《荷载规范》把在设计基准期内被超越的总时间约为设计基准期一半的荷载值称为可变荷载准永久值。其值可表示为 $\psi_q Q_k$，其中 ψ_q 为可变荷载准永久值系数。表 2.2 列出部分可变荷载准永久值系数，可查用。

2.1.3　荷载的计算

实际工程中荷载的表现形式有集中荷载（荷载作用的面积与结构的尺寸相比很小，可将其简化为作用于一点的荷载）和分布荷载（荷载连续地分布在整个结构或结构某一部分上）。其中分布荷载又包括体荷载（分布在物体的体积内的荷载，单位是 N/mm³ 或 kN/mm³ 常用 γ 表示）、面荷载（分布在物体表面的荷载，单位是 N/mm² 或 kN/mm² 常用 p 表示）、线荷载（将面荷载、体荷载简化成连续分布在一段长度上的荷载，单位是 N/mm 或 kN/mm 常用 q 表示），采用哪一种荷载形式需根据具体计算需要确定。

下面简要介绍荷载的计算：

如一钢筋混凝土梁，已知梁长、截面积、材料重度，就可计算出自重荷载等于重度乘以体积；若此梁为等截面，则梁单位长度上的自重线荷载 q 等于自重荷载除以梁长或重度乘以梁横截面积。又如一钢筋混凝土等厚度楼板，已知楼板宽度、长度、厚度及重度，就可计算出楼板单位面积上的自重面荷载 p 等于自重荷载除以板的面积或重度乘以板厚。当已知板的面荷载及两边的尺寸，就可计算出沿某一边上的线荷载等于该板上的面荷载乘以另一边长。

【例 2.1】 已知一钢筋混凝土梁，计算长度 l_o＝7m，梁截面尺寸 b＝250mm，h＝500mm，钢筋混凝土重度 γ＝25kN/m³。试计算梁的自重荷载 W 及沿计算长度的均布线荷载 q。

【解】 1）梁的自重荷载 W：

$$W=\gamma l_o bh=25\times7\times0.25\times0.5=21.875\text{kN/m}^3$$

2）沿计算长度梁自重的均布线荷载 q：

$$q=W/l_o=21.875\div7=3.125\text{kN/m}^2$$

或 $$q=\gamma bh=25\times0.25\times0.5=3.125\text{kN/m}^2$$

【例 2.2】 已知一钢筋混凝土板，板厚 h＝80mm，板长边 l_1＝6000mm，板短边 l_2＝2000mm，钢筋混凝土重度 γ＝25kN/m³。试计算板自重的均布面荷载 p 及沿板短边线荷载 q_2 的大小。

【解】 1）计算板自重的均布面荷载 p：

$$p=\gamma h=25\times0.08=2\text{kN/m}^2$$

2）计算板自重沿板短边线荷载 q：

$$q_2=pl_1=2\times6=12\text{kN/m}$$

2.2 建筑结构的设计方法

2.2.1 结构的功能要求

任何结构设计都应在预定的设计使用年限内满足设计所预期的各种功能要求。建筑结构的功能要求包括安全性、适用性和耐久性。

（1）安全性

即结构在正常施工和正常使用条件下，能承受可能出现的各种作用，以及在偶然事件发生时和发生后，结构仍能保持必需的整体稳定性，即结构仅产生局部损坏而不致发生连续倒塌。

（2）适用性

即结构在正常使用条件下，具有良好的工作性能。例如不发生影响使用的过大变形或振幅，不发生过宽的裂缝。

（3）耐久性

即结构在正常维护条件下，具有足够的耐久性能，能够正常使用到预定的设计使用年限。例如混凝土不发生严重风化、腐蚀，钢筋不发生严重锈蚀等。

结构和结构构件在规定的时间内（设计使用年限），在规定的条件下（正常设计、正常施工、正常使用和维护），完成预定功能（安全性、适用性、耐久性）的能力称为结构的可靠性。把满足其功能要求的概率称为可靠概率，亦称为可靠度。更准确地说，结构在规定的时间内，在规定的条件下完成预定功能的概率称为结构的可靠度。由此可见，结构可靠度是结构可靠性的概率度量。

设计基准期是指为确定荷载代表值及与时间有关的材料性能等取值而选用的时间参数（我国取用的设计基准期为 50 年）。

设计使用年限是指设计规定的一个期限，在这一规定的时间内，结构或结构构件只需进行正常的维护（包括必要的检测、维护和维修）而不需进行大修即可按其预定目的使用。当结构的实际使用年限超过设计使用年限后，并不意味着结构就要报废，但其可靠度将逐渐降低，其继续使用年限需经鉴定确定。《建筑结构可靠度设计统一标准》GB 50068—2001（以下简称《统一标准》），将设计使用年限分为四个类别，见表 2.3。

设计使用年限分类　　表 2.3

类别	设计使用年限（年）	举　例
1	1～5	临时性建筑
2	25	易于替换的结构构件
3	50	普通房屋和构筑物
4	100	纪念性建筑和特别重要的建筑结构

2.2.2　结构的极限状态

整个结构或结构的一部分能满足设计规定的某一功能要求，我们称之为该功能处于可靠状态；反之，称之为该功能处于失效状态。这种"可靠"与"失效"之间必然存在某一特定界限状态，此特定状态称为该功能的极限状态。

极限状态可分为两类：承载能力极限状态和正常使用极限状态。

（1）承载能力极限状态

这种极限状态对应于结构或结构构件达到最大承载能力或不适于继续承载的变形。超过这一极限状态，结构或结构构件便不能满足安全性的功能要求。

当结构或结构构件出现下列状态之一时，即认为超过了承载能力极限状态：

1）整个结构或结构的一部分作为刚体失去平衡（如倾覆等）；

2）结构构件或连接因材料强度不足而破坏（包括疲劳破坏），或因过度变形而不适于继续承载；

3）结构转变为机动体系；

4）结构或结构构件丧失稳定（如压屈等）；

5）地基丧失承载能力而破坏（如失稳等）。

（2）正常使用极限状态

这种极限状态对应于结构或结构构件达到正常使用或耐久性能的某项规定限值。超过这一极限状态，结构或结构构件便不能满足适用性或耐久性的功能要求。

当结构或结构构件出现下列状态之一时，即认为超过了正常使用极限状态：

1）影响正常使用及外观的变形；

2）影响正常使用或耐久性能的局部损坏（包括裂缝）；

3）影响正常使用的振动；

4）影响正常使用的其他特定状态。

（3）设计状况

建筑结构设计时，应根据结构在施工和使用中的环境条件和影响，区分下列三种设计状况：

1）持久状况。在结构使用过程中一定出现，其持续期很长的状况，持续期一般与设计使用年限为同一数量级。

2）短暂状况。在结构施工和使用过程中出现概率较大，而与设计使用年限相比，持续期很短的状况，如施工和维修等。

3）偶然状况。在结构使用过程中出现概率很小，且持续期很短的状况，如火灾、爆炸、撞击等。

对上述三种设计状况，均应进行承载能力极限状态设计，对持久状况尚应进行正常使用极限状态设计，对短暂状况可根据需要进行正常使用极限状态设计。

2.2.3 极限状态设计表达式

（1）极限状态方程

结构的极限状态可用极限状态方程来表示。当只有作用效应 S 和结构抗力 R 两个基本变量时，可令：

$$Z = g(S,R) = R - S \tag{2.1}$$

作用效应 S 是指作用引起的结构或结构构件的内力、变形和裂缝等。当为直接作用（即荷载）时称为荷载效应。

结构抗力 R 是指结构或结构构件承受作用效应的能力，如结构构件的承载力、刚度和抗裂度等。它主要与材料的性能、几何参数及计算模式的精确性有关。

显然，当 $Z > 0$（$R > S$）时，结构处于可靠状态；$Z = 0$（$R = S$）时，结构处于极限状态；$Z < 0$（$R < S$）时，结构处于失效状态。

式（2.1）称为结构极限状态功能函数，相应地 $Z = R - S = 0$ 称为极限状态方程。

（2）极限状态设计表达式

1）承载能力极限状态设计表达式

承载能力极限状态设计表达式为：

$$\gamma_0 S \leqslant R \tag{2.2}$$

式中　γ_0——结构构件的重要性系数，在持久设计状况和短暂设计状况下，对安全等级为一级的结构构件不应小于1.1，对安全等级为二级的结构构件不应小于1.0，对安全等级为三级的结构构件不应小于0.9，对地震设计状态下应取1.0；

　　　　S——承载能力极限状态下作用组合的效应设计值，对持久设计状况和短暂设计状况应按作用的基本组合计算，在抗震设计中应按作用的地震组合计算；

　　　　R——结构构件的抗力设计值。

对于承载能力极限状态，结构构件应按荷载效应的基本组合进行计算，必要时应按荷载效应的偶然组合进行计算。

对于基本组合，荷载效应组合的设计值 S 应按下列组合中取最不利值确定：

①由可变荷载效应控制的组合：

$$S = \gamma_G S_{Gk} + \gamma_{Q1} S_{Q1k} + \sum_{i=2}^{n} \gamma_{Qi} \psi_{ci} S_{Qik} \tag{2.3}$$

②由永久荷载效应控制的组合：

$$S = \gamma_G S_{Gk} + \sum_{i=1}^{n} \gamma_{Qi} \psi_{ci} S_{Qik} \tag{2.4}$$

式中　γ_G——永久荷载分项系数，见表2.4；

S_{Gk}——永久荷载标准值 G_k 计算的荷载效应；

γ_{Q1}，γ_{Qi}——第一个和第 i 个可变荷载分项系数，见表2.4；

S_{Q1k}，S_{Qik}——起控制作用的一个可变荷载标准值 Q_{1k} 和第 i 个可变荷载标准值 Q_{ik} 计算的荷载效应；

ψ_{ci}——第 i 个可变荷载的组合值系数，按《荷载规范》规定采用；

n——参与组合的可变荷载数。

在以上各式中，$\gamma_G S_{Gk}$ 和 $\gamma_Q S_{Qk}$ 分别称为永久荷载效应设计值和可变荷载效应设计值，相应的 $\gamma_G G_k$ 和 $\gamma_Q Q_k$ 分别称为永久荷载设计值和可变荷载设计值。

对于偶然组合，荷载效应组合的设计值应按有关规范的规定确定。

荷 载 分 项 系 数　　　　　　　　　　　　表 2.4

荷载类别	荷载特征	荷载分项系数（γ_G 或 γ_Q）
永久荷载	当其效应对结构不利时	
	对由可变荷载效应控制的组合	1.20
	对由永久荷载效应控制的组合	1.35
	当其效应对结构有利时	
	一般情况	1.0
	对结构的倾覆、滑移或漂浮验算	0.9
可变荷载	一般情况	1.4
	对标准值$>4kN/m^2$的工业房屋楼面活荷载	1.3

2）正常使用极限状态设计表达式

正常使用极限状态主要验算结构构件的变形、抗裂度或裂缝宽度等，使其满足结构适用性和耐久性的要求。由于其危害程度不如承载能力破坏时大，故对其可靠度的要求可适当降低。设计时取荷载标准值，不需乘以荷载分项系数，也不考虑结构的重要性系数。其设计表达式为：

$$S \leqslant C \tag{2.5}$$

式中　S——正常使用极限状态荷载组合的效应设计值；

C——结构或结构构件达到正常使用要求的规定限值（如变形、裂缝、应力等限值）。

对于正常使用极限状态，应根据不同的设计目的，分别按荷载效应的标准组合、频遇组合和准永久组合进行设计。

①标准组合：

$$S = S_{Gk} + S_{Q1k} + \sum_{i=2}^{n} \psi_{ci} S_{Qik} \tag{2.6}$$

②频遇组合：

$$S = S_{Gk} + \psi_{f1} S_{Q1k} + \sum_{i=2}^{n} \psi_{qi} S_{Qik} \tag{2.7}$$

③准永久组合：

$$S = S_{Gk} + \sum_{i=1}^{n} \psi_{qi} S_{Qik} \tag{2.8}$$

式中　ψ_{f1}——在频遇组合中起控制作用的一个可变荷载的频遇值系数；

　　　ψ_{qi}——第 i 个可变荷载的准永久值系数。

【例2.3】　某办公楼简支梁，安全等级为二级，计算跨度 $l_0=6m$，作用在梁上的永久荷载（含自重）标准值 $G_k=15kN/m$，可变荷载标准值 $Q_k=6kN/m$，试分别按承载能力极限状态设计时和正常使用极限状态设计时的各项组合计算梁跨中弯矩。

【解】　1）计算荷载标准值作用下的跨中弯矩：

永久荷载作用下　　$M_{Gk} = \frac{1}{8}G_k l_0^2 = \frac{1}{8} \times 15 \times 6^2 = 67.5 kN \cdot m$

可变荷载作用下　　$M_{Qk} = \frac{1}{8}Q_k l_0^2 = \frac{1}{8} \times 6 \times 6^2 = 27 kN \cdot m$

2）承载能力极限状态设计时跨中弯矩的设计值：

安全等级为二级，取 $\gamma_0=1.0$。

按可变荷载效应控制的组合：

查表2.4，$\gamma_G=1.2$，$\gamma_Q=1.4$。

　　$M = \gamma_0(\gamma_G M_{Gk} + \gamma_Q M_{Qk}) = 1.0 \times (1.2 \times 67.5 + 1.4 \times 27) = 118.8 kN \cdot m$

按永久荷载效应控制的组合：

查表2.4，$\gamma_G=1.35$，$\gamma_Q=1.4$；查表2.2，$\psi_c=0.7$。

$M = \gamma_0(\gamma_G M_{Gk} + \gamma_Q \psi_c M_{Qk}) = 1.0 \times (1.35 \times 67.5 + 1.4 \times 0.7 \times 27) = 117.6 kN \cdot m$

故该简支梁跨中弯矩设计值 $M=118.8kN \cdot m$

3）正常使用极限状态设计时各项组合的跨中弯矩：

查表2.2，$\psi_f=0.5$，$\psi_q=0.4$。

按标准组合　　　　$M = M_{Gk} + M_{Qk} = 67.5 + 27 = 94.5 kN \cdot m$

按频遇组合　　　　$M = M_{Gk} + \psi_f M_{Qk} = 67.5 + 0.5 \times 27 = 81 kN \cdot m$

按准永久组合　　$M = M_{Gk} + \psi_q M_{Qk} = 67.5 + 0.4 \times 27 = 78.3 kN \cdot m$

2.3　建筑结构材料的设计指标

2.3.1　钢筋的设计指标

建筑工程用的钢筋，需具有较高的强度，良好的塑性，便于加工和焊接，并应与混凝土之间具有足够的粘结力。钢筋混凝土结构主要采用的热轧钢筋，分为 HPB300 级、HRB335、HRBF335 级、HRB400、HRBF400、RRB400 级和 HRB500、HRBF500 级。其中 HPB300 和 HRB335 级钢筋的公称直径范围为 6～14mm，其余钢筋的公称直径范围均为 6～50mm。《混凝土结构设计规范》GB 50010—2010（以下简称《混凝土规范》）规定，①纵向受力普通钢筋可采用 HRB400、HRB500、HRBF400、HRBF500、HRB335、RRB400、HPB300 钢筋；②梁、柱和斜撑构件的纵向受力普通钢筋宜采用 HRB400、HRB500、HRBF400、HRBF500 钢筋；③箍筋宜采用 HRB400、HRBF400、HRB335、HPB300、HRB500、HRBF500 钢筋。预应力钢筋宜采用预应力钢丝、钢绞线和预应力螺纹钢筋。

钢筋强度具有变异性。例如按同一标准而不同时生产的各批钢筋之间的强度不会完全相同；即使同一炉钢轧成的钢筋，其强度也有差异。因此，在结构设计时需要确定材料强度的基本代表值，即材料强度的标准值。所谓材料强度标准值，是指正常情况下可能出现的最小材料强度值，其值应根据材料强度概率分布某一分位值确定。《混凝土规范》规定，钢筋的强度标准值应具有不小于 95％的保证率。钢筋强度标准值除以材料分项系数（其值取 1.1，对高强度 500MPa 级钢筋取 1.15）即为钢筋强度设计值。

普通钢筋强度标准值 f_{yk}、强度设计值 $f_y(f'_y)$ 见表 2.5。

普通钢筋强度标准值、设计值和弹性模量（N/mm²）   表 2.5

牌　　号	符号	f_{yk}	f_{stk}	f_y	f'_y	E_S
HPB300	Φ	300	420	270	270	$2.1×10^5$
HRB335	Φ	335	455	300	300	$2.0×10^5$
HRB400 HRBF400 RRB400	Φ ΦF ΦR	400	540	360	360	$2.0×10^5$
HRB500 HRBF500	Φ ΦF	500	630	435	435	$2.0×10^5$

注：当构件中配有不同种类的钢筋时，每种钢筋应采用各自的强度设计值；横向钢筋的抗拉强度设计值 f_{yv} 应按表中 f_y 的数值采用；当用作受剪、受扭、受冲切承载力计算时，其数值大于 360N/mm² 时应按 360N/mm² 取用；对轴心受压构件，当采用 HRB500、HRBF500 钢筋时，钢筋的抗压强度设计值 f'_y 应取 400N/mm²。

2.3.2　混凝土的设计指标

混凝土立方体抗压强度标准值（$f_{cu,k}$）是指按照标准方法制作并养护的边长为 150mm 的立方体试件，在 28d 龄期用标准试验方法测得的具有 95％保证率的抗压强度。根据混凝土立方体抗压强度标准值的大小，混凝土强度等级分为 C15、C20、C25、C30、C35、C40、C45、C50、C55、C60、C65、C70、C75、C80 共 14 级。其中符号 C 表示混凝土，C 后面的数字表示混凝土立方体抗压强度标准值，单位为 N/mm²。

《混凝土规范》规定，素混凝土结构的混凝土强度等级不应低于 C15；钢筋混凝土结构的混凝土强度等级不应低于 C20；当采用强度等级 400MPa 及以上钢筋时，混凝土强度等级不应低于 C25;预应力混凝土结构的混凝土强度等级不宜低于 C40,且不应低于 C30;承受重复荷载的钢筋混凝土构件,混凝土强度等级不应低于 C30。

与钢筋相比,混凝土具有更大的变异性,即使同一次搅拌的混凝土其强度也有差异。因此,在设计中也应采用混凝土强度设计值来进行计算。

混凝土强度标准值除以混凝土材料分项系数(其值取 1.4)即为混凝土强度设计值。混凝土强度标准值、强度设计值见表 2.6。

混凝土强度标准值、强度设计值(N/mm²)　　　　　　　　　　　　表 2.6

强度种类		混凝土强度等级												
		C15	C20	C25	C30	C35	C40	C45	C50	C55	C60	C65	C70	C75	C80
强度标准值	f_{ck}	10.0	13.4	16.7	20.1	23.4	26.8	29.6	32.4	35.5	38.5	41.5	44.5	47.4	50.2
	f_{tk}	1.27	1.54	1.78	2.01	2.20	2.39	2.51	2.64	2.74	2.85	2.93	2.99	3.05	3.11
强度设计值	f_c	7.2	9.6	11.9	14.3	16.7	19.1	21.1	23.1	25.3	27.5	29.7	31.8	33.8	35.9
	f_t	0.91	1.10	1.27	1.43	1.57	1.71	1.80	1.89	1.96	2.04	2.09	2.14	2.18	2.22

2.3.3　砌体材料的设计指标

砌体结构指由块材和砂浆砌筑而成的结构,是砖砌体、砌块砌体和石砌体结构的统称。构成砌体的材料是块材和砂浆。

(1) 块材

块材是砌体结构的主要组成部分,包括砖、砌块和石材。其强度等级用符号"MU"表示,由标准试验方法所得的块体抗压强度来确定,单位为 MPa(N/mm²)。

《砌体结构设计规范》GB 50003—2011(以下简称《砌体规范》)中规定承重结构的块体强度等级分别为:

烧结普通砖、烧结多孔砖:MU30、MU25、MU20、MU15 和 MU10 五个等级;

蒸压灰砂普通砖、蒸压粉煤灰普通砖:MU25、MU20 和 MU15 三个等级;

混凝土普通砖、混凝土多孔砖:MU30、MU25、MU20 和 MU15 四个等级;

混凝土砌块、轻集料混凝土砌块:MU20、MU15、MU10、MU7.5 和 MU5 五个等级;

石材:MU100、MU80、MU60、MU50、MU40、MU30 和 MU20 七个等级。

自承重墙的空心砖、轻集料混凝土砌块的强度等级应符合下列规定:

空心砖:MU10、MU7.5、MU5 和 MU3.5 四个等级;

轻集料混凝土砌块:MU10、MU7.5、MU5 和 MU3.5 四个等级。

(2) 砂浆

砂浆在砌体中的作用是将块材连成整体并使应力均匀分布,保证砌体结构的整体性。此外,由于砂浆填满块材间的缝隙,减少了砌体的透气性,提高了砌体的隔热性及抗冻性。

砂浆按其组成材料的不同,分为水泥砂浆、混合砂浆和石灰砂浆。水泥砂浆具有强度高、耐久性好的特点,但保水性和流动性较差,适用于潮湿环境和地下砌体。混合砂浆的保水性和流动性较好、强度较高、便于施工且质量容易保证的特点,是砌体结构中常用的砂浆。石灰砂浆具有保水性、流动性好的特点,但强度低、耐久性差,只适用于临时建筑或受力不大的简易建筑。

砂浆的强度等级是用龄期为28d的边长为70.7mm立方体试块所测得的抗压强度极限值来确定的，用符号"M"表示，单位为MPa(N/mm²)。

烧结普通砖、烧结多孔砖、蒸压灰砂普通砖和蒸压粉煤灰普通砖砌体采用的普通砂浆强度等级分为M15、M10、M7.5、M5和M2.5五个等级；毛料石、毛石砌体采用的砂浆强度等级为M7.5、M5和M2.5三个等级。验算施工阶段砌体结构的承载力时，砂浆强度取为0。

当采用混凝土砌块(砖)时，应采用与其配套的专用砂浆(用"Mb"表示)和灌孔混凝土(用"Cb"表示)。

混凝土普通砖、混凝土多孔砖、单排孔混凝土砌块和煤矸石混凝土砌块砌体专用砂浆强度等级有Mb20、Mb15、Mb10、Mb7.5和Mb5五个等级；对于双排孔或多排孔轻集料混凝土砌块砌体的强度等级为Mb10、Mb7.5和Mb5三个等级；对蒸压灰砂普通砖和蒸压粉煤灰普通砖砌体采用的专用砂浆强度等级分为Ms15、Ms10、Ms7.5和Ms5.0四个等级；砌块灌孔混凝土与混凝土强度等级等同。

（3）砌体材料的选择

砌体所用块材和砂浆，主要应依据承载能力、耐久性以及隔热、保温等要求选择，同时结合当地材料供应情况，按技术经济指标较好、符合施工条件的原则确定。

当设计使用年限为50年时，《砌体规范》规定砌体材料的耐久性应符合：对地面以下或防潮层以下的砌体，潮湿房间的墙或环境类别2的砌体，所用材料的最低强度等级应符合表2.7的规定。处于环境类别3~5等有侵蚀性介质的砌体材料，①不应采用蒸压灰砂普通砖、蒸压粉煤灰普通砖；②应采用实心砖，砖的强度等级不应低于MU20，水泥砂浆不应低于M10；③混凝土砌块不应低于MU15，灌孔混凝土不应低于Cb30，砂浆不应低于Mb10；④应根据环境条件对砌体材料的抗冻指标、耐酸、碱性能提出要求，或符合有关规范要求。

地面以下或防潮层以下的砌体、潮湿房间墙所用材料的最低强度等级　　表2.7

潮湿程度	烧结普通砖	混凝土普通砖、蒸压普通砖	混凝土砌块	石材	水泥砂浆
稍潮湿的	MU15	MU20	MU7.5	MU30	M5
很潮湿的	MU20	MU20	MU10	MU30	M7.5
含水饱和的	MU20	MU25	MU15	MU40	M10

注：（1）在冻胀地区，地面以下或防潮层以下的砌体，不宜采用多孔砖，如采用时其孔洞应用不低于M10的水泥砂浆预先灌实。当采用混凝土砌块砌体时，其孔洞应采用强度等级不低于Cb20的混凝土预先灌实；

（2）对安全等级为一级或设计使用年限大于50年的房屋，表中材料强度等级应至少提高一级。

2.3.4　钢材的设计指标

在钢结构中采用的钢材主要有碳素结构钢和低合金高强度结构钢两种。

（1）碳素结构钢

碳素结构钢的牌号由代表屈服点的字母Q、屈服点数值(N/mm²)、质量等级符号和脱氧方法符号四部分按顺序组成。

屈服点数值分别有195、215、235、255和275，数值越大，其含碳量、强度和硬度越大，塑性越低。质量等级符号有A、B、C、D，表示质量由低到高，质量高低主要是以对冲击韧性的要求区分的，对冷弯试验的要求也不同，A级钢冲击韧性不作为要求条件，对冷弯试验只在需方有要求时才进行；B、C、D级分别要求保证20℃、0℃、−20℃时夏氏Ⅴ形缺口冲击功不小于27J（纵向），以及冷弯试验合格。另外还需有碳、硫和磷等含量的要求。脱氧方法的符号有汉字拼音字首F、Z、b和TZ，分别表示沸腾钢、镇静钢、半镇静钢和特殊镇静钢。符号Z和TZ可以省略不写，对Q235，A、B级钢可以是Z、b和F，C级钢只能是Z，D级钢只能是TZ。

例如：Q235-Ab表示屈服强度为235N/mm²的A级半镇静钢；Q235-B表示屈服强度为235N/mm²的B级镇静钢；Q235-D表示屈服强度为235N/mm²的D级特殊镇静钢。

（2）低合金高强度结构钢

低合金高强度结构钢是在普通碳素钢冶炼过程中添加一种或几种少量的合金元素，以提高强度，改善塑性、韧性，其总量不超过5%的钢材（超过5%的称高合金钢）。其牌号与碳素结构钢牌号的表示方法基本相同，由代表屈服点的字母Q、屈服点数值（N/mm²）、质量等级符号三部分按顺序组成。屈服点数值有295、345、390、420和460；质量等级在A、B、C、D四级的基础上又加了E级，对E级要求保证−40℃时夏氏Ⅴ形缺口冲击功不小于27J（纵向），且不同质量等级对硫、磷等的含量要求也不同。

例如：Q345B表示屈服强度为345N/mm²的B级钢；Q390E表示屈服强度为390N/mm²的E级钢。

《钢结构设计规范》GB 50017—2003规定，承重结构的钢材宜采用Q235钢、Q345钢、Q390钢和Q420钢，其质量应分别符合现行国家标准《碳素结构钢》GB/T 700和《低合金高强度结构钢》GB/T 1591的规定。常用钢材的强度设计值见表2.8。

钢材的强度设计值（N/mm²）　　表2.8

| 钢材 | | 抗拉、抗压和抗弯 | 抗剪 | 端面承压 |
牌号	厚度或直径(mm)	f	f_v	(刨平顶紧)f_{ce}
Q235钢	≤16	215	125	325
	>16~40	205	120	
	>40~60	200	115	
	>60~100	190	110	
Q345钢	≤16	310	180	400
	>16~35	295	170	
	>35~50	265	155	
	>50~100	250	145	
Q390钢	≤16	350	205	415
	>16~35	335	190	
	>35~50	315	180	
	>50~100	295	170	
Q420钢	≤16	380	220	440
	>16~35	360	210	
	>35~50	340	195	
	>50~100	325	185	

注：表中厚度系指计算点的钢材厚度，对轴心受拉和轴心受压构件系指截面中较厚板件的厚度。

2.4 建筑结构抗震设防简介

2.4.1 基本概念

地震是地球内部构造运动的产物，如同风、霜、雨、雪一样是一种自然现象，但其危害性极大，会造成惨重的人员伤亡和巨大的经济损失，这主要是由于建筑物的破坏所引起的。抗震就是和地震这种自然灾害进行斗争。在建筑结构抗震设计中，所指的地震为构造地震，是由于地壳构造状态的变动，使岩层处于复杂的应力作用状态之下，当应力积聚超过岩石的强度极限时，地下岩层就会发生突然的断裂和强烈错动，岩层中所积聚的能量大量释放，引起剧烈震动，并以波的形式传到地面形成地震。

在地下某一深度处发生断裂、错动的区域称为震源。震源正上方的地面位置称为震中。震中附近地面振动最强烈的，一般也就是建筑物破坏最严重的地区称为震中区。震源和震中之间的距离称为震源深度。一般把震源深度小于 60km 的地震称为浅源地震；60～300km 的地震称为中源地震；大于 300km 的地震称为深源地震。其中浅源地震造成的危害最为严重。

地震时，地下岩体断裂、错动而引起的振动以波的形式从震源向各个方向传播并释放能量，这就是地震波。它包括在地球内部传播的体波和只限于在地球表面传播的面波。体波中包括有纵波和横波两种形式。纵波是由震源向外传递的压缩波，这种波质点振动的方向与波的前进方向一致，其特点是周期短、振幅小、传播速度快，能引起地面上下颠簸（竖向振动）。横波是由震源向外传递的剪切波，其质点振动的方向与波的前进方向垂直，其特点是周期长、振幅大、传播速度较慢，能引起地面水平摇晃。面波是体波经地层界面多次反射传播到地面后，又沿地面传播的次生波。面波的特点是周期长、振幅大，能引起地面建筑的水平振动。面波的传播是平面的，衰减较体波慢，故能传播到很远的地方。总之，地震波的传播以纵波最快，横波次之，面波最慢。因此，地震时一般先出现由纵波引起的上下颠簸，而后出现横波和面波造成的房屋左右摇晃和扭动。一般建筑物的破坏主要由于房屋的左右摇晃和扭动造成的。

地震的震级是衡量一次地震大小的等级，与震源释放的能量大小有关，目前国际上通用的是里氏震级，用符号 M 表示。一般说来，$M<2$ 的地震人们感觉不到，称为微震；$M=2\sim4$ 的地震称为有感地震；$M>5$ 的地震会对建筑物引起不同程度的破坏，称为破坏地震；$M=7\sim8$ 的地震称为强烈地震或大地震；$M>8$ 的地震称为特大地震。

地震烈度是指地震对一定地点震动的强烈程度。对于一次地震，表示地震大小的震级只有一个，但它对不同地点的影响程度是不同的。一般说来，震中区的地震烈度最高，随距离震中区的远近不同，地震烈度就有差异。为了评定地震烈度，就需要建立一个标准，这个标准称为地震烈度表。我国使用的是 12 度烈度表。

抗震设防烈度是指国家规定的权限批准作为一个地区抗震设防依据的地震烈度。必须按国家规定的权限审批、颁发的文件确定。一般情况下，可采用中国地震动参数区划图的地震基本烈度。对抗震设防烈度为 6 度及以上地区的建筑，必须进行抗震设计。

2.4.2 建筑抗震设防标准与设防目标

(1) 建筑抗震设防分类

建筑工程抗震设防类别划分的基本原则,是从抗震设防的角度进行分类。根据建筑遭受地震损坏对各方面影响后果的严重性,《建筑工程抗震设防分类标准》GB 50223—2008将建筑物分为特殊设防类、重点设防类、标准设防类、适度设防类四个抗震设防类别(简称甲类、乙类、丙类、丁类):

特殊设防类——指使用上有特殊设施,涉及国家公共安全的重大建筑工程和地震时可能发生严重次生灾害等特别重大灾害后果,需要进行特殊设防的建筑(如放射性物质的污染、剧毒气体的扩散、爆炸等)。

重点设防类——指地震时使用功能不能中断或需尽快恢复的生命线相关建筑,以及地震时可能导致大量人员伤亡等重大灾害后果,需要提高设防标准的建筑。(如通讯、医疗、供水、供电、煤气等)。

标准设防类——指大量的除特殊设防类、重点设防类、适度设防类以外按标准要求进行设防的建筑(如公共建筑、住宅、旅馆、厂房等)。

适度设防类——指使用上人员稀少且震损不致产生次生灾害,允许在一定条件下适度降低要求的建筑(如一般库房、人员较少的辅助性建筑)。

(2) 抗震设防标准

抗震设防标准的依据是设防烈度,各类建筑抗震设计时,应符合下列要求:

1) 标准设防类,应按本地区抗震设防烈度确定其抗震措施和地震作用,达到在遭遇高于当地抗震设防烈度的预估罕遇地震影响时不致倒塌或发生危及生命安全的严重破坏的抗震设防目标。

2) 重点设防类,应按高于本地区抗震设防烈度一度的要求加强其抗震措施;但抗震设防烈度为9度时应按比9度更高的要求采取抗震措施;地基基础的抗震措施,应符合有关规定。同时,应按本地区抗震设防烈度确定其地震作用。

3) 特殊设防类,应按高于本地区抗震设防烈度提高一度的要求加强其抗震措施;但抗震设防烈度为9度时应按比9度更高的要求采取抗震措施。同时,应按批准的地震安全性评价的结果且高于本地区抗震设防烈度的要求确定其地震作用。

4) 适度设防类,允许比本地区抗震设防烈度的要求适当降低其抗震措施,但抗震设防烈度为6度时不应降低。一般情况下,仍应按本地区抗震设防烈度确定其地震作用。

注:对于划为重点设防类而规模很小的工业建筑,当改用抗震性能较好的材料且符合抗震设计规范对结构体系的要求时,允许按标准设防类设防。

(3) 抗震设防目标

由于地震的随机性和多发性,建筑物在设计使用年限期间有可能遭受多次不同烈度的地震。从概率的角度来看,遭受较多的是低于该地区设防烈度的地震(即小震),但也不排除遭受高于该地区设防烈度的地震(即大震)。对多发的小震,要求防止结构破坏,这在技术上、经济上是可以做到的。对于发生几率较小的大震,要求做到结构完全不损坏,这在经济上是不合理的。比较合理的做法是,允许结构损坏,但在任何情况下,不应导致建筑物倒塌。为此,《建筑抗震设计规范》GB 50011—2010(以下简称《抗震规范》)提出了"三水准"的抗震设防目标。

第一水准:当遭受低于本地区抗震设防烈度的多遇地震影响时,主体结构不受损坏或不需修理可继续使用。

第二水准：当遭受相当于本地区抗震设防烈度的地震影响时，可能发生损坏，但经一般修理仍可继续使用。

第三水准：当遭受高于本地区抗震设防烈度的罕遇地震影响时，不致倒塌或发生危及生命的严重破坏。

上述抗震设防目标可概括为"小震不坏、中震可修、大震不倒"。在进行建筑抗震设计时，原则上应满足上述三水准的抗震设防要求。在具体做法上，我国《抗震规范》采用了简化的两阶段设计方法。

第一阶段设计是承载力验算。取第一水准的地震动参数计算结构的弹性地震作用标准值和相应的地震作用效应，继续采用《建筑结构可靠度设计统一标准》规定的分项系数设计表达式进行结构构件的截面承载力抗震验算，既满足了在第一水准下具有必要的承载力可靠度，又满足第二水准的损坏可修的目标。对大多数的结构，可只进行第一阶段设计，而通过概念设计和抗震构造措施来满足第三水准的设计要求。

第二阶段设计是弹塑性变形验算。对地震时易倒塌的结构、有明显薄弱层的不规则结构以及有专门要求的建筑，除进行第一阶段设计外，还要进行结构薄弱部位的弹塑性层间变形验算并采取相应的抗震构造措施，实现第三水准的设防要求。

2.4.3 抗震等级

抗震等级是结构构件抗震设防的标准。钢筋混凝土房屋应根据设防类别、烈度、结构类型和房屋高度采用不同的抗震等级，并应符合相应的计算和构造措施要求。抗震等级共分为四级，它体现了不同的抗震要求，一级抗震要求最高。丙类建筑的抗震等级应按表2.9确定。其他类建筑应按规范有关规定确定抗震等级。

现浇钢筋混凝土房屋的抗震等级 表2.9

结构类型		设防烈度							
		6		7			8		9
框架结构	高度(m)	≤24	>24	≤24	>24	≤24	>24	≤24	≤24
	框架	四	三	三	二	二	一	二	四
	大跨度框架	三		二			一		一
框架-抗震墙结构	高度(m)	≤60	>60	≤24	25~60	>60	≤24	25~60	>60	≤24	25~50
	框架	四	三	四	三	二	三	二	一	二	一
	抗震墙	三		三		二	二		一	一	
抗震墙结构	高度(m)	≤80	>80	≤24	25~80	>80	≤24	25~80	>80	≤24	25~60
	抗震墙	四	三	四	三	二	三	二	一	一	
部分框支抗震墙结构	高度(m)	≤80	>80	≤24	25~80	>80	≤24	25~80		
	抗震墙 一般部位	四	三	四	三	二	三	二		
	抗震墙 加强部位	三	二	三	二	一	二	一		
	框支层框架	三		二			一			
框架-核心筒	框架	三		二			一		一	
	核心筒	二		二			一		一	

续表

结构类型		设防烈度						
		6		7		8		9
筒中筒	内筒	三		二		一		一
	外筒	三		二		一		一
板柱-抗震墙结构	高度(m)	≤35	>35	≤35	>35	≤35	>35	
	框架、板柱的柱	三	二	二	二	一		
	抗震墙	二	二	二	一	二	一	

注：（1）建筑场地为Ⅰ类时，除6度外应允许按表内降低一度对应的抗震等级采取抗震构造措施，但相应的计算要求不应降低；

（2）接近或等于高度分界时，应允许结合房屋不规则程度及场地、地基条件确定抗震等级；

（3）大跨度框架指跨度不小于18m的框架；

（4）高度不超过60m的框架-核心筒结构按框架-抗震墙的要求设计时，应按表2.9中框架-抗震墙结构的规定确定其抗震等级。

思 考 题

1．什么是结构上的"作用"？什么是荷载？

2．什么是永久荷载、可变荷载、偶然荷载？

3．何谓荷载代表值？永久荷载和可变荷载分别以什么为代表值？

4．可变荷载组合值、频遇值、准永久值的含义是什么？

5．建筑结构应满足哪些功能要求？

6．结构的可靠性和可靠度的含义分别是什么？

7．何谓结构功能的极限状态？承载能力极限状态和正常使用极限状态的含义分别是什么？

8．作用效应和结构抗力的含义分别是什么？

9．永久荷载和可变荷载的荷载分项系数分别为多少？

10．钢筋混凝土结构中采用的热轧钢筋有哪几级？

11．砌体材料中的块材和砂浆各有哪几级？

12．混凝土强度等级是如何划分的？

13．我国钢结构中常用的钢材有哪几种？钢材的牌号如何表示？

14．震级、烈度、设防烈度的定义各是什么？

15．抗震设防类别如何划分？

16．简述抗震设防目标。

3　混凝土结构基本构件

【学习提要】　混凝土结构各类构件的受力特点、构造要求、施工图识读，以及简单构件的设计计算是本专业应熟悉、掌握的基本内容。在学习中还应对照《规范》，逐步养成在学习和工作中查阅资料的好习惯。

3.1　钢筋混凝土受弯构件

混凝土受弯构件是工程结构中最常见的构件，如工业与民用建筑中的梁、板和楼梯等构件。常用梁的截面形式有矩形、T 形、工字形等，常用板的截面形式有矩形板、空心板和槽形板等。

受弯构件在外荷载作用下，截面上将同时承受弯矩 M 和剪力 V 的作用。在弯矩较大的区段可能发生由弯矩引起的横截面（称为正截面）的受弯破坏；在剪力较大的区段可能发生由弯矩和剪力共同作用而引起的斜截面的受剪破坏；当受力钢筋过早切断、弯起或锚固不满足要求时，还可能发生斜截面受弯破坏。

钢筋混凝土受弯构件，通过正截面承载力计算，确定受弯构件的材料、截面尺寸与纵向受力钢筋的用量，以保证不发生正截面受弯破坏；通过斜截面承载力计算，进一步复核所选用的材料与截面尺寸，并确定箍筋与弯起钢筋用量，以保证不发生斜截面受剪破坏；通过一定的构造措施以保证斜截面不发生受弯破坏。

3.1.1　受弯构件的一般构造要求

（1）梁的构造

梁中通常配置有纵向受力钢筋、箍筋、弯起钢筋及架立钢筋。当梁的截面高度较大时，还应在梁侧设置构造钢筋。梁内钢筋的形式和构造如图 3.1 所示。

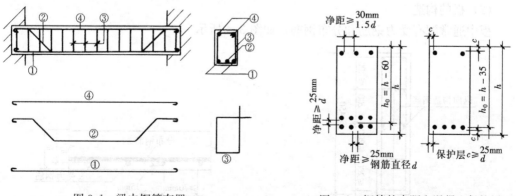

图 3.1　梁内钢筋布置　　　　图 3.2　钢筋的净距和混凝土保护层

纵向受力钢筋通常布置于梁的受拉区，承受由弯矩产生的拉应力，其直径和根数应通过计算来确定。梁中纵向受力钢筋宜采用 HRB400、HRB500 等级别，常用直径为 12～25mm，根数不应少于 2 根。为保证钢筋与混凝土之间的粘结和便于浇筑混凝土，梁上部纵向钢筋水平方向的净间距不应小于 30mm 和 $1.5d$（d 为钢筋的最大直径）；下部纵向钢筋水平方向的净间距不应小于 25mm 和 d。纵向钢筋应尽量布置成一层，当一层排不下时宜布置成两层，各层钢筋之间的净间距不应小于 25mm 和 d，当梁的下部钢筋配置多于二层时，两层以上钢筋水平方向中距应比下边两层的中距增大一倍，如图 3.2 所示。

箍筋主要用来承受由剪力和弯矩在梁内引起的主拉应力，同时还可固定受力钢筋的位置，并和其他钢筋一起形成钢筋骨架。箍筋应根据计算确定。箍筋的最小直径与梁高 h 有关，当 $h \leqslant 800mm$ 时，不宜小于 6mm；当 $h > 800mm$ 时，不宜小于 8mm。梁支座处的箍筋一般从梁边（或墙边）50mm 处开始设置。支承在砌体结构上的钢筋混凝土独立梁，在纵向受力钢筋的锚固长度 l_{as} 范围内应设置不少于两道的箍筋，当梁与混凝土梁或柱整体连接时，支座内可不设置箍筋。

弯起钢筋是由纵向受力钢筋弯起而成。其作用除在跨中承受由弯矩产生的拉力外，在靠近支座的弯起段用来承受弯矩和剪力共同产生的主拉应力，即作为受剪钢筋的一部分。弯起钢筋的数量、位置由计算确定，钢筋弯起的顺序一般是先内层后外层、先内侧后外侧，弯起角度一般为 45°，当梁高 $h > 800mm$ 时采用 60°。梁底层钢筋中的角部钢筋不应弯起，顶层钢筋中的角部钢筋不应弯下。

架立钢筋主要用于固定箍筋的正确位置，与梁底纵向受力钢筋形成钢筋骨架，并承受由于混凝土收缩及温度变化而产生的拉力。架立钢筋一般需配置 2 根，设置在梁的受压区外缘两侧，如受压区配有纵向受压钢筋时，可兼作架立钢筋。架立钢筋的直径与梁的跨度 l_0 有关，当 $l_0 < 4m$ 时，不宜小于 8mm；当 $l_0 = 4～6m$ 时，不宜小于 10mm；当 $l_0 > 6m$ 时，不宜小于 12mm。

当梁截面腹板高度 $h_w \geqslant 450mm$ 时，应在梁的两侧沿高度配置纵向构造钢筋（即腰筋），用于防止在梁的侧面产生垂直于梁轴线的收缩裂缝，同时也可增强钢筋骨架的刚度。每侧纵向构造钢筋（不包括梁上下部受力钢筋及架立钢筋）的截面面积不应小于腹板截面面积 bh_w 的 0.1%，且其间距不宜大于 200mm。梁两侧的纵向构造钢筋宜用拉筋联系，拉筋直径与箍筋直径相同，如图 3.3 所示。

（2）板的构造

板中通常配有受力钢筋和分布钢筋，如图 3.4 所示。

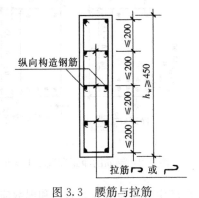

图 3.3　腰筋与拉筋

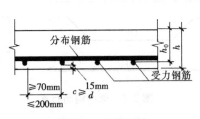

图 3.4　板的配筋

受力钢筋沿板跨度方向在受拉区设置，承担由弯矩产生的拉力。板中的受力钢筋常采用 HRB400 级、HRB335 级和 HPB300 级钢筋，常用的直径为 6、8、10、12mm。其间距一般在 70～200mm 之间，当板厚 $h>150$mm 时，不宜大于 $1.5h$，且不宜大于 250mm。

分布钢筋布置在受力钢筋的内侧，与受力钢筋垂直，其作用是将荷载均匀地传递给受力钢筋，在施工中固定受力钢筋的设计位置，同时也可抵抗因混凝土收缩及温度变化而在垂直于受力钢筋方向产生的应力。分布钢筋可按构造配置，单位长度上分布钢筋的截面面积不宜小于单位宽度上受力钢筋截面面积的 15%，且不小于该方向板截面面积的 0.15%；其直径不宜小于 6mm，间距不宜大于 250mm。

（3）混凝土保护层厚度

为防止钢筋锈蚀和保证钢筋与混凝土间的粘结，钢筋的表面必须有足够的混凝土保护层。最外层钢筋外缘至构件混凝土表面的距离，称作混凝土保护层厚度，如图 3.2、图 3.4 所示。混凝土保护层厚度不应小于钢筋的直径 d，且应符合表 3.1 的规定。

混凝土保护层的最小厚度（mm）　　　　　　　　　　　　　　　　　表 3.1

环境类别		板、墙、壳		梁、柱、杆	
		≤C25	>C25	≤C25	>C25
一		20	15	25	20
二	a	25	20	30	25
	b	30	25	40	35

注：环境类别中，一类为室内干燥环境等；二 a 类为室内潮湿环境、非严寒和非寒冷地区的露天环境等；二 b 类为干湿交替环境、严寒和寒冷地区的露天环境等。

3.1.2　钢筋的锚固与连接

（1）钢筋的锚固

为保证钢筋受力后与混凝土有可靠的粘结，不产生与混凝土之间的相对滑动，纵向钢筋必须伸过其受力截面在混凝土中有足够的埋入长度。《混凝土规范》以钢筋应力达到屈服强度 f_y 时，不发生粘结锚固破坏所需的最小埋入长度称为锚固长度。

当计算中充分利用钢筋的抗拉强度时，受拉钢筋的锚固应符合下列要求：

基本锚固长度 $$l_{ab} = \alpha \frac{f_y}{f_t} d \tag{3.1}$$

式中 l_{ab}——受拉钢筋的基本锚固长度；

　　f_y——钢筋的抗拉强度设计值；

　　f_t——混凝土轴心抗拉强度设计值，当混凝土强度等级$>$C60 时，按 C60 取用；

　　d——锚固钢筋的直径；

　　α——钢筋的外形系数，光面钢筋（HPB300 级钢筋）$\alpha=0.16$，带肋钢筋（HRB335、HRB400 和 HRB500 级钢筋）$\alpha=0.14$。

按式（3.1）计算的纵向受拉钢筋的基本锚固长度 l_{ab} 见表 3.2。

受拉钢筋的基本锚固长度 l_{ab}（mm）　表 3.2

钢筋种类	混凝土强度等级				
	C20	C25	C30	C35	C40
HPB300	39d	34d	30d	28d	25d
HRB335 HRBF335	38d	33d	29d	27d	25d
HRB400 HRBF400 RRB400	46d	40d	36d	33d	30d
HRB500 HRBF500	—	48d	43d	39d	36d

受拉钢筋的锚固长度应根据锚固条件按下式计算，且不应小于 200mm。

$$l_{a} = \zeta_{a} l_{ab}$$

(3.2)

式中　l_{a}——受拉钢筋的锚固长度；

ζ_{a}——锚固长度修正系数，按下列规定取用，但不应小于 0.6。

1）当带肋钢筋的公称直径大于 25mm 时取 1.10；

2）环氧树脂涂层带肋钢筋取 1.25；

3）施工过程中易受扰动的钢筋取 1.10；

4）当纵向受力钢筋的实际配筋面积大于其设计计算面积时，修正系数取设计计算面积与实际配筋面积的比值，但对有抗震设防要求及直接承受动力荷载的结构构件，不应考虑此项修正；

5）锚固钢筋的保护层厚度为 3d 时修正系数可取 0.80，保护层厚度为 5d 时修正系数可取 0.70，中间按内插取值，d 为锚固钢筋的直径。

当纵向受拉普通钢筋末端采用弯钩或机械锚固措施时，包括弯钩或锚固端头在内的锚固长度（投影长度）可取为基本锚固长度 l_{ab} 的 60%。钢筋弯钩和机械锚固的形式（图3.5）和技术要求应符合表 3.3 的规定。

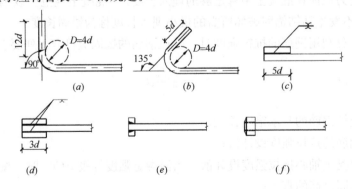

图 3.5　钢筋弯钩和机械锚固的形式

（a）90°弯钩；（b）135°弯钩；（c）一侧贴焊锚筋；

（d）两侧贴焊锚筋；（e）穿孔塞焊锚板；（f）螺栓锚头

钢筋弯钩和机械锚固的形式和技术要求   表 3.3

锚固形式	技术要求
90°弯钩	末端 90°弯钩，弯钩内径 4d，弯后直段长度 12d
135°弯钩	末端 135°弯钩，弯钩内径 4d，弯后直段长度 5d
一侧贴焊钢筋	末端一侧贴焊长 5d 同直径钢筋
两侧贴焊钢筋	末端一侧贴焊长 3d 同直径钢筋
焊端锚板	末端与厚度 d 的锚板穿孔塞焊
螺栓锚头	末端旋入螺栓锚头

注：(1) 焊缝和螺纹长度应满足承载力要求；
　　(2) 螺栓锚头和焊接锚板的承压净面积不应小于锚固钢筋截面积的 4 倍；
　　(3) 螺栓锚头的规格应符合相关标准的要求；
　　(4) 螺栓锚头和焊接锚板的钢筋净间距不宜小于 4d，否则应考虑群锚效应的不利影响；
　　(5) 截面角部的弯钩和一侧贴焊锚筋的布置方向宜向截面内侧偏置。

当计算中充分利用纵向钢筋的抗压强度时，其锚固长度不应小于受拉锚固长度的 0.7 倍。

（2）钢筋的连接

在工程实际中，往往由于钢筋供货长度不足需要进行钢筋的连接。钢筋的连接可分为三种形式：绑扎搭接连接、机械连接（锥螺纹套筒、钢套筒挤压连接等）和焊接连接。无论采用哪种连接方式，受力钢筋的接头均宜设置在受力较小处，且在同一根钢筋上宜少设接头。

1）钢筋的绑扎搭接连接

钢筋的绑扎搭接连接完全是靠钢筋与混凝土之间的粘结力来传递内力的，若钢筋搭接长度不够，则可能造成粘结力的破坏，导致钢筋与混凝土之间发生相对滑移，使构件失效。《混凝土规范》作出以下规定：

① 轴心受拉及小偏心受拉杆件（如桁架和拱的拉杆）的受力钢筋不得采用绑扎搭接接头；其他构件中当受拉钢筋的直径 $d>25$mm 及受压钢筋的直径 $d>28$mm 时，不宜采用绑扎搭接接头。

② 同一构件中相邻受力钢筋的绑扎搭接接头宜相互错开（图 3.6）。钢筋绑扎搭接接头连接区段的长度为 1.3 倍搭接长度，凡搭接接头中点位于该连接区段长度内的搭接接头均属于同一连接区段。同一连接区段内，纵向钢筋搭接接头面分率为该区段内有搭接接头的纵向受力钢筋截面面积与全部纵向受力钢筋截面面积的比值。

图 3.6　同一连接区段内纵向
受拉钢筋绑扎搭接接头

位于同一连接区段内的受拉钢筋搭接接头面积百分率：对梁类、板类及墙类构件，不宜大于 25%；对柱类构件，不宜大于 50%。当工程中确有必要增大受拉钢筋搭接接头面积百分率时，对梁类构件不应大于 50%；对板类、墙类及柱类构件可根据实际情况放宽。

③ 纵向受拉钢筋绑扎搭接接头的搭接长度 l_1 应根据位于同一连接区段内的钢筋搭接接头面积百分率按式（3.3）计算：

$$l_1 = \zeta_l l_a \tag{3.3}$$

式中　l_1——纵向受拉钢筋的搭接长度；

　　　　ζ_l——纵向受拉钢筋搭接长度修正系数，按表 3.4 取用。当纵向受拉钢筋搭接接头面积百分率为表的中间值时，可按内插取值。

纵向受拉钢筋搭接长度修正系数　　　　　　　　　　　　表 3.4

纵向钢筋搭接接头面积百分率（%）	≤25	50	100
ζ_l	1.2	1.4	1.6

在任何情况下，纵向受拉钢筋的绑扎搭接接头的搭接长度均不应小于 300mm。

④ 当构件中的纵向受压钢筋采用搭接连接时，其受压搭接长度不应小于式（3.3）计算的搭接长度的 0.7 倍，且不应小于 200mm。

⑤ 在纵向受力钢筋搭接长度范围内应配置箍筋，其直径不应小于搭接钢筋较大直径的 0.25 倍。当钢筋受拉时，箍筋间距不应大于搭接钢筋较小直径的 5 倍，且不应大于 100mm；当钢筋受压时，箍筋间距不应大于搭接钢筋较小直径的 10 倍，且不应大于 200mm。当受压钢筋直径 $d > 25$mm 时，尚应在搭接接头两个端面外 100mm 范围内各设置两个箍筋。

2）钢筋的焊接连接

纵向受力钢筋的焊接接头应相互错开。钢筋焊接接头连接区段的长度为 $35d$（d 为纵向受力钢筋的较小直径）且不小于 500mm，凡接头中点位于该连接区段长度内的焊接接头均属于同一连接区段。位于同一连接区段内纵向受力钢筋的焊接接头面积百分率，对纵向受拉钢筋接头，不应大于 50%。纵向受压钢筋的接头面积百分率可不受限制。

3）钢筋的机械连接

纵向受力钢筋的机械连接接头宜相互错开。钢筋机械连接接头连接区段的长度为 $35d$（d 为纵向受力钢筋的较小直径），凡接头中点位于该连接区段长度内的机械连接接头，均属于同一连接区段。位于同一连接区段内的纵向受拉钢筋接头面积百分率不宜大于 50%。纵向受压钢筋的接头面积百分率可不受限制。直接承受动力荷载的结构构件中的机械连接接头，除满足设计要求的抗疲劳性能外，位于同一连接区段内的纵向受力钢筋接头面积百分率不应大于 50%。

机械连接接头连接件的混凝土保护层厚度宜满足纵向受力钢筋最小保护层厚度的要求。连接件之间的横向净间距不宜小于 25mm。

3.1.3　受弯构件正截面承载力计算

（1）受弯构件正截面破坏形态

钢筋混凝土受弯构件，当截面尺寸和材料强度确定后，钢筋用量的变化，将影响构件的受力性能和破坏形态。梁内纵向受拉钢筋的含量用配筋率 ρ 表示，即

$$\rho = \frac{A_s}{b h_0} \tag{3.4}$$

式中　A_s——纵向受拉钢筋截面面积；

　　　　b——梁的截面宽度；

　　　　h_0——截面有效高度，$h_0 = h - a_s$，其中 h 为梁的截面高度，a_s 为纵向受拉钢筋合力点至截面受拉边缘的距离。

对于室内正常环境下的梁、板，当混凝土强度等级≥C25时，h_0可近似取为

梁 $h_0 = h - (35 \sim 40)$ mm   （单层钢筋）

                     $h_0 = h - (60 \sim 65)$ mm   （双层钢筋）

板 $h_0 = h - (20 \sim 25)$ mm

当混凝土强度等级≤C25时，h_0应按上述相应数值减去5mm。

根据配筋率ρ的不同，钢筋混凝土梁可分为适筋梁、超筋梁和少筋梁三种破坏形态。

1）适筋梁

配筋率适中的梁称为适筋梁，其破坏形态如图3.7（a）所示。其特点是截面破坏开始于纵向受力钢筋的屈服，受压区混凝土的压应力随之增大，直到受压区混凝土达到极限压应变被压碎，构件即告破坏。

从钢筋开始屈服到受压区混凝土达到极限压应变这一过程中，钢筋经历着较大的塑性伸长过程，受拉区混凝土垂直裂缝显著开展，梁的挠度也明显加大，给人以明显的破坏预兆，此种破坏属于延性破坏。

2）超筋梁

配筋率过大的梁称为超筋梁，破坏形态如图3.7（b）所示。由于钢筋配置过多，导致在钢筋应力还小于屈服强度时，受压区边缘混凝土应变已先达到极限压应变被压碎而产生受压破坏。

由于钢筋在梁破坏前仍处于弹性阶段，所以钢筋的伸长不多，混凝土裂缝宽度较小，挠度不大，破坏没有明显预兆，属于脆性破坏。

3）少筋梁

配筋率ρ过低的梁称为少筋梁，破坏形态如图3.7（c）所示。由于纵筋配置过少，受拉区混凝土一旦开裂，钢筋应力突然增大且迅速屈服并进入强化阶段甚至于被拉断，构件被拉裂为两部分而破坏。

破坏时裂缝往往只有一条且开展迅速，致使梁的裂缝过宽，挠度过大，受压区混凝土虽未被压碎但已经失效。此种破坏发生十分突然，属于脆性破坏。

在上述三种不同类型的破坏形态中，由于超筋梁和少筋梁的变形性能很差，破坏突然，在实际工程中，应予以避免。

（2）单筋矩形截面受弯构件正截面承载力计算

1）基本公式及其适用条件

单筋矩形截面受弯构件正截面承载力计算，是以适筋梁破坏瞬间的受力状态为依据的。为便于计算，进行了如下简化：

① 不考虑受拉区混凝土参与工作，拉力完全由钢筋承担；

② 受压区混凝土以等效矩形应力图形代替实际曲线形应力图形（如图3.8所示，两应力图形面积相等且压应力合力C的作用点不变）。

根据静力平衡条件，同时从满足承载力极限状态

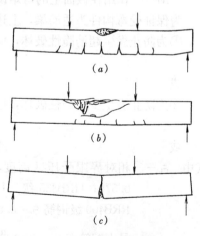

图3.7　梁正截面破坏形态

（a）适筋破坏；（b）超筋

破坏；（c）少筋破坏

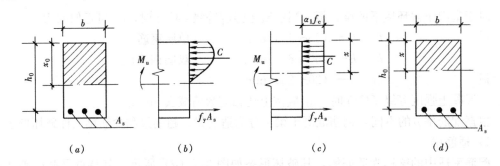

图 3.8 受弯构件正截面应力图形

(a) 横截面;(b) 实际应力图;(c) 等效应力图;(d) 计算截面

出发,应满足 $M \leqslant M_u$。可得出单筋矩形截面受弯构件正截面承载力计算的基本公式:

$$\alpha_1 f_c b x = f_y A_s \tag{3.5}$$

$$M \leqslant M_u = \alpha_1 f_c b x \left(h_0 - \frac{x}{2} \right) \tag{3.6}$$

$$或 \quad M \leqslant M_u = f_y A_s \left(h_0 - \frac{x}{2} \right) \tag{3.7}$$

式中　f_c——混凝土轴心抗压强度设计值;

b——截面宽度;

x——混凝土受压区高度;

α_1——系数,当混凝土强度等级≤C50 时取 1.0,当混凝土等级为 C80 时取 0.94,其间按线性内插法取用;

f_y——钢筋抗拉强度设计值;

A_s——纵向受拉钢筋截面面积;

h_0——截面有效高度;

M_u——截面破坏时的极限弯矩;

M——作用在截面上的弯矩设计值。

为保证受弯构件为适筋梁,上述基本公式须满足下列适用条件:

①为防止发生超筋脆性破坏,应满足

$$\rho \leqslant \rho_{max} \tag{3.8a}$$

$$或 \quad x \leqslant \xi_b h_0 \tag{3.8b}$$

②为防止发生少筋脆性破坏,应满足

$$\rho \geqslant \rho_{min} \tag{3.9a}$$

$$或 \quad A_s \geqslant A_{s \cdot min} = \rho_{min} b h \tag{3.9b}$$

式中　ξ_b——相对界限受压区高度,当混凝土强度等级≤C50 时,HPB300 级钢筋 $\xi_b = 0.576$;HRB335 级、HRBF335 级钢筋 $\xi_b = 0.550$,HRB400、HRBF400 级、RRB400 级钢筋 $\xi_b = 0.518$,HRB500 级、HRBF500 级钢筋 $\xi_b = 0.482$;

ρ_{max}——最大配筋率,$\rho_{max} = \xi_b \dfrac{\alpha_1 f_c}{f_y}$;

ρ_{min}——受弯构件最小配筋率,$\rho_{min} = 0.45 \dfrac{f_t}{f_y}$,且≥0.20%;

f_t——混凝土的抗拉强度设计值。

2）正截面承载力计算步骤

单筋矩形截面受弯构件正截面承载力的计算有两种情况，即截面设计与承载力复核。

① 截面设计

已知：弯矩设计值 M，混凝土强度等级，钢筋级别，截面尺寸 bh。

求：所需纵向受拉钢筋截面面积 A_s。

计算步骤如下：

A. 确定截面有效高度 h_0。

B. 计算混凝土受压区高度 x，并判断是否属超筋梁。

由式（3.6）得

$$x = h_0 - \sqrt{h_0^2 - \frac{2M}{\alpha_1 f_c b}} \tag{3.10}$$

若 $x \leqslant \xi_b h_0$，则不属超筋梁；

若 $x > \xi_b h_0$，为超筋梁，应加大截面尺寸，或提高混凝土强度等级，或改用双筋截面。

C. 计算钢筋截面面积 A_s。

由式（3.5）得

$$A_s = \frac{\alpha_1 f_c b x}{f_y}$$

D. 选配钢筋。按照有关构造要求，选择钢筋的直径和根数，有关数据查阅表 3.5、表 3.6。

E. 判断是否属于少筋梁。

若 $A_s \geqslant \rho_{min} bh$，则不属于少筋梁；

若 $A_s < \rho_{min} bh$，为少筋梁，说明截面尺寸过大应适当减小截面尺寸，否则应取 $A_s = \rho_{min} bh$，注意，此处 A_s 应为实际配置的钢筋截面面积。

钢筋的计算截面面积及公称质量　　　　　　　　　　表 3.5

公称直径	不同根数钢筋的计算截面面积（mm²）									单根钢筋公称质量
（mm）	1	2	3	4	5	6	7	8	9	（kg/m）
6	28.3	57	85	113	142	170	198	226	255	0.222
6.5	33.2	66	100	133	166	199	232	265	299	0.260
8	50.3	101	151	201	252	302	352	402	453	0.395
8.2	52.8	106	158	211	264	317	370	423	475	0.432
10	78.5	157	236	314	393	471	550	628	707	0.617
12	113.1	226	339	452	565	678	791	904	1017	0.888
14	153.9	308	461	615	769	923	1077	1231	1385	1.21
16	201.1	402	603	804	1005	1206	1407	1608	1809	1.58
18	254.5	509	763	1017	1272	1257	1781	2036	2290	2.00
20	314.2	628	942	1256	1570	1884	2199	2513	2827	2.47
22	380.1	760	1140	1520	1900	2281	2661	3041	3421	2.98
25	490.9	982	1473	1964	2454	2945	3436	3927	4418	3.85
28	615.8	1232	1847	2463	3079	3695	4310	4926	5542	4.83
32	804.2	1609	2413	3217	4021	4826	5630	6434	7238	6.31
36	1017.9	2036	3054	4072	5089	6107	7125	8143	9161	7.99
40	1256.6	2513	3770	5027	6283	7540	8796	10053	11310	9.87

注：表中直径 $d = 8.2$mm 的计算截面面积及公称质量仅适用于有纵肋的热处理钢筋。

钢筋混凝土板每米宽的钢筋截面面积（mm²）　　　　　　　表3.6

钢筋间距 (mm)	钢筋直径（mm）											
	3	4	5	6	6/8	8	8/10	10	10/12	12	12/14	14
70	101	180	280	404	561	719	920	1121	1369	1616	1907	2199
75	94.2	168	262	377	524	671	899	1047	1277	1508	1780	2052
80	88.4	157	245	354	491	629	805	981	1198	1414	1669	1924
85	83.2	148	231	333	462	592	758	924	1127	1331	1571	1181
90	78.2	140	218	314	437	559	716	872	1064	1257	1438	1710
95	74.5	132	207	298	414	529	678	826	1008	1190	1405	1620
100	70.6	126	196	283	393	503	644	785	958	1131	1335	1539
110	64.2	114	178	257	357	457	585	714	871	1028	1214	1399
120	58.9	105	163	236	327	419	537	654	798	942	1113	1283
125	56.5	101	157	226	314	402	515	628	766	905	1068	1231
130	54.4	96.6	151	218	302	387	495	604	737	870	1027	1184
140	50.5	89.8	140	202	281	359	460	561	684	808	954	1099
150	47.1	83.8	131	189	262	335	429	523	639	754	890	1026
160	44.1	78.5	123	177	246	314	403	491	599	707	834	962
170	41.5	73.9	115	166	231	296	379	462	564	665	785	905
180	39.2	69.8	109	157	218	279	358	436	532	628	742	855
190	37.2	66.1	103	149	207	265	339	413	504	595	703	810
200	35.3	62.8	98.2	141	196	251	322	393	479	565	668	770
220	32.1	57.1	89.2	129	176	229	293	357	436	514	607	700
240	29.4	52.4	81.8	118	164	210	268	327	399	471	556	641
250	28.3	50.3	78.5	113	157	201	258	314	383	452	534	616

② 承载力复核

已知：混凝土强度等级，钢筋级别，截面尺寸 bh，钢筋截面面积 A_s。

求：截面所能承受的最大弯矩设计值 M_u；或已知弯矩设计值 M，复核截面是否安全。

计算步骤如下：

A. 确定截面有效高度 h_0。

B. 计算受压区高度 x，并判断梁的类型。

由式（3.5）得

$$x = \frac{f_y A_s}{\alpha_1 f_c b}$$

若 $A_s \geqslant \rho_{min} bh$，且 $x \leqslant \xi_b h_0$，属于适筋梁；

若 $x > \xi_b h_0$，为超筋梁；

若 $A_s < \rho_{min} bh$，为少筋梁。

C. 计算截面受弯承载力 M_u。

适筋梁：$M_u = \alpha_1 f_c b x \left(h_0 - \dfrac{x}{2} \right)$

超筋梁：取 $x = \xi_b h_0$，则 $M_u = \alpha_1 f_c b h_0^2 \xi_b (1 - 0.5 \xi_b)$

少筋梁：应修改设计或将其受弯承载力降低使用。

D. 判断截面受弯承载力是否安全。

若 $M \leqslant M_u$，则截面安全；否则截面承载力不安全。

【例3.1】 已知矩形截面梁 $b \times h = 250\text{mm} \times 500\text{mm}$，$a_s = 35\text{mm}$，由荷载设计值产生的弯矩 $M = 170\text{kN} \cdot \text{m}$。混凝土强度等级C30，钢筋选用 HRB400 级。试求所需的受拉钢筋截面面积 A_s（图3.9）。

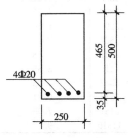

图3.9　例3.1附图

【解】 由已知条件，查得 $f_t = 1.43\text{N/mm}^2$， $f_c = 14.3\text{N/mm}^2$， $\alpha_1 = 1.0$， $f_y = 360\text{N/mm}^2$， $\xi_b = 0.518$。

1）确定截面有效高度 h_0

$$h_0 = h - 35 = 500 - 35 = 465\text{mm}$$

2）计算混凝土受压区高度 x，并判断是否属超筋梁

$$x = h_0 - \sqrt{h_0^2 - \frac{2M}{\alpha_1 f_c b}} = 465 - \sqrt{465^2 - \frac{2 \times 170 \times 10^6}{1.0 \times 14.3 \times 250}} = 117\text{mm}$$

$$x < \xi_b h_0 = 0.518 \times 465 = 241\text{mm}$$

不属于超筋梁。

3）计算钢筋截面面积 A_s

$$A_s = \frac{\alpha_1 f_c b x}{f_y} = \frac{1.0 \times 14.3 \times 250 \times 117}{360} = 1162\text{mm}^2$$

4）选配钢筋，选用 4 Φ 20 （$A_s = 1256\text{mm}^2$）

5）判断是否属于少筋梁

$$0.45 \frac{f_t}{f_y} = 0.45 \times \frac{1.43}{360} = 0.18\% < 0.2\%, \text{取} \rho_{min} = 0.2\%$$

$$A_{s \cdot min} = \rho_{min} b h = 0.002 \times 250 \times 500 = 250\text{mm}^2 < A_s = 1256\text{mm}^2$$

则不属于少筋梁，符合要求。

【例 3.2】 已知某钢筋混凝土梁，$b \times h = 200\text{mm} \times 450\text{mm}$，混凝土强度等级 C30，钢筋用 4 Φ 16 HRB400 级钢（$A_s = 804\text{mm}^2$），$a_s = 35\text{mm}$。该梁承受弯矩设计值 $M = 100\text{kN} \cdot \text{m}$，验算此梁是否安全。

【解】 由已知条件，查得 $\alpha_1 = 1.0$，$f_t = 1.43\text{N/mm}^2$，$f_c = 14.3\text{N/mm}^2$，$f_y = 360\text{N/mm}^2$，$\xi_b = 0.518$。

1）确定截面有效高度 h_0

$$h_0 = h - 35 = 450 - 35 = 415\text{mm}$$

2）计算受压区高度 x，并判断梁的类型

$$x = \frac{f_y A_s}{\alpha_1 f_c b} = \frac{360 \times 804}{1.0 \times 14.3 \times 200} = 101\text{mm} < \xi_b h_0 = 0.518 \times 415 = 215\text{mm}$$

$$0.45 \frac{f_t}{f_y} = 0.45 \times \frac{1.43}{360} = 0.18\% < 0.2\%, \text{取} \rho_{min} = 0.2\%$$

$$\rho_{min} b h = 0.002 \times 200 \times 450 = 180\text{mm}^2 < A_s = 804\text{mm}^2$$

该梁属于适筋梁。

3）求该梁所能承受的最大弯矩设计值 M_u，并判断该梁是否安全

$$M_u = f_y A_s \left(h_0 - \frac{x}{2}\right) = 360 \times 804 \times \left(415 - \frac{101}{2}\right) = 105.5 \times 10^6\text{N} \cdot \text{mm}$$

$$= 105.5\text{kN} \cdot \text{m} > M = 100\text{kN} \cdot \text{m}$$

该梁安全。

（3）双筋矩形截面受弯构件的受力特点

在受拉区配置纵向受拉钢筋的同时，在受压区也按计算配置一定数量的受压钢筋 A'_s，以协助受压区混凝土承担一部分压力的截面，称为双筋截面梁（图 3.10）。双筋截面梁一般用于下列情况：

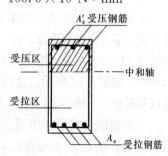

图 3.10 双筋截面梁

1）当构件所承受的弯矩较大，而截面尺寸又受到限制，以致 $x > \xi_b h_0$，用单筋梁无法满足设计要求时，需采用双筋截面；

2）当构件在同一截面承受变号弯矩作用，截面的上下两侧都需要配置受力钢筋时；

3）由于构造需要，在截面受压区已配置有受力钢筋时，也应按双筋截面计算，以节约钢筋用量。

由于双筋截面梁不经济，除上述情况外，一般不宜采用。

试验表明，双筋矩形截面受弯构件正截面破坏时的受力特点与单筋矩形截面受弯构件相类似，也是受拉钢筋的应力先达到屈服强度，然后受压区边缘纤维的混凝土压应变达到极限压应变。不同的只是在受压区增加了纵向受压钢筋的压力。试验研究表明，当构件在一定保证条件下进入破坏阶段时，受压钢筋应力也可达到屈服强度 f'_y。

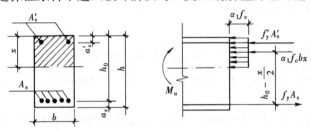

图 3.11 双筋矩形截面受弯承载力计算应力图形

同样，受压区混凝土仍然采用等效矩形应力图形，则双筋矩形截面受弯构件达到承载力极限状态时的计算应力图形如图 3.11 所示。

根据静力平衡条件，可得出下列基本公式：

$$\alpha_1 f_c b x + f'_y A'_s = f_y A_s \tag{3.11}$$

$$M_u = \alpha_1 f_c b x \left(h_0 - \frac{x}{2} \right) + f'_y A'_s \left(h_0 - a'_s \right) \tag{3.12}$$

式中　f'_y——钢筋抗压强度设计值；

A'_s——纵向受压钢筋截面面积。

为了防止受压钢筋在纵向压力作用下压屈外凸，引起混凝土保护层崩裂，使受压钢筋的强度得以充分利用，要求箍筋应做成封闭式，箍筋间距不应大于 $15d$，同时不应大于 400mm；当一层内纵向受压钢筋多于 5 根且直径大于 18mm 时，箍筋间距不应大于 $10d$，且箍筋直径不应小于纵向受压钢筋最大直径的 1/4。

当梁的宽度大于 400mm 且一层内纵向受压钢筋多于 3 根时，或当梁的宽度不大于 400mm 但一层内纵向受压钢筋多于 4 根时，应设置复合箍筋。

（4）单筋 T 形截面受弯构件的受力特点

在单筋矩形截面受弯构件中，由于其受拉区混凝土允许开裂，不考虑参与受拉工作，因此，可以将受拉区两侧的混凝土挖去一部分，把受拉钢筋集中布置，就形成了 T 形截面，如图 3.12 所示。这样，既不会降低承载力，又可以节省材料，减轻了自重。

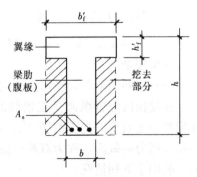

图 3.12 T 形截面梁

T 形截面由翼缘和腹板组成。由于翼缘宽度较大，截面有足够的混凝土受压区，很少设置受压钢筋，因此一般按单筋截面梁考虑。

T形截面受弯构件在工程中应用很广泛,除独立的 T 形梁外,现浇肋形楼盖的主、次梁,薄腹屋面梁,预制槽形板、空心板等,也均按 T 形截面计算,如图 3.13 所示。

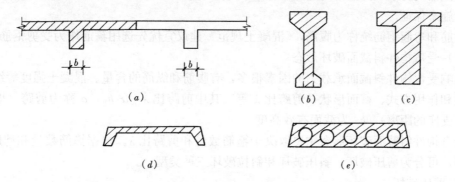

图 3.13　T形截面受弯构件

(a) 现浇肋形梁板结构;(b) 薄腹屋面梁;(c) 吊车梁;(d) 槽形板;(e) 空心板

受弯构件正截面承载力主要取决于受压区的混凝土和受拉区的钢筋,而与受拉区混凝土的形状无关(不考虑混凝土的抗拉作用),因此,是否按 T 形截面梁计算,主要取决于受压区混凝土的形状。如翼缘在受拉区的倒 T 形截面梁,只能按宽度为腹板宽 b 的矩形截面梁进行计算。

试验研究表明,T 形截面受压翼缘的纵向压应力沿宽度方向的分布是不均匀的,离腹板越远,压应力越小,即翼缘参与腹板共同受压的有效翼缘宽度是有限的。所以在设计时,取其一定范围内翼缘宽度作为翼缘的计算宽度,认为截面翼缘在这一宽度范围内压应力是均匀分布的,其合力大小大致与实际不均匀分布的压应力图形等效,如图 3.14 所示。翼缘的计算宽度与梁的跨度 l_0、翼缘厚度 h'_f 以及梁肋净距有关。

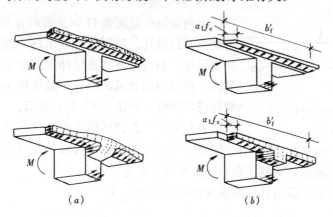

图 3.14　T形截面梁受压区翼缘实际应力图和等效矩形应力图

(a) 受压区实际压应力分布;(b) 受压区等效应力分布

T 形截面受弯构件正截面受力分析的方法与单筋矩形截面受弯构件相类似,但需要考虑受压翼缘的作用。

3.1.4　受弯构件斜截面承载力计算

钢筋混凝土受弯构件除了可能产生由于弯矩过大引起的正截面受弯破坏外,还可能产生在弯矩和剪力共同作用下引起的斜截面破坏。斜截面承载力包括斜截面受剪承载力和斜截面受弯承载力，应同时满足斜截面抗剪承载力 $V \leqslant V_u$ 和斜截面抗弯承载力 $M \leqslant M_u$ 的要求。斜截面抗剪承载力主要通过配置箍筋和弯起钢筋来满足，而斜截面抗弯承载力则通过构造措施来保证。

箍筋和弯起钢筋统称为腹筋，《混凝土规范》建议宜优先选用箍筋作为受剪钢筋。

(1) 受弯构件斜截面破坏形态

影响受弯构件斜截面承载力的因素很多，有腹筋和纵筋的含量、混凝土强度等级、荷载种类和作用方式、截面形状及剪跨比 λ 等。其中剪跨比 $\lambda = a/h_0$，a 称为剪跨（即集中荷载至支座的距离），h_0 为截面有效高度。

受弯构件斜截面破坏形态主要取决于箍筋数量和剪跨比 λ。根据箍筋数量和剪跨比 λ 的不同，可分为剪压破坏、斜压破坏和斜拉破坏三种类型。

1) 剪压破坏

梁内箍筋数量适当，且剪跨比适中（$\lambda = 1 \sim 3$）时，将发生剪压破坏。其破坏特征是随着荷载的增加，在剪弯区段首先出现一批与截面下边缘垂直的裂缝，随后斜向延伸并形成一条临界斜裂缝。随着荷载进一步增加，与临界斜裂缝相交的箍筋应力达到屈服强度，临界斜裂缝继续向上发展延伸，直至剪压区混凝土被压碎而破坏，如图 3.15 (a) 所示。

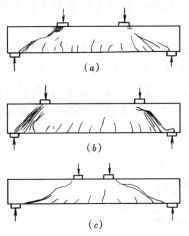

图 3.15　梁斜截面破坏形态

(a) 剪压破坏；(b) 斜压破坏；(c) 斜拉破坏

2) 斜压破坏

梁内箍筋数量配置过多或剪跨比较小（$\lambda < 1$）时，将发生斜压破坏。随着荷载的增加，在剪弯区段腹部混凝土首先开裂，并产生若干条相互平行的斜裂缝，将腹部混凝土分割为若干个斜向短柱而压碎，破坏时箍筋应力尚未达到屈服强度，如图 3.15 (b) 所示。

3) 斜拉破坏

梁内箍筋数量配置过少且剪跨比较大（$\lambda > 3$）时，将发生斜拉破坏。斜裂缝一旦出现，箍筋应力立即达到屈服强度，斜裂缝将迅速延伸到截面顶部，形成临界斜裂缝，把梁斜向劈成两部分，破坏很突然，具有明显的脆性破坏特性，如图 3.15 (c) 所示。

斜截面的三种破坏形态中，只有剪压破坏充分发挥了箍筋和混凝土的强度，因此斜截面受剪承载力主要以剪压破坏作为计算依据，而斜压和斜拉破坏则应避免。

(2) 斜截面受剪承载力计算的基本公式及适用条件

1) 基本公式

受弯构件斜截面受剪承载力计算公式，是以剪压破坏的破坏特征为依据，在试验分析的基础上给出的。

对于矩形、T 形和工字形截面等一般受弯构件，当仅配置箍筋时，其斜截面受剪承载力计算公式为：

$$V \leqslant 0.7 f_t b h_0 + f_{yv} \frac{A_{sv}}{s} h_0 \tag{3.13}$$

式中　V——构件计算截面上的剪力设计值；

f_t——混凝土轴心抗拉强度设计值；

f_{yv}——箍筋的抗拉强度设计值；

b——矩形截面的宽度，T形、工字形截面的腹板宽度；

h_0——截面有效高度；

s——箍筋间距；

A_{sv}——同一截面内箍筋的截面面积，$A_{sv}=nA_{sv1}$；其中 n 为同一截面内箍筋的肢数，A_{sv1} 为单肢箍筋的截面面积。

当矩形、T形和工字形截面受弯构件符合如下条件时

$$V \leqslant 0.7f_tbh_0 \tag{3.14}$$

可不必进行斜截面受剪承载力计算，按构造配置箍筋。

2）适用条件

① 为防止配箍量过大而发生斜压破坏的条件——最小截面尺寸限制。

当 $\dfrac{h_w}{b} \leqslant 4.0$ 时，应满足　　　　$V \leqslant 0.25\beta_c f_c bh_0$ 　　　(3.15)

当 $\dfrac{h_w}{b} \geqslant 6.0$ 时，应满足　　　　$V \leqslant 0.2\beta_c f_c bh_0$ 　　　(3.16)

当 $4.0 < \dfrac{h_w}{b} < 6.0$ 时，　　　　接线性内插法确定　　　(3.17)

以上各式中：

h_w——截面的腹板高度，矩形截面取有效高度 h_0，T形截面取有效高度减去翼缘高度，工字形截面取腹板净高；

β_c——混凝土强度影响系数，当混凝土强度等级≤C50时，取 $\beta_c=1.0$，当混凝土强度等级为C80时，取 $\beta_c=0.8$，其间接线性内插法确定。

② 为防止配箍量过小而发生斜拉破坏的条件——最小配箍率 $\rho_{sv \cdot min}$ 的限制。

配箍率 ρ_{sv} 应满足 $\rho_{sv}=\dfrac{A_{sv}}{bs}=\dfrac{nA_{sv1}}{bs} \geqslant \rho_{sv \cdot min}=0.24\dfrac{f_t}{f_{yv}}$ 　　(3.18)

同时，箍筋还应满足最小直径和最大间距 s_{max}（表3.7）的要求。

梁中箍筋的最大间距（mm）　　　　　　　　　　表 3.7

梁高 h	$V > 0.7f_tbh_0$	$V \leqslant 0.7f_tbh_0$	梁高 h	$V > 0.7f_tbh_0$	$V \leqslant 0.7f_tbh_0$
$150 < h \leqslant 300$	150	200	$500 < h \leqslant 800$	250	350
$300 < h \leqslant 500$	200	300	$h > 800$	300	400

（3）斜截面受剪承载力计算步骤

已知：剪力设计值 V，截面尺寸 bh，混凝土强度等级，箍筋级别。

求：箍筋数量。

计算步骤如下：

1）复核截面尺寸

截面尺寸应满足式（3.15）或式（3.16）、式（3.17）的要求，否则，应加大截面尺寸或提高混凝土强度等级。

2）确定是否需要按计算配置箍筋

如满足式（3.14）的要求，则不必进行斜截面承载力计算，直接按构造要求配置箍筋；否则，应按计算配置箍筋。

3）计算箍筋

对一般的梁，由式（3.13）得

$$\frac{A_{sv}}{s} = \frac{nA_{sv1}}{s} \geqslant \frac{V - 0.7f_t b h_0}{f_{yv} h_0} \tag{3.19}$$

计算出 $\frac{A_{sv}}{s}$ 后，先根据构造要求选定箍筋直径 d 和箍筋肢数 n，进而计算出箍筋间距 s，且箍筋间距应满足 $s \leqslant s_{max}$。

4）验算配箍率

配箍率应满足式（3.18）的要求。

【例3.3】 某矩形截面简支梁，截面尺寸 $b \times h = 250mm \times 550mm$，净跨 $l_n = 5.16m$，混凝土强度等级 C25，箍筋 HPB300 级，纵向钢筋 HRB335 级，承受均布荷载设计值 $q = 80kN/m$（包括梁自重），根据正截面受弯承载力计算配置的纵筋为 4 Φ 25。试求箍筋用量。

【解】 查表得 $f_c = 11.9N/mm^2$，$f_t = 1.27N/mm^2$，$f_y = 300N/mm^2$，$f_{yv} = 270N/mm^2$，$\beta_c = 1.0$。

1）计算支座边缘剪力设计值

$$V = \frac{1}{2}ql_n = \frac{1}{2} \times 80 \times 5.16 = 206.4kN$$

2）验算截面尺寸

$$h_0 = 550 - 35 = 515mm, h_w/b = 515/250 = 2.06 < 4$$

则
$$0.25\beta_c f_c b h_0 = 0.25 \times 1.0 \times 11.9 \times 250 \times 515 = 383 \times 10^3 N = 383kN$$
$$> V = 206.4kN$$

截面尺寸满足要求。

3）确定是否需按计算配置箍筋

$$0.7f_t b h_0 = 0.7 \times 1.27 \times 250 \times 515 = 114.5 \times 10^3 N = 114.5kN < V = 206.4kN$$

故需按计算配置箍筋。

4）确定箍筋数量

$$\frac{A_{sv}}{s} \geqslant \frac{V - 0.7f_t b h_0}{f_{yv} h_0} = \frac{(206.4 - 114.5) \times 10^3}{270 \times 515} = 0.66mm^2/mm$$

选用 $\phi 8$ 双肢箍筋：$n = 2$

$A_{sv1} = 50.3mm^2$，则箍筋间距为

$$s \leqslant \frac{A_{sv}}{0.66} = \frac{2 \times 50.3}{0.66} = 152mm$$

取 $s = 150mm < s_{max} = 200mm$

5）验算配箍率

$$\rho_{sv} = \frac{nA_{sv1}}{bs} = \frac{2 \times 50.3}{250 \times 150} = 0.27\%$$

$$\rho_{sv \cdot min} = 0.24f_t/f_{yv} = 0.24 \times 1.27/270 = 0.11\% < \rho_{sv}$$

配箍率满足要求。

所以，选用 $\phi 8@150$ 双肢箍筋，沿梁长均匀布置，如图 3.16 所示。

（4）保证斜截面受弯承载力的构造措施

受弯构件在配筋计算时，纵向受拉钢筋是根据梁的最大弯矩确定的，如果纵向受力钢

筋沿通长配置，既不弯起，又不切断，则沿梁全长各截面的受弯承载力均能保证。但是这样的配筋不经济，因为在弯矩较小的截面上，纵向受力钢筋未被充分利用。在实际工程中常常在钢筋不需要处对钢筋进行截断，以节约钢筋用量。

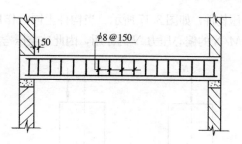

图 3.16　例 3.3 附图

当纵向受拉钢筋在跨中截断时，由于钢筋面积的突然减少，使混凝土中产生应力集中现象，在纵筋截断处将提前出现过宽的与纵向钢筋相交的斜裂缝，可能使斜截面的受弯承载力得不到保证，最终由于斜截面的受弯承载力不足而引起破坏。如截断钢筋的锚固长度不足，将导致粘结破坏，降低构件的承载力。因此，对于梁底部承受正弯矩的纵向受拉钢筋，一般不宜在跨中受拉区截断，而应将计算上不需要的钢筋弯起作为受剪的弯起钢筋，或作为支座截面承受负弯矩的钢筋。

对于悬臂梁、连续梁（板）、框架梁等构件，为了合理配筋，通常需将支座处负弯矩钢筋按弯矩图形的变化，在跨中受压区分批截断。为了保证钢筋强度的充分利用，截断的钢筋必须在跨中有足够的锚固长度。

当纵筋弯起时，弯起钢筋一般不宜放在梁的边缘，也不宜采用过粗直径的钢筋；为了防止弯起钢筋间距过大，以致可能出现不与弯起钢筋相交的斜裂缝使弯起钢筋无从发挥其抗剪作用，从支座边到第一排弯筋的弯上点以及从前一排弯筋的弯起点到后一排弯筋的弯上点的间距 s 均应满足箍筋最大间距 s_{max} 的要求，即 $s \leqslant s_{max}$；为了保证斜截面受弯承载力，弯起钢筋的弯起点可设在按正截面受弯承载力计算不需要该钢筋的截面之前，但弯起钢筋与梁中心线的交点应位于不需要该钢筋的截面之外；同时，弯起点与按计算充分利用该钢筋的截面之间的距离不应小于 $h_0/2$。

钢筋混凝土梁支座截面负弯矩纵向受拉钢筋不宜在受拉区截断。当必须截断时，应符合以下规定：

1）当 $V \leqslant 0.7 f_t b h_0$ 时，应延伸至按正截面受弯承载力计算不需要该钢筋的截面以外不小于 $20d$ 处截断，且从该钢筋强度充分利用截面伸出的长度不应小于 $1.2 l_a$。

2）当 $V > 0.7 f_t b h_0$ 时，应延伸至按正截面受弯承载力计算不需要该钢筋的截面以外不小于 h_0 且不小于 $20d$ 处截断，且从该钢筋强度充分利用截面伸出的长度不应小于 $1.2 l_a + h_0$。

3）若按上述规定确定的截断点仍位于负弯矩受拉区内，则应延伸至按正截面受弯承载力计算不需要该钢筋的截面以外不小于 $1.3 h_0$ 且不小于 $20d$ 处截断，且从该钢筋强度充分利用截面伸出的长度不应小于 $1.2 l_a + 1.7 h_0$。

3.2　钢筋混凝土受压构件

3.2.1　受压构件的分类

当构件上作用着以纵向压力为主的内力时，则称为受压构件。受压构件在工程结构中是最为常见的构件，如钢筋混凝土柱、桁架中的上弦杆以及受压腹杆等均属于受压构件。

钢筋混凝土受压构件（柱）按纵向力与构件截面形心轴线相互位置的不同，可分为轴心受压构件与偏心受压构件。当纵向压力与构件形心轴线相重合时为轴心受压构件，否则为偏心受压构件,如图 3.17 所示。当构件上同时作用有轴力 N 和弯矩 M 时,可看成具有偏心距 $e_0 = M/N$ 的偏心压力 N 的作用,因此这类压弯构件也属于偏心受压构件,如图3.18所示。

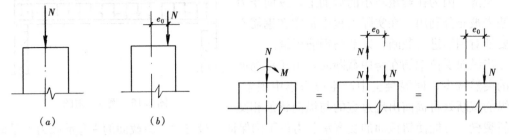

图 3.17 受压构件
(a) 轴心受压;(b) 偏心受压

图 3.18 压弯构件

3.2.2 构造要求

(1) 材料强度等级

混凝土强度等级宜选用 C25、C30、C35、C40,必要时可采用更高强度等级的混凝土。钢筋一般采用 HRB400 级、HRBF400 级、HRB500 级、HRBF500 级,或采用 HRB335 级,不宜采用高强度的钢筋。

(2) 纵向受力钢筋

柱内纵向受力钢筋主要用来协助混凝土承受压力,以减小截面尺寸,同时承受可能的弯矩以及混凝土收缩和温度变化引起的拉应力,防止构件突然的脆性破坏。对偏心较大的偏心受压构件,截面受拉区的纵向受力钢筋则用来承受拉力。

轴心受压柱的纵向受力钢筋应沿截面四周均匀对称布置,偏心受压柱的纵向受力钢筋布置在弯矩作用方向的两对边。纵向受力钢筋直径不宜小于 12mm,一般取 12～32mm,根数不得少于 4 根,全部纵筋的最小配筋率,对强度等级为 300N/mm³、335N/mm² 的钢筋为 0.6%,对强度等级为 400N/mm² 的钢筋为 0.55%,对强度等级为 500N/mm² 的钢筋为 0.5%;同时一侧纵筋的配筋率不应小于 0.2%。考虑到经济和施工方便,全部纵筋的配筋率不宜大于 5%。通常受压钢筋的配筋率不超过 3%。柱中纵筋的净距不应小于 50mm,对水平浇筑的预制柱,其净距要求与梁相同。偏心受压柱中垂直于弯矩作用平面的侧面上的纵向受力钢筋以及轴心受压柱中各边的纵向受力钢筋,其中距不宜大于 300mm。

(3) 箍筋

受压构件中箍筋的作用首先是与纵筋形成骨架,保证纵筋的正确位置,同时还可以减小受压钢筋支承长度,以防止纵筋压屈。此外,箍筋还对核芯部分的混凝土有一定的约束作用,从而改变了核芯部分混凝土的受力状态,使其强度有所提高。

在受压构件中截面周边箍筋应做成封闭式,不可采用有内折角的形式。箍筋直径不应小于 $d_{max}/4$(d_{max} 为纵筋最大直径),且不应小于 6mm。箍筋的间距不应大于 400mm 及短边尺寸 b,且不应大于 $15d_{min}$(d_{min} 为纵筋最小直径)。

当柱中全部纵筋的配筋率大于 3% 时,箍筋直径不应小于 8mm,间距不应大于 $10d_{min}$,且不应大于 200mm。

在纵筋搭接长度范围内,箍筋直径不应小于 $0.25d_{max}$;当钢筋受拉时,箍筋间距不应

大于 $5d_{\min}$，且不应大于 100mm；当钢筋受压时，箍筋间距不应大于 $10d_{\min}$，且不应大于 200mm。当受压钢筋直径 $d>25$mm 时，还应在搭接接头两个端面外 100mm 范围内各设置两道箍筋。

纵向钢筋至少每隔一根放置于箍筋转弯处。当柱截面短边尺寸大于 400mm 且各边纵筋多于 3 根时，或当柱截面短边尺寸不大于 400mm 但各边纵筋多于 4 根时，应设置附加箍筋。附加箍筋的直径和间距要求均与设置的箍筋情况相同。图 3.19 所示为柱中箍筋配置示例。

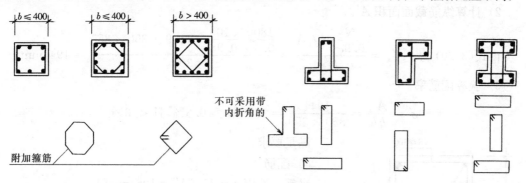

图 3.19　柱中箍筋的配置

在多层房屋建筑中，一般在楼板顶面处设置施工缝，通常是将下层柱的纵筋伸出楼面一段距离，与上层柱筋相连接。常用连接方法有焊接连接、机械连接和搭接连接。搭接连接时，其搭接长度应满足：

1）纵向钢筋受拉时，不应小于纵向受拉钢筋的搭接长度 l_l，且在任何情况下均不应小于 300mm。

2）纵向钢筋受压时，不应小于纵向受拉钢筋的搭接长度 l_l 的 0.7 倍，且在任何情况下均不应小于 200mm。

3.2.3　轴心受压构件的承载力计算

轴心受压构件的承载力由混凝土和钢筋两部分组成。轴心受压柱破坏前，常在构件的中部出现细微裂缝并进而发展为明显的纵向裂缝。由于实际工程中多为较细长的受压构件，在破坏前将发生纵向弯曲，向外凸出一侧可能由受压转变为受拉，导致构件的承载力有所降低，故需考虑纵向弯曲对其承载力的影响。

轴心受压构件承载力计算公式为

$$N \leqslant 0.9\varphi(f_c A + f'_y A'_s) \tag{3.20}$$

式中　N——轴向压力设计值；

f_c——混凝土轴心抗压强度设计值；

A——构件截面面积，当纵筋配筋率大于 3% 时，应改用 $(A - A'_s)$；

A'_s——全部纵筋的截面面积；

φ——钢筋混凝土构件的稳定系数，可查《混凝土规范》相关表格采用，对矩形截面也可近似按式（3.21）计算：

$$\varphi = \frac{1}{1 + 0.002(l_0/b - 8)^2} \tag{3.21}$$

稳定系数 φ 反映了长柱承载力的降低程度，主要与构件的长细比 l_0/b 有关。

【例 3.4】　某层钢筋混凝土轴心受压柱，截面尺寸 $b \times h = 350$mm$\times 350$mm，计算长

度 $l_0=3.85$m，混凝土强度等级 C25，纵筋采用 HRB335 级，箍筋 HPB300 级，承受轴心压力设计值 $N=1800$kN。试根据计算和构造选配纵筋和箍筋。

【解】 由已知条件，查表得 $f_c=11.9$N/mm^2，$f'_y=300$N/mm^2，$\rho'_{min}=0.6\%$。

1）求稳定系数 φ

$$\varphi=\frac{1}{1+0.002(l_0/b-8)^2}=\frac{1}{1+0.002(3850/350-8)^2}=0.98$$

2）计算纵筋截面面积 A'_s

由式(3.20)得 $A'_s=\dfrac{\dfrac{N}{0.9\varphi}-f_cA}{f'_y}=\dfrac{\dfrac{1800\times10^3}{0.9\times0.98}-11.9\times350\times350}{300}=1944$mm^2

3）验算配筋率

$$\rho'=\frac{A'_s}{bh}=\frac{1944}{350\times350}=1.59\%>0.6\%,且<3\%$$

满足要求。

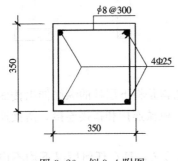

图 3.20　例 3.4 附图

4）配筋

纵筋：选用 4 Φ 25 （$A'_s=1964$mm^2）

箍筋：

直径 $\{d/4=25/4，6\}_{max}$，取 8mm；

间距 $\{15d，b，400\}_{min}$，取 300mm；

即选用 $\phi8@300$，配筋如图 3.20 所示。

3.2.4 偏心受压构件的受力特点

试验表明，偏心受压构件的破坏特征与纵向力的偏心距 e_0、纵筋的数量等因素有关，一般分为大偏心受压和小偏心受压两类破坏形态。

（1）大偏心受压破坏

当纵向力的偏心距 e_0 较大，且距纵向力较远的一侧钢筋配置不太多时易发生大偏心受压破坏。此时截面在离纵向力 N 较近一侧受压，较远一侧受拉。随荷载增加，首先在受拉区发生横向裂缝，并且不断地开展、延伸。破坏时受拉钢筋先达到屈服强度，截面压区高度逐渐减小，最后受压区混凝土被压碎而使构件破坏，与此同时，受压钢筋也达到屈服强度。这种破坏形态在破坏前有明显的预兆，属于延性破坏。

（2）小偏心受压破坏

当纵向力的偏心距 e_0 较小，或虽偏心距 e_0 较大，但距纵向力较远的一侧配筋较多时易发生小偏心受压破坏。破坏时，距纵向力较远一侧的混凝土和纵向钢筋可能受压或受拉，其混凝土可能出现微小横向裂缝或不出现裂缝，相应的钢筋应力一般均未达到屈服强度。距纵向力较近一侧的纵向受压钢筋先达到屈服强度，受压区混凝土被压碎而破坏。这种破坏形态在破坏前没有明显的预兆，属于脆性破坏。

（3）大、小偏心受压破坏的界限

从以上两种偏心受压破坏特征可以看出，二者之间的根本区别在于远离纵向力一侧的受拉钢筋在破坏时能否达到屈服强度，这和受弯构件的适筋破坏及超筋破坏两种情况相类似。因此，两种偏心受压破坏形态的界限与受弯构件适筋和超筋破坏形态的界限相同。

当受压区高度 $x\leqslant\xi_bh_0$ 时，属于大偏心受压破坏；当 $x>\xi_bh_0$ 时，属于小偏心受压破坏。

（4）偏心受压构件的受力分析

在大偏心受压状态下，破坏时受拉一侧的钢筋应力先达到屈服强度，随着变形的增大和混凝土受压区面积的减小，受压一侧的混凝土随后也达到其极限压应变；此时，截面的应力分布和破坏形态与受弯构件中的适筋梁双筋截面相类似，截面受力分析可以采用与受弯构件相类似的方法。

在小偏心受压状态下，达到极限状态时受拉一侧的钢筋拉应力往往还较小，当轴向力 N 较大而偏心距 e_0 又较小时，受拉一侧的钢筋还可能承受压应力。不论是拉应力还是压应力，此时应力值均达不到钢筋的屈服强度。单从破坏形态来看，小偏心受压与受弯构件中的超筋截面有类似之处，两者受拉一侧的钢筋均未屈服，都是由于受压一侧混凝土被压碎而发生的脆性破坏。同时两者又有较大区别，小偏心受压构件截面的受力状态不单与截面上作用的弯矩 M 有关，主要还取决于作用的轴向力 N 的大小。也就是说，小偏心受压时受拉一侧钢筋应力达不到屈服，受压一侧混凝土发生受压破坏是一种基本特征。

由于偏心受压构件的受力钢筋一般集中布置在弯矩作用方向的截面两对边位置上，当离纵向力较远一侧的钢筋 A_s 和离纵向力较近一侧的钢筋 A'_s 强度等级相同，且 $A_s = A'_s$ 时，为对称配筋；若 $A_s \neq A'_s$，则为不对称配筋。

3.3 钢筋混凝土受扭构件

扭转是结构构件基本受力方式之一。在钢筋混凝土结构中，构件通常都是处于弯矩、剪力和扭矩共同作用的复合受扭状态，很少有处于纯扭矩作用的情况。例如图 3.21 所示的吊车梁、现浇框架边梁、雨篷梁等，均属于受弯剪扭的构件。

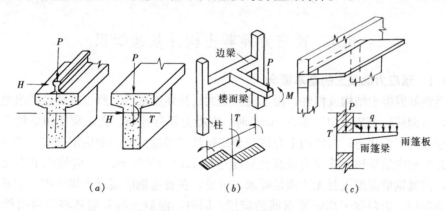

图 3.21　钢筋混凝土受扭构件
（a）吊车梁；（b）现浇框架边梁；（c）雨篷梁

3.3.1　受力特点

图 3.22 为一钢筋混凝土矩形截面纯扭构件。试验表明，当扭矩增加时，构件首先在某一长边中点最薄弱处产生一条倾角约为 $45°$ 的斜裂缝 ab，之后斜裂缝向两相邻面按 $45°$ 螺旋方向分别延伸至 c 和 d，同时又陆续出现更多条大体连续的螺旋裂缝。直到其中一条裂缝所穿越的钢筋先达到屈服强度，这条主裂缝急速扩展，最后另一个长边的混凝土压

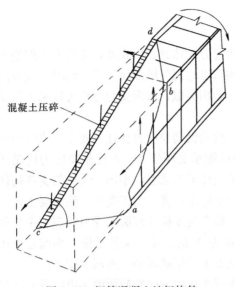

混凝土压碎

图 3.22　钢筋混凝土纯扭构件

碎，构件破坏。

从受力合理的观点考虑，受扭钢筋最有效的配筋方式应采用与轴线成 45°角的螺旋形钢筋。但螺旋形钢筋施工不便，且不能适应变号扭矩的作用，因此实际受扭构件一般都采用横向封闭箍筋和纵向受力钢筋组成的钢筋骨架来抵抗扭矩的作用。

对于同时承受弯矩、剪力和扭矩的构件，则应按受弯和受剪分别计算承受弯矩的纵向受力钢筋和承受剪力的箍筋，然后与受扭纵筋和受扭箍筋叠加进行配筋。

3.3.2　构造要求

（1）受扭纵筋

受扭纵筋应沿截面周边均匀对称布置，且在截面四角必须设置受扭纵筋；受扭纵筋的间距不应大于 200mm 和梁截面短边尺寸；受扭纵筋的接头与在支座内的锚固均应按受拉钢筋的构造要求处理。

在弯剪扭构件中，梁顶、梁侧的受扭纵筋可兼作梁的架立钢筋和梁侧面的纵向构造钢筋。

（2）受扭箍筋

受扭箍筋必须做成封闭式，且应沿截面周边布置；箍筋末端应做成 135°弯钩，弯钩端头平直段长度不应小于 10d（d 为箍筋直径）；箍筋间距应符合表 3.7 中最大箍筋间距要求。

3.4　预应力混凝土构件基础知识

3.4.1　预应力混凝土的基本概念

普通钢筋混凝土结构或构件，由于混凝土的抗拉强度很低，所以抗裂性能很差。一般情况下，当钢筋应力超过 20~30N/mm^2 时，混凝土就会开裂。在正常使用条件下，一般均处于带裂缝工作状态。对使用上允许开裂的构件，裂缝宽度一般应限制在 0.2~0.3mm 以内，此时相应的受拉钢筋应力最高也只能达到 150~250N/mm^2。对使用上不允许开裂的构件，普通钢筋混凝土就无法满足要求。可见，在普通钢筋混凝土构件中，钢筋的强度不能充分利用，更限制了高强度钢筋的应用。同时，混凝土的开裂还将导致构件刚度降低，变形增大。因而，普通钢筋混凝土不宜用于对裂缝控制要求较严格的构件以及具有较高密闭性和耐久性要求的结构。

为了避免普通钢筋混凝土结构的裂缝过早出现，保证构件具有足够的抗裂性能和刚度，充分利用高强度材料，可在结构构件承受使用荷载以前，通过张拉钢筋，利用钢筋的回弹，预先对受拉区的混凝土施加压力，以此产生的预压应力用来减小或抵消由荷载所引起的拉应力。这种在构件受荷载之前，预先对构件的混凝土受拉区施加预压应力的结构，称为"预应力混凝土结构"。

与普通钢筋混凝土相比，预应力混凝土具有下列优点：

1) 构件的抗裂性能较好，扩大了构件的适用范围。

2) 构件的刚度较大，能延迟裂缝的出现和开展，可减少构件的变形。

3) 构件的耐久性较好。由于预应力混凝土能使构件不出现裂缝或减小裂缝，可减少外界环境对钢筋的侵蚀，从而延长构件的使用年限。

4) 能充分利用高强度钢筋和高强度等级混凝土，可以减少钢筋用量和构件截面尺寸。减轻构件自重，增大跨越能力。

3.4.2 施加预应力的方法

对混凝土施加预应力一般是通过张拉钢筋，利用钢筋被拉伸后产生的回弹力挤压混凝土来实现的。根据张拉钢筋与浇筑混凝土的先后关系，预加应力的方法可分为先张法和后张法两大类。

（1）先张法

在浇筑混凝土之前张拉预应力钢筋的方法称为先张法，如图 3.23 所示。

先张法是通过钢筋与混凝土之间的粘结力阻止钢筋的弹性回缩，使构件混凝土处于预压状态。

（2）后张法

在结硬后的混凝土构件上张拉钢筋的方法称为后张法，如图 3.24 所示。

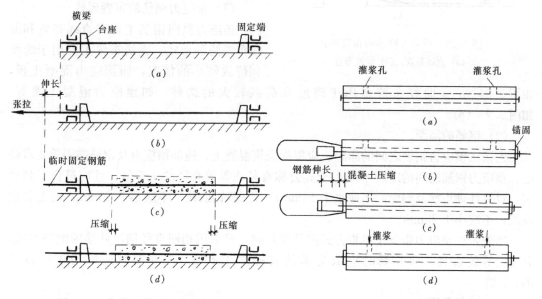

图 3.23　先张法主要工序示意图
（a）钢筋就位；（b）张拉钢筋；（c）临时固定钢筋，浇灌混凝土并养护；（d）放松钢筋，钢筋回缩，混凝土受预压

图 3.24　后张法主要工序示意图
（a）制作构件，预留孔道，穿入预应力钢筋；
（b）安装千斤顶；（c）张拉钢筋；（d）锚住钢筋，拆除千斤顶、孔道压力灌浆

后张法是通过锚具锚住钢筋阻止钢筋弹性回缩，使物件处于预压状态。

两种方法比较而言，先张法的生产工序少，工艺简单，能成批生产，质量容易保证，适用于批量生产的中小型构件，如楼板、屋面板等。后张法不需台座，便于在现场制作大型构件，但工序较多，操作也较麻烦，适用于大、中型构件。

3.4.3 预应力混凝土材料

预应力钢筋在张拉时就受到很高的拉应力，在使用荷载作用下，钢筋的拉应力会继续提高。另一方面，混凝土也受到高压应力的作用，因此预应力混凝土构件要求采用强度等级较高的混凝土和钢筋。

（1）混凝土

预应力混凝土结构构件对混凝土的性能要求是强度高、收缩徐变小、快硬、早强。

《混凝土规范》规定，预应力混凝土结构的混凝土强度等级不宜低于C40，不应低于C30。

目前，我国预应力混凝土结构用的混凝土强度等级，在建筑结构中为C35～C60，在一些预制构件中已开始采用C80混凝土。

（2）预应力钢筋

预应力混凝土结构构件对预应力钢筋的性能要求是强度高、具有良好的塑性及加工性能、与混凝土间有良好的粘结性能。

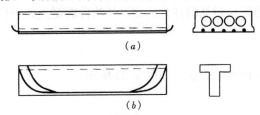

图 3.25 预应力钢筋的布置形式
(a) 直线布置；(b) 曲线布置

预应力钢筋宜采用预应力钢丝。钢绞线和预应力螺纹钢筋。

3.4.4 预应力混凝土构件的一般构造要求

（1）预应力钢筋的布置形式

预应力纵向钢筋主要有直线布置和曲线布置两种形式。直线布置主要用于跨度和荷载较小的情况，如预应力混凝土板，如图 3.25 (a)。曲线布置多用于跨度和荷载较大的构件，如预应力混凝土梁等，如图 3.25 (b)。

（2）钢筋的间距

先张法预应力钢筋之间的净距，应根据浇筑混凝土、施加预应力及钢筋锚固等要求确定。预应力钢筋之间的净距不应小于其公称直径或等效直径的 1.5 倍，且应符合下列规定：对热处理钢筋及钢丝，不应小于 15mm；对三股钢绞线，不应小于 20mm；对七股钢绞线，不应小于 25mm。

当先张法预应力钢丝按单根方式配筋困难时，可采用相同直径钢丝并筋的配筋方式。并筋的等效直径，双并筋时应取为单筋直径的 1.4 倍，三并筋时应取为单筋直径的1.7倍。

（3）预留孔道

后张法预应力钢丝束、钢绞线束的预留孔道，对预制构件中其孔道之间水平净间距不宜小于 50mm；孔道至构件边缘的净距不宜小于 30mm，且不宜小于孔道直径的一半；在框架梁中，预留孔道在竖直方向的净距不应小于孔道外径，水平方向的净距不应小于 1.5 倍孔道外径；孔道内径应比预应力钢丝束或钢绞线束外径及需穿过孔道的连接器外径大10～15mm。

（4）混凝土保护层

预应力钢筋的混凝土保护层厚度同钢筋混凝土构件。对处于一类环境且由工厂生产的预制构件，其保护层厚度不应小于预应力钢筋直径 d，且不应小于 15mm；处二类环境且由工厂生产的预制构件，当表面采取有效保护措施时，其保护层厚度可按一类环境数值取用。

在框架梁中，后张法预留孔道从孔壁算起的混凝土保护层厚度，梁底不宜小于50mm，梁侧不宜小于 40mm。

（5）构件端部加强措施

1）先张法预应力混凝土构件，预应力钢筋端部周围的混凝土应采取加强措施，如图3.26 所示。

① 单根配置的预应力钢筋端部宜设置长度不小于 150mm 且不少于 4 圈的螺旋筋，如图 3.26（a）所示，当有可靠经验时，也可利用支座垫板上的插筋代替螺旋筋，但插筋数量不应少于 4 根，其长度不宜小于 120mm；

② 对采用预应力钢丝配筋的薄板，在板端 100mm 范围内应适当加密横向钢筋，如图3.26（b）所示；

③ 对分散布置的多根预应力钢筋，在构件的端部 10d（d 为预应力钢筋直径）范围内，应设置 3～5 片与预应力钢筋垂直的钢筋网，如图 3.26（c）所示；

④ 对槽形板类构件，为防止板面端部产生纵向裂缝，应在构件端部 100mm 范围内沿板面设置附加横向钢筋，其数量不应少于 2 根，如图 3.26（d）所示。

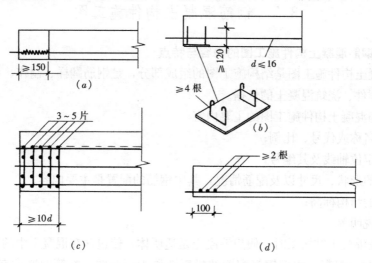

图 3.26 预应力钢筋端部周围加强措施
（a）设螺旋筋；（b）利用支座垫板插筋；
（c）设钢筋网；（d）加密薄板端部横向钢筋

2）后张法预应力混凝土构件，其端部锚固区应采取下列加强措施：

① 应配置间接钢筋，且在间接钢筋配置区以外，在构件端部长度 l 不小于 $3e$（e 为截面重心线上部或下部预应力钢筋的合力点至邻近边缘的距离）但不大于 $1.2h$（h 为构件端部截面高度）、高度为 $2e$ 的附加配筋区范围内，均匀布置附加箍筋或网片，如图 3.27 所示。

② 当构件在端部有局部凹进时，应增设折线构造钢筋（图 3.28），或其他有效的构造钢筋。

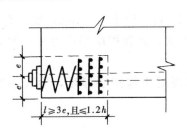

图 3.27 端部间接配筋

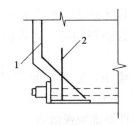

图 3.28 端部凹进处构造配筋
1—折线构造钢筋；2—竖向构造钢筋

③ 宜将一部分预应力钢筋在靠近支座处弯起，弯起的预应力钢筋宜沿构件端部均匀布置。

④ 预应力钢筋不能均匀布置而需集中布置在截面下部或集中布置在上部和下部时，应在构件端部 $0.2h$（h 为构件端部截面高度）范围内设置附加竖向焊接钢筋网、封闭式箍筋或其他形式的构造钢筋。

⑤ 在预应力钢筋锚具下及张拉设备处的支承处，应设置预埋钢板并需设置间接钢筋和附加钢筋。

3.5 钢筋混凝土构件施工图

3.5.1 钢筋混凝土构件施工图的内容与特点

钢筋混凝土构件施工图是结构施工图的组成部分，是钢筋翻样、制作、绑扎、现场支模、设置预埋件、浇筑混凝土的依据。

（1）钢筋混凝土构件施工图的主要内容

1）构件名称或代号、比例；

2）构件定位轴线及其编号；

3）构件的形状、尺寸以及配筋情况，其中钢筋的配置是主要内容；

4）构件的结构标高；

5）施工说明等。

绘制钢筋混凝土结构图时，假想混凝土是透明体，使包含在混凝土中的钢筋成为"可见"。这种能显示混凝土内部钢筋配置的投影图称为配筋图。配筋图通常有配筋平面图、配筋立面图、配筋断面图等形式。必要时，还可能把构件中的钢筋抽出来绘制钢筋详图（又称钢筋大样图）并列出钢筋表。

（2）钢筋混凝土构件施工图的特点

1）结构图采用正投影法绘制。

2）钢筋的图线用粗实线表示，钢筋的截面用小黑圆点涂黑表示，构件外轮廓线、尺寸线、引出线等用细实线表示。

3）各构件的名称宜用代号表示，代号后用阿拉伯数字标注该构件型号或编号。常用构件的代号如下：

板——B 屋面板——WB 楼梯板——TB 屋面梁——WL

梁——L　　连系梁——LL　　楼梯梁——TL　　框架梁——KL

柱——Z　　框架柱——KZ

4）当钢筋混凝土构件对称时，可在同一图中用一半表示模板图，另一半表示钢筋。

5）构件的轴线及编号与建筑施工图一致。

3.5.2 钢筋混凝土构件施工图中钢筋的表示方法

（1）钢筋的种类及符号表示

钢筋按其种类和强度分为不同品种，并分别用不同的直径符号表示，见表 3.8。

钢筋的符号表示　　　　　　　　　　　表 3.8

钢筋品种	符号	钢筋品种	符号
HPB300	φ	钢绞线	φ S
HRB335	Φ	预应力螺纹钢筋	φ T
HRB400	Φ	光面钢丝	φ P
RRB400	Φ R	螺旋肋钢丝	φ H
HRB500	Φ	热处理钢筋	φ HT

（2）钢筋直径、根数或间距的表示

钢筋的直径、根数以及相邻钢筋中心距一般采用引出线方式标注，为便于识别，构件内的各种钢筋应进行编号，编号采用阿拉伯数字，写在引出线端头的直径为 6mm 的细线圆中。在编号引出线上部，用代号注写该号钢筋的等级种类、直径、根数或间距。其标注有下面两种方式：

1）标注钢筋的直径和根数

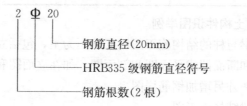

2）标注钢筋的直径和相邻钢筋中心距

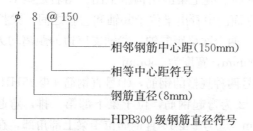

（3）结构施工图中钢筋的常规画法

为表示出钢筋的端部形状、钢筋的搭接及钢筋的配置，钢筋在施工图中一般采用表 3.9 中的图例来表示。

一般钢筋常用图例 表 3.9

序号	名　称	图　例	说　明
1	无弯钩的钢筋端部		下图表示长短钢筋投影重叠时,可在钢筋的端部用 45°短画线表示
2	带半圆形弯钩的钢筋端部		
3	带直钩的钢筋端部		
4	带丝扣的钢筋端部		
5	无弯钩的钢筋搭接		
6	带半圆形弯钩的钢筋搭接		
7	带直钩的钢筋搭接		
8	套管接头(花篮螺丝)		

3.5.3　钢筋混凝土构件识图举例

钢筋混凝土构件梁与柱的结构施工图以配筋图为主,包括立面图和断面图。读图时先看图名,再看立面图和断面图或平面图和剖面图。如在立面图和断面图中不能表示清楚钢筋布置时,应在配筋图外另增加钢筋详图。

(1) 钢筋混凝土梁结构施工图

图 3.29 是某现浇钢筋混凝土梁的结构施工图。图名是梁 L—1,立面图比例 1:25,断面图比例 1:10。从立面图中看出梁位于Ⓑ轴和Ⓒ轴之间,梁长 8480mm,梁中虚线表示板和两个次梁的轮廓,两个次梁距Ⓑ轴、Ⓒ轴支座边的距离均为 2630mm。从 1-1、2-2 断面图中可看出梁高 700mm,宽度为 250mm。

梁下部配有①、②号两种规格的钢筋,①号直钢筋 4Φ25HRB335 级钢筋,位于梁下部第一排,②号 2Φ22 为弯起钢筋,位于梁下部第二排,弯起后位于梁上部第二排,弯终点距支座边缘 50mm。③号 2Φ16 直钢筋位于梁上部角部,在梁端上部有④号 2Φ16 附加钢筋,位于梁上部第一排的内侧,其断点位置在距支座外缘 2030mm 处。⑤号箍筋采用 φ8HPB300 级钢筋,自支座边缘 50mm 处开始设置,其中靠近Ⓑ、Ⓒ轴线各 1150mm 范围内箍筋间距为 100mm,与次梁相交处的次梁两侧各加设 3 道,其余跨中部分箍筋间距为 200mm。

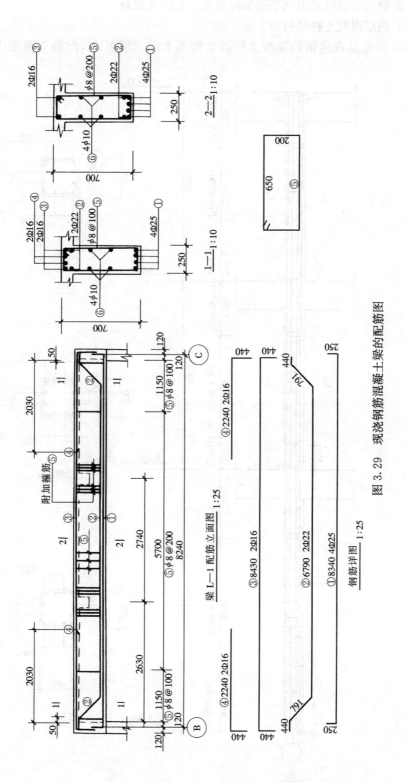

图 3.29 现浇钢筋混凝土梁的配筋图

根据钢筋详图可看出钢筋的实际形状、长度和数量。

（2）钢筋混凝土柱结构施工图

图3.30是某现浇钢筋混凝土柱的结构施工图。图名Z6,配筋立面图比例1：30,断

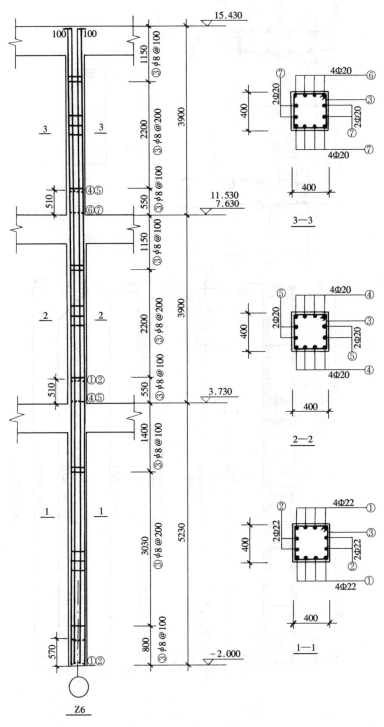

图 3.30　现浇钢筋混凝土柱的配筋图

面图比例 1∶20。

从立面图可看出，该柱从标高为−2.000m 起直通至柱顶标高 15.430m 处，柱为边长 400mm×400mm 的正方形截面。

由立面图和 1-1、2-2、3-3 断面图可知，纵向受力钢筋沿柱高设置直径不同，在−2.000∼3.730m 标高范围内纵向钢筋为①、②号钢筋，12 根直径 22mm 的 HRB335 级钢筋，钢筋底部与插入基础的钢筋搭接，搭接长度 570mm；自标高 3.730∼11.530m 标高范围内，纵筋为④、⑤号钢筋，12 根 20mm 的 HRB335 级钢筋；标高 11.530m 以上至柱顶纵筋⑥、⑦号钢筋，也为 12 根 20mm 的 HRB335 级钢筋；楼层间钢筋采用搭接连接，接头位于楼面处，搭接长度 510mm；底层纵筋与插筋的接头位于柱根−2.000 处，采用搭接连接，搭接长度 570mm。③号箍筋采用 ϕ8HPB300 级钢筋，封闭状，箍筋间距沿柱高设置疏密程度不同，在柱根以上 800mm、楼（屋）面梁顶部标高以下 1150mm（首层 1400mm）、楼（屋）面梁顶部标高以上 550mm 范围内，为箍筋加密区，间距为 100mm；其余范围内箍筋间距为 200mm。

实践教学课题：识读混凝土基本构件结构施工图

【目的与意义】　房屋结构由若干个基本构件按照一定组成规则，通过正确的连接方式所构成。正确识读混凝土基本构件的结构施工图，是每一个土建类专业人员应具备的基本素质。通过对混凝土基本构件结构施工图的识读训练，可加深理解楼盖结构的相关构造要求与措施，为学生毕业后从事工程造价工作奠定扎实的基础。

【内容与要求】　选择较简单的混凝土结构施工图，在指导教师的指导下，有针对性地对梁、板、柱等构件的施工图进行识读训练，以了解梁、板、柱等构件结构施工图的表示内容、表示方法，熟悉梁、板、柱等构件的基本构造要求。在可能的情况下结合施工现场进行参观，通过学生对施工现场的直观认识，增强学生对构件结构施工图的感性认识。

思 考 题 与 习 题

思考题

1. 在钢筋混凝土梁、板中，通常配置哪几种钢筋？各种钢筋的作用是什么？

2. 梁、板内纵向受力钢筋的直径、根数、间距有何规定？

3. 混凝土保护层的作用是什么？梁、板的保护层厚度应按规定取多少？

4. 受拉钢筋的锚固长度如何确定？

5. 钢筋的连接方式有哪几种？钢筋的连接构造有哪些要求？

6. 简述超筋梁、适筋梁及少筋梁的破坏特征。在设计中如何防止超筋梁和少筋梁的破坏？

7. 什么是双筋截面梁？在什么情况下才采用双筋截面梁？

8. 受弯构件斜截面破坏形态有哪几种？它们的破坏特征如何？怎样防止各种破坏形态的发生？

9. 受弯构件斜截面承载力包括哪些内容？结构设计时分别如何保证？

10. 梁内箍筋的主要构造要求有哪些？

11. 简述钢筋混凝土柱中的纵向受力钢筋和箍筋的主要构造要求。

12. 偏心受压构件的破坏形态有哪几种？破坏特征各是什么？

13. 钢筋混凝土受扭构件的破坏形态是什么？如何防止破坏的发生？

14. 受扭构件的箍筋和受扭纵筋各有哪些构造要求？

15. 为什么在普通钢筋混凝土结构中一般不采用高强度钢筋，而预应力混凝土构件则必须采用高强度钢筋？

16. 和普通钢筋混凝土构件相比，预应力混凝土构件有何优点？

17. 预应力混凝土的材料应满足哪些要求？

18. 试述预应力混凝土构件构造要求的要点。

19. 为什么要对构件的端部局部加强？其构造措施有哪些？

习题

1. 一钢筋混凝土矩形截面梁承受弯矩设计值 $M=150kN \cdot m$，截面尺寸 $b \times h=250mm \times 500mm$，采用 C20 混凝土，HRB335 级钢筋，试求纵向受拉钢筋。

2. 某钢筋混凝土矩形截面简支梁，截面尺寸 $b \times h=200mm \times 500mm$，混凝土强度等级 C25，钢筋 HRB335 级，截面受拉区配有 4 Φ 25 的纵向受力筋。试确定该梁所能承受的最大弯矩设计值。

3. 某矩形截面简支梁，截面尺寸 $b \times h=250mm \times 550mm$，净跨 $l_n=6.2m$，承受的荷载设计值 $q=52kN/m$（包括梁自重），混凝土强度等级为 C25，经正截面承载力计算已配有 4 Φ 25 纵筋，箍筋采用 HPB300 级，试确定箍筋的数量。

4. 某均布荷载简支梁，截面尺寸 $b \times h=200mm \times 400mm$，混凝土 C20，梁内配有 4 Φ 20 纵筋，$\phi 8$ @200 的箍筋，试计算梁所能承担的最大剪力。

5. 某现浇多层框架结构底层中柱，截面尺寸 $b \times h=400mm \times 400mm$，已求得构件的计算长度 $l_0=4.5m$，承受轴向力设计值 $N=2400kN$（包括自重）。混凝土 C25，钢筋 HRB335 级，试确定该柱的纵筋截面面积。

4 钢筋混凝土楼(屋)盖

【学习提要】   钢筋混凝土梁板结构在建筑工程中应用十分广泛，正确识读其施工图是从事工程造价和施工管理技术人员必需的基本能力，为此还应熟悉梁板结构的类型、结构布置、受力特点及相关构造措施。在本单元的学习中，应结合实践教学加强训练，奠定必要的基础。

4.1 钢筋混凝土楼盖的类型

钢筋混凝土梁板结构是工业与民用建筑中广泛采用的一种结构形式，如钢筋混凝土楼(屋)盖、楼梯、雨篷和筏板式基础等。根据施工方法的不同，钢筋混凝土楼盖可分为现浇整体式、装配式和装配整体式三类。

4.1.1 现浇整体式楼盖

现浇整体式楼盖的全部构件均为现场浇筑，楼盖的整体性好、刚度大、抗震性较好，但模板需用量多、工期长。

现浇整体式楼盖主要有肋形楼盖、无梁楼盖和井式楼盖三种。

(1) 肋形楼盖

肋形楼盖由板、次梁、主梁组成，三者整体相连，如图 4.1 所示。板的四周支承在次梁、主梁上，一般将四周支承在主、次梁上的板称为一个区格，每一区格板上的荷载通过板的受弯作用传到四边支承的构件上。当板区格的长边 l_2 与短边 l_1 之比超过一定数值时，板上的荷载主要沿短边 l_1 的方向传递到支承梁上，而沿长边 l_2 方向传递的荷载很小，可以忽略不计，这时考虑板仅沿单方向（短方向）受力，称为"单向板"，相应的肋形楼盖称为单向板肋形楼盖。当板区格的长边 l_2 与短边 l_1 之比较小时，板上的荷载将通过两个方向同时传递到相应的支承梁上，此时板沿两个方向受力，称为双向板，相应的肋形楼盖称为双向板肋形楼盖。《混凝土规范》规定，两对边支承的板应按单向板计算；对四边支承的板，当 $l_2/l_1 \geqslant 3.0$ 时，可按沿短边方向受力的单向板计算；当 $l_2/l_1 \leqslant 2.0$ 时，应按两个方向同时受力的双向板计算；当 $2.0 < l_2/l_1 < 3.0$ 时，宜按双向板计算。

(2) 无梁楼盖

所谓无梁楼盖，就是在楼盖中不设梁肋，将板直接支承在柱上，是一种板柱结构，如图 4.2 所示。有时为了改善板的受力条件，在每层柱的上部设置柱帽。柱和柱帽的截面形状一般为矩形。无梁楼盖具有结构高度小，板底平整，采光、通风效果好等特点，适用于柱网平面为正方形或矩形，跨度一般不超过 6m 的多层厂房、商场、书库、仓库、冷藏室以及地下水池的顶盖等建筑中。

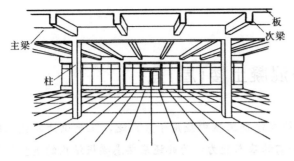

图 4.1 肋形楼盖

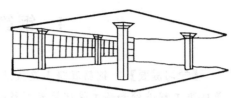

图 4.2 无梁楼盖

（3）井式楼盖

井式楼盖是由双向板与交叉梁系组成的楼盖。与双向板肋形楼盖的主要区别在于井式楼盖支承梁在交叉点处一般不设柱子，两个方向的肋（梁）高度相同，没有主、次梁之分，互相交叉形成井字状，将楼板划分为若干个接近于正方形的小区格，共同承受板传来的荷载，如图 4.3 所示。这种楼盖除了楼板是四边支承在梁上的双向板之外，两个方向的梁又各自支承在四边的墙（或周边大梁）上，整个楼盖相当于一块大型的双向受力的平板（板底受拉区挖去一部分混凝土）。由于井式楼盖的建筑效果较好，故适用于方形或接近方形的中小礼堂、餐厅、展览厅、会议室以及公共建筑的门厅或大厅。

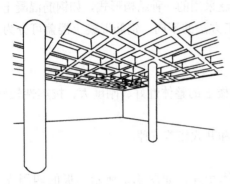

图 4.3 井式楼盖

4.1.2 装配式楼盖

装配式楼盖目前广泛采用预制板、现浇梁或者是预制梁和预制板在现场装配连接而成。装配式楼盖整体性、抗震性能较差，但可节省模板，有利于工业化生产、机械化施工并缩短工期。目前广泛采用的是铺板式楼盖，即将预制楼板铺设在支承梁或承重墙上而构成。

（1）结构平面布置

根据墙体支承情况不同，装配式楼盖有横墙承重、纵墙承重、纵模墙承重和内框架承重四种不同的结构布置方案，如图 4.4 所示。

（2）预制构件的类型

1）预制板

预制板一般为通用定型构件。根据板的施工工艺不同有预应力和非预应力两类，根据板的形状不同又分为实心板、空心板、槽形板和 T 形板等类型。

实心板（图 4.5a）具有制作简单、板面平整、施工方便等特点，但其材料用量较多、自重大、刚度小，故仅适用于跨度不大的走道板、地沟盖板等。空心板（图 4.5b）具有板面平整、用料省、自重轻、刚度大、受力性能好、隔声、隔热效果好等优点，在民用建筑中应用较广泛，但其制作较复杂，板面不能随意开洞。槽形板有正槽板（肋向下）和反槽板（肋向上）两种（图 4.5c），正槽板受力合理，用料省、自重轻、便于开洞，但隔声、隔热效果较差，一般用于对顶棚要求不高的工业厂房中；反槽板受力性能较差，但可

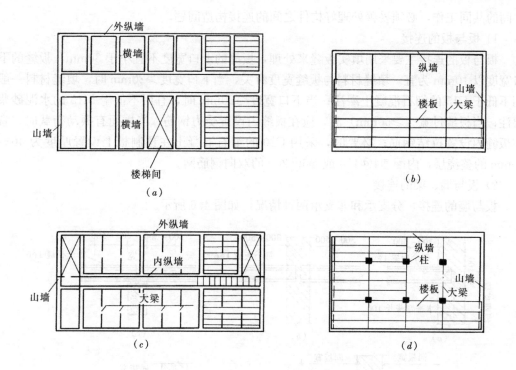

图 4.4　装配式楼盖的结构布置

(*a*) 横墙承重；(*b*) 纵墙承重；(*c*) 纵横墙承重；(*d*) 内框架承重

提供平整的顶棚，可与正槽板组成双层楼盖，在两层槽板中间填充保温材料，具有良好的保温性能，可用在寒冷地区的屋盖中。T 形板有单 T 板和双 T 板两种（图 4.5*d*），单 T 板具有受力性能好、制作简便、布置灵活，开洞自由，能跨越较大空间等特点，是通用性很强的构件；双 T 板的宽度和跨度在预制时可根据需要加以调整，且整体刚度较大、承载力大，但自重大、对吊装有较高要求。T 形板可用于楼板、屋面板和外墙板。

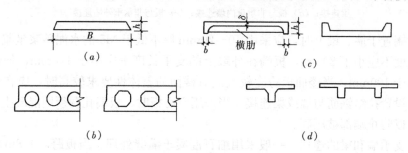

图 4.5　预制板的形式

2）楼盖梁

楼盖梁可分为预制和现浇两种。预制梁一般为单跨梁，主要是简支梁或外伸梁。其截面形式有矩形、T 形、倒 T 形、L 形、十字形和花篮形等，矩形截面梁由于其外形简单、施工方便，应用较广泛。

（3）铺板式楼盖的连接构造

为了加强整个结构的整体性和稳定性，保证各个预制构件之间以及楼盖与其他承重构件间的共同工作，必须妥善处理好构件之间的连接构造问题。

1）板与板的连接

板与板的连接主要采用填实板缝来处理，板缝的上口宽度不宜小于 30mm，板缝的下口宽度以 10mm 为宜。填缝材料与板缝宽度有关，当下口宽度＞20mm 时，填缝材料一般用不低于 C15 的细石混凝土灌注；当下口宽度≤20mm 时，宜用不低于 M15 的水泥砂浆灌注；当板缝过宽（≥50mm）时，应在板缝内设置受力钢筋。当楼面有振动荷载时，宜在板缝内设置拉结钢筋；必要时，采用 C20 的细石混凝土在预制板上设置厚度为 40～50mm 的整浇层，内配 Φ4@150 或 Φ6@200 的双向钢筋网。

2）板与墙、梁的连接

板与墙的连接，分支承和非支承两种情况，如图 4.6 所示。

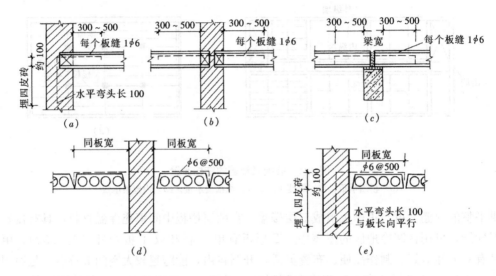

图 4.6　板与墙、梁的连接构造

(a) 板与山墙连接；(b) 板与承重墙连接；(c) 板与
梁连接；(d) 板与非承重内墙连接；(e) 板与非承重外墙连接

预制板搁置于墙、梁上时，应采用 10～20mm 厚不低于 M5 的水泥砂浆坐浆。板在梁上的支承长度不应小于 80mm，板端在外墙上的支承长度不应小于 120mm，伸进内墙的长度不应小于 100mm。当楼面板跨度较大或对楼面的整体性要求较高时，应在板的支座上部板缝中设置拉结钢筋与墙或梁连接。当采用空心板时，板端孔洞须用混凝土块或砖块堵塞密实，以防止端部被压碎。

板与非支承墙和梁的连接，一般采用细石混凝土灌缝处理。当板跨≥4.8m 时，应在板的跨中设置不小于 Φ6@500 的钢筋锚拉，以加强预制板与墙体的连接。

3）梁与墙的连接

一般情况下，预制梁在墙上的支承长度不应小于 180mm，而且在支承处应坐浆 10～20mm 厚。必要时，在预制梁端设置拉结钢筋。

4.1.3　装配整体式楼盖

装配整体式楼盖兼有现浇整体式楼盖和装配式楼盖的特点，它是将各预制构件（或构件的预制部分）在现场就位后，再通过现浇一部分混凝土使之构成整体。这种楼盖可节省模板，施工速度快，整体性也较好，但施工比较复杂。装配整体式楼盖常用的构造做法有以下两种：

1）在板面上做配筋现浇层。在预制板面上后浇 30～50mm 钢筋混凝土面层，可提高楼盖的整体性和其承载能力。也可将预制板缝拉开（60～150mm）并配置钢筋，再与钢筋混凝土面层同时浇灌，这样楼盖的整体性和楼板的承载力都可有很大的提高。

2）采用预制叠合梁。为更好地加强楼盖和房屋的整体性，可分两次浇筑混凝土梁，第一次在预制厂内进行，

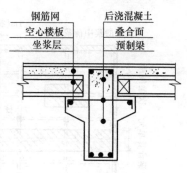

图 4.7　叠合梁

将钢筋混凝土梁的部分预制，再运到施工现场吊装就位；第二次在施工现场进行，当预制板搁置在梁的预制部分上后，再与板上面的钢筋混凝土面层一起浇筑梁上部的混凝土，使板和梁连成整体，如图 4.7 所示。

4.2　现浇单向板肋形楼盖

4.2.1　单向板肋形楼盖的结构布置

单向板肋形楼盖由单向板、次梁和主梁组成（图 4.8）。

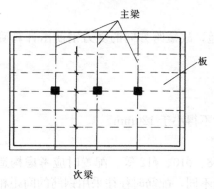

图 4.8　单向板肋形楼盖的组成

主梁宜沿房屋横向布置，使截面较大、抗弯刚度较好的主梁能与柱形成横向较强的框架承重体系；但当柱的横向间距大于纵向间距时，主梁应沿纵向布置，以减小主梁的截面高度，增大室内净高，便于通风和管道通过。

梁格布置应力求简单、规整、统一，以减少构件类型，方便设计和施工，获得好的经济效果和建筑效果。楼盖中板的混凝土用量占整个楼盖混凝土用量的 50%～70%，因此板厚宜取较小值。单向板肋形楼盖的次梁间距即为板的跨度，主梁间距即为次梁的跨度，柱或墙在主梁方向的间距即为主梁的跨度。构件的跨度太大或太小均不经济，应控制在合理跨度范围内。通常板的跨度为 1.7～2.7m，不宜超过 3m；次梁的跨度取 4～6m；主梁的跨度取 5～8m。

4.2.2　单向板肋形楼盖的受力特点

单向板肋形楼盖的板、次梁、主梁和柱均整浇在一起（图 4.9）。为简便计算，一般不考虑板、次梁和主梁的整体作用，将整个楼盖体系分解为板、次梁、主梁三类构件单独进行计算。计算时，将连续板、次梁和主梁的支座均视为铰支座。板承受楼面恒荷载与活荷载，次梁承受板传来均布荷载与构件自重，主梁承受次梁传来集中荷载与自重，荷载的传力途径为：

荷载──→板──→次梁──→主梁──→柱（或墙）

单向板肋形楼盖中板、次梁和主梁均为多跨连续构件。设计时，配筋按受弯构件正截面、斜截面承载力的相关内容进行。

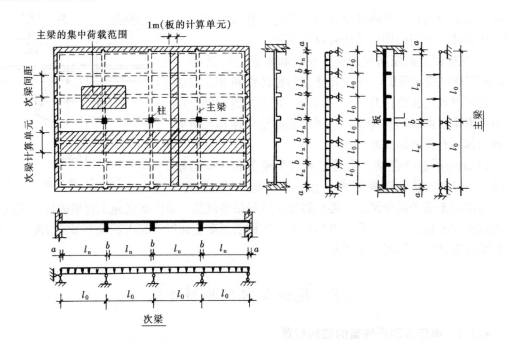

图 4.9 单向板肋形楼盖的荷载及计算简图

4.2.3 单向板肋形楼盖的构造要求

由于单向板主要考虑荷载沿板的短边方向的传递，故短跨方向的受力钢筋由计算确定，长跨方向的配筋（即分布钢筋）按构造配置。

（1）板的构造要求

1）支承长度

边跨板伸入墙内的支承长度不应小于板厚，同时不得小于 120mm。

2）受力钢筋

板内的受力钢筋由计算确定，常用直径为 $\phi6$、$\phi8$、$\phi10$、$\phi12$ 等。配置时应考虑构造简单、施工方便。对于多跨连续板各跨截面配筋可能不同，配筋时往往采用钢筋的间距相同，而直径不同的方法处理，但钢筋直径不宜多于两种。

受力钢筋的间距一般不应大于 200mm，当板厚 $h>150$mm 时，间距不应大于 $1.5h$ 且不应大于 250mm。钢筋间距也不宜小于 70mm。当端支座为简支时，下部正弯矩受力钢筋伸入支座的长度不应小于 $5d$（d 为受力钢筋直径），且宜伸过支座中心线。

单向板内受力钢筋有弯起式和分离式两种配置方式，如图 4.10 所示。

弯起式配筋是将承受跨中正弯矩的一部分跨中钢筋在支座附近弯起，并伸过支座后作负弯矩钢筋使用，弯起位置如图 4.10（a）所示。如弯起钢筋数量不足时可另外加设直钢筋。弯起钢筋的弯起角度一般为 $30°$，当板厚 $h>120$mm 时可为 $45°$。弯起式配筋时，板的整体性好，且节约钢筋，但施工复杂，仅在楼面有较大振动荷载时采用。

分离式配筋是将承担跨中正弯矩的钢筋全部伸入支座，而支座上承担负弯矩的钢筋另外设置，各自独立配置，如图 4.10（b）所示。分离式配筋较弯起式具有施工简单的特点，适用于不受振动和较薄的板中，在工程中常用。

板中支座处的负弯矩钢筋，为便于施工架立，不易被踩下，一般直径不小于 $\phi8$，且

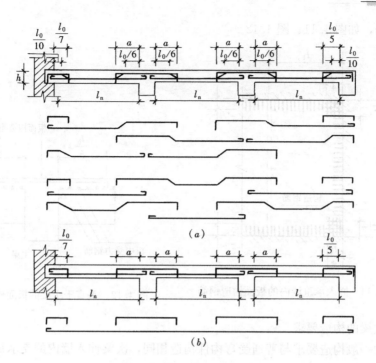

图 4.10　连续板的配筋方式

(a) 弯起式配筋；(b) 分离式配筋

端部应做成 90°弯钩，以便施工时撑在模板上。负弯矩钢筋可在距支座边缘不小于 a 的距离处截断，其中，a 值取值如下：

当 $\dfrac{q}{g} \leqslant 3$ 时，$a = \dfrac{1}{4} l_0$；当 $\dfrac{q}{g} > 3$ 时，$a = \dfrac{1}{3} l_0$。其中 g、q 分别为均布恒荷载和活荷载，l_0 为板的计算跨度。

3）分布钢筋

在板中平行于单向板的长跨方向，设置垂直于受力钢筋、位于受力钢筋内侧的分布钢筋。分布钢筋应配置在受力钢筋的所有转折处，并沿受力钢筋直线段均匀布置，但在梁的范围内不必布置。

分布钢筋按构造配置，单位宽度上的配筋不宜小于受力钢筋的 15%，且配筋率不宜小于 0.15%；其直径不宜小于 6mm，间距不宜大于 250mm；当其中荷载较大时，分布钢筋的配筋面积尚应增加，且间距不宜大于 200mm。

4）构造钢筋

按简支边或非受力边设计的现浇板，当与混凝土梁、墙整体浇筑或嵌固在砌体墙内时，应设置板面构造钢筋。其配筋要求为：

① 钢筋直径不宜小于 8mm，间距不宜大于 200mm，且单位宽度内的配筋面积不宜小于板跨中相应方向板底钢筋截面面积的 1/3。与混凝土梁、混凝土墙整体浇筑单向板的非受力方向，钢筋截面面积尚不宜小于受力方向跨中板底钢筋截面面积的 1/3。

② 钢筋从混凝土梁边、柱边、墙边伸入板内的长度不宜小于 $l_1/4$，砌体墙支座处钢筋伸入板边的长度不宜小于 $l_1/7$。在楼板角部，宜按两个方向正交、斜向平行或放射状布

置附加钢筋,如图 4.11、图 4.12。

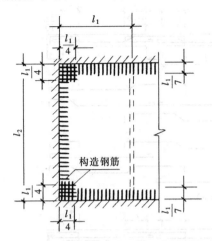

图 4.11　嵌入承重墙内的板面构造钢筋　　　　图 4.12　垂直于主梁的板面构造钢筋

(2) 次梁的构造要求

次梁的一般构造要求与普通受弯构件构造相同,次梁伸入墙内的支承长度一般不应小于 240mm。

连续次梁的纵向受力钢筋布置方式也有分离式和弯起式两种。沿梁长纵向受力钢筋截断点和钢筋弯起的位置,原则上应按正截面受弯承载力确定,具体规定见 3.1。但对于相邻跨度相差不大于 20%,活荷载与恒荷载比值 $q/g \leqslant 3$ 的次梁,沿梁长纵向受力钢筋的弯起和截断,可按图 4.13 布置钢筋。

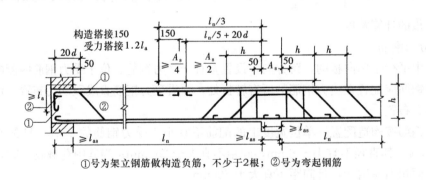

①号为架立钢筋做构造负筋,不少于2根;②号为弯起钢筋

图 4.13　次梁的钢筋布置

次梁支座处上部纵向受力钢筋(总面积为 A_s)必须贯穿其中间支座,第一批截断的钢筋面积不得超过 $A_s/2$,延伸长度从支座边缘起不小于 $l_n/5 + 20d$ (d 为截断钢筋的直径);第二批截断的钢筋面积不得超过 $A_s/4$,延伸长度从支座边缘起不小于 $l_n/3$;余下的纵筋面积不小于 $A_s/4$,且不少于 2 根,可用来承担部分负弯矩并兼作架立钢筋,其伸入边支座的长度不得小于受拉钢筋的锚固长度 l_a。

中间支座负弯矩钢筋的弯起,靠近支座第一排的上弯点距支座边缘距离为 50mm;第二排、第三排上弯点距支座边缘距离分别为次梁高度 h 和 $2h$ (h 为次梁高度)。

位于次梁下部的纵向受力钢筋除弯起部分以外，应全部伸入支座，不得在跨间截断。下部纵筋伸入边支座和中间支座的锚固长度 l_{as} 应满足下列要求：当 $V \leqslant 0.7f_tbh_0$ 时，$l_{as} \geqslant 5d$；当 $V > 0.7f_tbh_0$ 时，带肋钢筋 $l_{as} \geqslant 12d$，光面钢筋 $l_{as} \geqslant 15d$。

连续次梁因截面上下均配置受力钢筋，所以一般均沿梁全长配置封闭式箍筋，第一根箍筋可设在距支座边缘 50mm 处开始布置，同时在次梁端部简支支座范围内，一般宜布置两道箍筋。

(3) 主梁的构造要求

一般梁的构造要求前面已介绍过，现根据主梁特点补充如下：

1) 主梁伸入墙内的支承长度一般不应小于 370mm。

2) 主梁受力钢筋的弯起和截断，应根据正截面受弯承载力，通过作构件的抵抗弯矩图来确定。

3) 在次梁与主梁相交处，应设置附加横向钢筋，以承担由次梁传至主梁的集中荷载，防止主梁下部发生局部开裂破坏。附加横向钢筋有箍筋和吊筋两种形式，宜优先采用附加箍筋，如图 4.14 所示。附加横向钢筋应布置在 $s = 2h_1 + 3b$ 的长度范围内，第一道附加箍筋位于离次梁边 50mm 处。

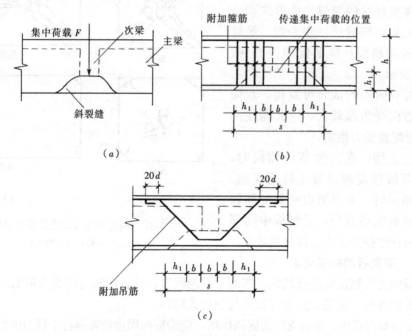

图 4.14 附加横向钢筋的布置

(a) 次梁与主梁相交处的裂缝情况；(b) 附加箍筋；(c) 附加吊筋

所需附加横向钢筋应通过计算确定。当按构造要求配置附加箍筋时，次梁每侧不得少于 2Φ6，如设置附加吊筋时，附加吊筋不宜少于 2Φ12。

4) 在主梁支座处，主梁与次梁截面的上部纵向钢筋相互交叉重叠，主梁的纵筋位置必须放在次梁的纵向钢筋下面。

5) 梁的受剪钢筋宜优先采用箍筋，但当主梁剪力很大，仅用箍筋间距太小时也可在

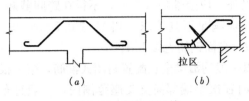

图 4.15　鸭筋和浮筋

近支座处设置部分弯起钢筋，弯起钢筋不宜放在梁截面宽度的两侧，且不宜使用粗直径的钢筋作为弯起钢筋。

弯起钢筋除利用纵向钢筋弯起外，还可单独设置仅用作受剪的弯起钢筋，但必须在支座两侧均设置弯起钢筋，称为"鸭筋"，见图4.15（a），但不允许采用仅在受拉区有水平段长度不大的"浮筋"，见图4.15（b），以防止由于浮筋发生较大的滑移使斜裂缝开展过大。

4.3　现浇双向板肋形楼盖

4.3.1　双向板的受力特点

试验研究表明，在承受均布荷载作用下的四边简支钢筋混凝土双向板中，当荷载逐渐增加时首先在板底中部且平行于长边的方向上出现第一批裂缝并逐渐延伸，然后沿大约45°方向向四角扩展，在接近破坏时，板的顶面四角附近也出现了垂直于对角线方向且大体呈环状的裂缝，该形式裂缝的出现促使板底裂缝进一步开展，最终导致跨中钢筋屈服，整个板即告破坏，如图4.16所示。

通过对双向板的试验可发现，双向板在两个方向受力都较大，因此需在两个方向同时配置受力钢筋。

试验还表明，在其他条件相同时，采用强度等级较高的混凝土较为优越。当用钢量相同时，采用细而密的配筋较采用粗而疏的配筋有利，且将板中间部分钢筋排列较密些要比均匀排列更适宜。

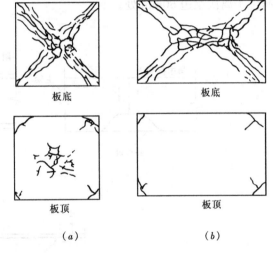

图 4.16　四边简支双向板的破坏裂缝
（a）正方形板；（b）矩形板

4.3.2　双向板的构造要求

双向板的受力钢筋应沿板的纵、横两个方向设置，并且沿短向的受力钢筋应放在沿长向受力钢筋的外侧。配筋方式有弯起式与分离式两种。

在简支的双向板中，考虑支座的嵌固作用，应沿板的周边设置垂直于板边的板面构造钢筋，两边嵌固的板角部分该钢筋应沿两个垂直方向布置或按放射状布置。每一方向的钢筋均不应少于 $\phi8@200$，自墙边算起伸入板内的长度，不宜小于 $l_1/4$（l_1 为板的短边跨度）。

双向板的其他构造要求与单向板相同。

4.4　钢筋混凝土楼梯

楼梯是多层与高层房屋的竖向通道，是房屋的重要组成部分。为了满足承重和防火要求，钢筋混凝土楼梯被广泛应用。

目前楼梯的类型很多，有板式楼梯、梁式楼梯、剪刀式楼梯、螺旋式楼梯等。按施工方法的不同可分为现浇整体式楼梯和装配式楼梯。本节主要介绍现浇整体式板式楼梯和梁式楼梯。

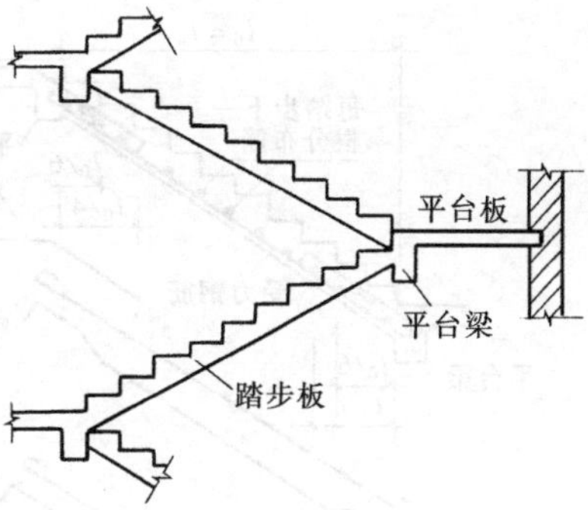

4.4.1　板式楼梯

一般当楼梯的跨度不大（水平投影长度小于3m）、使用荷载较小，宜采用板式楼梯。

（1）板式楼梯的受力特点

板式楼梯由梯段斜板、平台板和平台梁组成，如图 4.17 所示。梯段斜板自带三角形踏步，两端分别支承在上、下平台梁上，平台板两端分别支承在平台梁或楼层梁上，而平台梁两端支承在楼梯间侧墙或柱上。板式楼梯的荷载传递途径为：

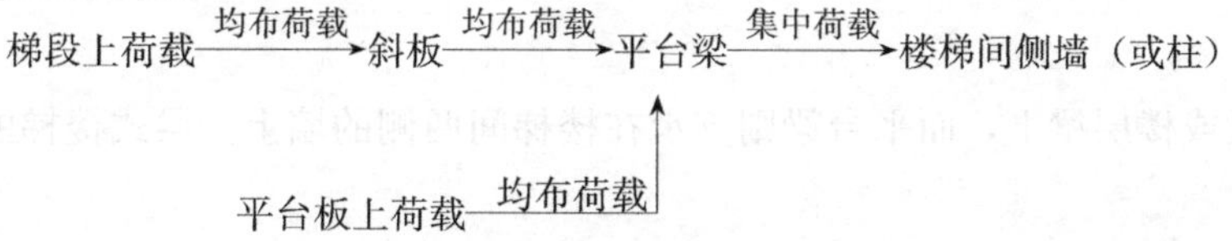

图 4.17　板式楼梯的组成

$$梯段上荷载 \xrightarrow{均布荷载} 斜板 \xrightarrow{均布荷载} 平台梁 \xrightarrow{集中荷载} 楼梯间侧墙（或柱）$$

$$平台板上荷载 \xrightarrow{均布荷载}$$

在构件内力计算时，梯段斜板、平台板和平台梁均可认为是两端简支承受均布荷载的受弯构件。

梯段斜板计算时，可按简支平板计算，但应考虑平台梁对斜板有一定的约束作用。斜板的截面计算高度取垂直于斜板轴线的最小高度，不考虑三角形踏步部分的作用。

（2）板式楼梯的构造

1）梯段斜板。

斜板的受力钢筋沿斜向布置，支座附近板的上部应设置负钢筋，斜板的配筋方式有弯起式和分离式两种，为施工方便，工程中多用分离式配筋。采用弯起式时，跨中钢筋应在距支座边缘 $l_n/6$ 处弯起，自平台伸入的上部直钢筋均应伸至距支座边缘 $l_n/4$ 处（图 4.18）。

分布钢筋与受力钢筋垂直，布置在受力钢筋的内侧，要求每个踏步内至少放一根分布钢筋。

2）平台板。

平台板一般为单向板，按简支板计算。当为双向板时，则可按四边简支的双向板进行计算配筋。由于板的四周受到平台梁（或墙）的约束，所以应配置一定数量的负弯矩钢筋。其配筋构造同一般受弯构件。

3）平台梁。

平台梁一般均支承在楼梯两侧的横墙上，设计时按一般简支梁计算配筋。

4.4.2　梁式楼梯

当梯段跨度较大（水平投影长度大于3m），且使用荷载较大时，采用梁式楼梯较为经济。

（1）梁式楼梯的受力特点

梁式楼梯由踏步板、斜梁、平台板和平台梁组成，如图 4.19 所示。踏步板两端支承在斜梁上，斜梁两端分别支承在上、下平台梁（有时一端支承在层间楼面梁）上，平台板

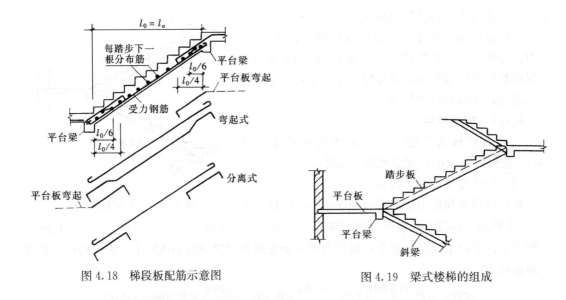

图 4.18　梯段板配筋示意图　　　　图 4.19　梁式楼梯的组成

支承在平台梁或楼层梁上，而平台梁则支承在楼梯间两侧的墙上。梁式楼梯的荷载传递途径为：

$$梯段荷载 \xrightarrow{均布荷载} 踏步板 \xrightarrow{均布荷载} 斜梁 \xrightarrow{集中荷载} 平台梁 \longrightarrow 楼梯间侧墙（或柱）$$

$$平台板上荷载 \xuparrow{均布荷载}$$

　　梁式楼梯中各构件均可简化为简支受弯构件计算。与板式楼梯不同之处在于，梁式楼梯中的平台梁除承受平台板传来的均布荷载外，还承受斜梁传来的集中荷载。

　　（2）梁式楼梯的构造

　　1）踏步板

　　踏步板的截面大多为梯形（由三角形踏步和其下的斜板组成），设计时为简化计算，取一个踏步作为计算单元，将梯形踏步板看作为同宽度的矩形截面（高度为梯形中位线），按简支板计算，但应考虑到斜边梁对踏步板的约束。

　　现浇踏步板的斜板厚度一般取 $\delta = 30 \sim 40mm$，配筋按计算确定。每一级踏步下应配置不少于 $2\phi8$ 的受力钢筋，布置在踏步下面斜板中，并将每两根中的一根伸入支座后弯起作支座负钢筋。此外，沿整个梯段斜向布置间距不大于 250mm 的分布钢筋，位于受力钢筋的内侧，如图 4.20 所示。

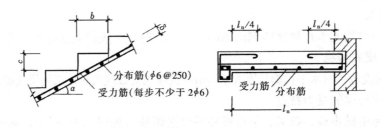

图 4.20　踏步板的配筋分布

2) 斜梁

斜梁端部纵筋必须放在平台梁纵筋上面，梁端上部应设置负弯矩钢筋，斜梁纵筋在平台梁中的锚固长度应满足受拉钢筋锚固长度的要求。其他构造同一般梁。斜梁的配筋如图4.21所示。

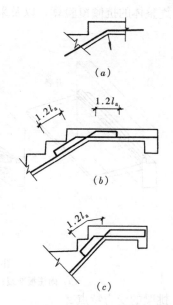

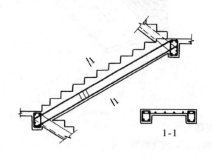

图4.21 斜梁配筋图　　　图4.22 折线形楼梯折角内边的配筋图

有时为了满足建筑功能要求，有些房屋的楼梯可能做成折线形。折线形梁（或板）的计算与普通斜梁（板）的计算相同。

对于折线形的梁式（或板式）楼梯，在梁（板）内折角处的下部受力钢筋不允许沿板底弯折，以免产生向外的合力将该处的混凝土崩开，如图4.22（a）所示，应将内折角处的受拉钢筋断开，各自延伸至受压区分别加以锚固，如图4.22（b）所示。当该钢筋同时兼作支座的负钢筋时，可按图4.22（c）所示配筋。在折线形斜梁中，同时还应在该处增设箍筋（箍筋数量应由计算确定）。

3) 平台板、平台梁

平台板的配筋构造同板式楼梯。

平台梁由于要承受斜梁传来的集中荷载，因此在平台梁与斜梁相交处，应在平台梁中斜梁两侧设置附加箍筋或吊筋，其要求与钢筋混凝土主梁内附加钢筋要求相同。

4.5 悬 挑 构 件

建筑工程中，常见的钢筋混凝土雨篷、阳台、挑檐、挑廊等均为具有代表性的悬挑构件。

4.5.1 悬挑构件的受力特点

（1）雨篷的受力特点

由雨篷板和雨篷梁两部分组成。

雨篷梁一方面支承雨篷板，另一方面又兼作门过梁，除承受自重及雨篷板传来的荷载外，还承受着上部墙体的重量以及楼面梁、板可能传来的荷载。雨篷可能发生的破坏有三种：雨篷板根部受弯断裂、雨篷梁受弯、剪、扭破坏和整体雨篷倾覆破坏，如图4.23所示。

为防止雨篷可能发生的破坏，雨篷应进行雨篷板的受弯承载力计算、雨篷梁的弯剪扭计算、雨篷整体的抗倾覆验算，以及采取相应的构造措施。

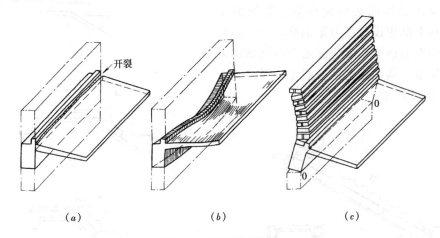

图 4.23　雨篷的破坏
(a)雨篷板断裂；(b)雨篷梁受弯扭；(c)雨篷倾覆

（2）挑梁的受力特点

挑梁的受力，实际上是与砌体共同工作的。挑梁依靠压在埋入部分的上部砌体重量及上部楼（屋）盖传来的竖向荷载来平衡悬挑部分所承受的荷载。挑梁受力后，在悬挑部分荷载产生的弯矩和剪力作用下，埋入段将产生挠曲变形，但这种变形受到上下砌体的约束。随着悬挑部分荷载的增加，在挑梁 A 处的顶面将与上部砌体脱开，出现水平裂缝①；随着荷载进一步增大，在挑梁尾部 B 处的底面也将出现水平裂缝②，如图 4.24 所示。挑梁可能发生的破坏有三种：

1）挑梁本身承载力不足破坏。当挑梁悬挑部分承受的荷载引起的弯矩、剪力较大时，可能在挑梁悬挑部分的根部，发生受弯、受剪破坏。

2）挑梁下砌体局部受压承载力不足发生破坏。当挑梁埋入段长度 l_1 较长，而砌体强度较低时，则可能在埋入段尾部砌体中斜裂缝出现以前，发生埋入段前端梁下砌体被局部压碎的情况，即局部受压破坏。

3）挑梁整体倾覆破坏。当挑梁埋入段长度 l_1 较短，而砌体强度足够时，挑梁有向上翘的趋势，在埋入段尾部上角砌体中将产生阶梯形斜裂缝③。如果斜裂缝进一步发展，则表明斜裂缝范围内的砌体及其上部荷载已不再能有效地抵抗挑梁的倾覆，挑梁将产生倾覆破坏，如图 4.24 所示。

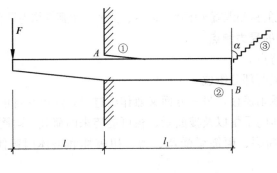

图 4.24　挑梁倾覆破坏示意图

4.5.2 悬挑构件的构造措施

（1）雨篷板

雨篷板通常都做成变厚度板，根部厚度通常不小于 70mm，而端部厚度不小于 50mm。雨篷板按悬臂板计算配筋，计算截面在板的根部。

雨篷板的受力钢筋应布置在板的上部，伸入雨篷梁的长度应满足受拉钢筋锚固长度 l_a 的要求。分布钢筋应布置在受力钢筋的内侧，如图 4.25 所示。

（2）雨篷梁

雨篷梁的宽度一般与墙厚相同，梁高应符合砖的模数。为防止雨水沿墙缝渗入墙内，通常在梁顶设置高过梁顶 60mm 的凸块。雨篷梁嵌入墙内的支承长度不应小于 370mm。

雨篷梁的配筋按弯剪扭构件计算配置纵筋和箍筋，雨篷梁的箍筋必须满足抗扭箍筋要求。

雨篷的配筋构造如图 4.25 所示。图 4.26 为悬臂板式雨篷配筋图实例。

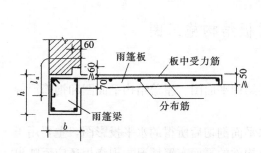

图 4.25　悬臂板式雨篷配筋

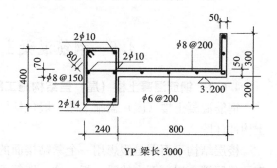

YP 梁长 3000

图 4.26　雨篷配筋图实例

为满足雨篷的抗倾覆要求，通常采用加大雨篷梁嵌入墙内的支承长度或使雨篷梁与周围的结构拉结等处理办法。

（3）挑梁

挑梁设计除应符合梁的一般构造要求外，尚应满足下列要求：

1）纵向受力钢筋至少应有 1/2 的钢筋面积伸入梁尾端，且不少于 2Φ12。其余钢筋伸入支座的长度不应小于 $2l_1/3$。

2）挑梁埋入砌体长度 l_1 与挑出长度 l 之比宜大于 1.2；当挑梁上无砌体时，l_1 与 l 之比宜大于 2。

（4）现浇挑檐

钢筋混凝土现浇挑檐通常将挑檐板和圈梁整浇在一起，挑檐板的受力与现浇雨篷板相似。圈梁内的配筋，除按构造要求设置外，尚应满足抗扭钢筋的构造要求。此外，在挑檐板挑出部分转角处，须配置上下层加固钢筋，如图 4.27（a）所示；或设置放射状附加构造负筋，如图 4.27（b）所示。放射状构造负筋的直径与挑檐板钢筋直径相同，间距（按 $l/2$ 处计算）不大于 200mm，锚固长度 $l_a \geq l$（l 为挑檐板挑出长度）。配筋根数为：当 $l \leq$ 300mm 时 5 根，当 300mm$<l \leq$500mm 时 7 根，当 500mm$<l \leq$800mm 时 9 根。

悬臂雨篷（或挑檐）板有时带构造翻边，注意不能误认为是边梁，这时应考虑积水荷载对翻边的作用。当为竖直翻边时，积水将对其产生向外的推力，翻边的钢筋应置于靠近积水的内侧,且在内折角处钢筋有良好的锚固,如图 4.28(a)所示。但当为斜翻边时,由于斜翻边自身重量产生的力矩使其有向内倾倒的趋势,故翻边钢筋应置于外侧,且应弯入平板一定的长度,如图 4.28(b)所示。

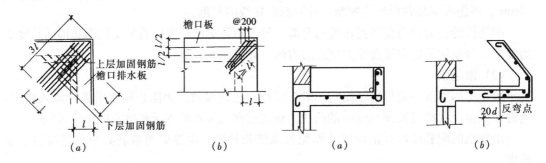

图 4.27 现浇挑檐板转角处配筋   图 4.28 带构造翻边的悬臂板式雨篷的配筋
(a)上、下层加固钢筋;(b)放射形构造负筋   (a)直翻边;(b)斜翻边

4.6 钢筋混凝土梁板结构施工图

4.6.1 钢筋混凝土楼(屋)盖结构施工图

钢筋混凝土楼(屋)盖施工图一般包括楼层结构平面图、屋盖结构平面图和钢筋混凝土构件详图。

楼层结构平面图是假想用一个紧贴楼面的水平面剖切后所得的水平投影图,主要用于表示每层楼(屋)面中的梁、板、柱、墙等承重构件的平面布置情况,现浇板还应反映出板的配筋情况,预制板则应反映出板的类型、排列、数量等。

(1)楼层结构平面图的特点

1)轴线网及轴线间距尺寸与建筑平面图相一致。

2)标注墙、柱、梁的轮廓线以及编号、定位尺寸等内容。可见墙体轮廓线用中实线,楼板下面不可见墙体轮廓线用中虚线;剖切到的钢筋混凝土柱可涂黑表示,并分别标注代号 Z1、Z2 等;由于钢筋混凝土梁被板压盖,一般用中虚线表示其轮廓,也可在其中心位置用一道粗实线表示,并在旁侧标注梁的构件代号。

3)钢筋混凝土楼板的轮廓线用细实线表示,板内钢筋用粗实线表示。

4)楼层的标高为结构标高,即建筑标高减去构件装饰面层后的标高。

5)门窗过梁可用虚线表示其轮廓线或用粗点划线表示其中心位置,同时旁侧标注其代号。圈梁可在楼层结构平面图中相应位置涂黑或单独绘制小比例单线平面示意图,其断面形状、大小和配筋通过断面图表示。

6)楼层结构平面图的常用比例为 1:100、1:200 或 1:50。

7)当各层楼面结构布置情况相同时,只需用一个楼层结构平面图表示,但应注明合用各层的层数。

8)预制楼板中,预制板的数量、代号和编号以及板的铺设方向、板缝的调整和钢筋配置情况等均通过结构平面图反映。

(2)楼层结构平面图中钢筋的表示方法

1)现浇板的配筋图一般直接画在结构平面布置图上，必要时加画断面图。

2)钢筋在结构平面图上的表达方式为：底层钢筋弯钩应向上或向左，若为无弯钩钢筋，则端部以45°短画线符号向上或向左表示；顶层钢筋则弯钩向下或向右。

3)相同直径和间距的钢筋，可以用粗实线画出其中一根来表示，其余部分可不再表示。

4)钢筋的直径、根数与间距采用标注直径和相邻钢筋中心距的方法标注，如$\phi 8@150$，并注写在平面配筋图中相应钢筋的上侧或左侧。对编号相同而设置方向或位置不同的钢筋，当钢筋间距相一致时，可只标注一处，其他钢筋只在其上注写钢筋编号即可。

5)钢筋混凝土现浇板的配筋图包括平面图和断面图。通常板的配筋用平面图表示即可，必要时可加画断面图。断面图反映板的配筋形式、钢筋位置、板厚及其他细部尺寸。

(3)楼层结构平面图识图举例

识读钢筋混凝土楼(屋)盖施工图时，先看结构平面布置图，再看构件详图；先看轴线网和轴线尺寸，再看各构件墙、梁、柱等与轴线的关系；先看构件截面形式、尺寸和标高，再看楼(屋)面板的布置和配筋。

1)单向板肋形楼盖结构施工图

图4.29为某现浇钢筋混凝土单向板肋形楼盖结构平面图，板、次梁和主梁的配筋图实例。

图4.29(a)为结构平面布置图，从此图中可看出，主梁三跨沿横向布置，跨度为6m；次梁五跨沿纵向布置，跨度为6m；单向板有九跨，每跨跨度为2m。楼盖四周支承在砌体墙上，中间主梁支承在钢筋混凝土柱上。楼盖为对称结构平面。

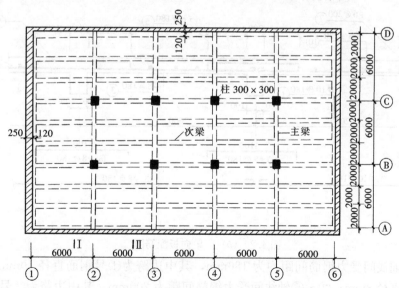

图4.29(a) 单向板结构平面布置图

图4.29(b)为单向板配筋图，由于结构对称，故取出板面的1/4进行配筋。板内钢筋均为HPB300级钢筋。

板底受力钢筋有①号、②号、③号、④号四种规格钢筋，分别位于不同板块内。①~

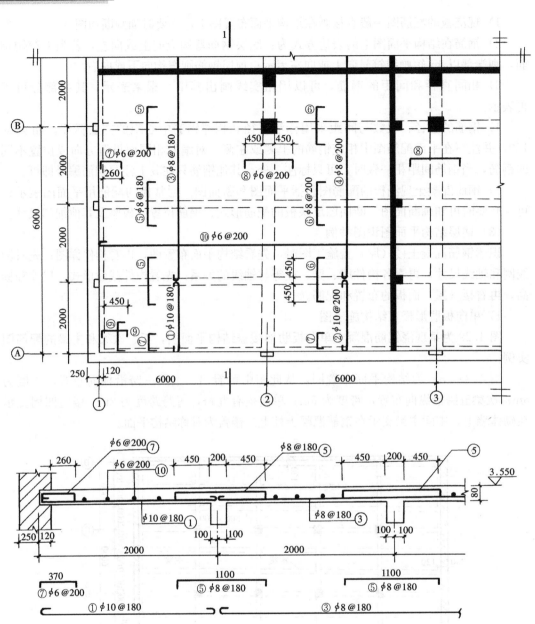

图4.29（b） 单向板配筋图

②、⑤~⑥轴线间受力钢筋间距均为180mm，其中边跨为①号钢筋直径10mm，中间跨为③号钢筋直径8mm；②~⑤轴线间受力钢筋间距为200mm，其中边跨为②号钢筋直径10mm，中间跨为④号钢筋直径8mm。

板面受力钢筋有⑤号、⑥号两种规格钢筋，沿次梁长度方向设置，均为扣筋形式。①~②、⑤~⑥轴线间为⑤号扣筋，直径8mm间距为180mm；②~⑤轴线间为⑥号扣筋，直径8mm间距200mm。扣筋伸出次梁两侧边的长度均为450mm。

板中分布钢筋为⑩号钢筋，沿板内纵向均匀布置，直径6mm间距为200mm，从墙边开始设置，板中梁宽范围内不设分布钢筋。

板中设有周边嵌入墙内的板面构造钢筋、垂直于主梁的板面构造钢筋。周边嵌入墙内的板面构造钢筋为⑦号扣筋，直径 6mm 间距 200mm，钢筋伸出墙边长度 260mm；板角部分双向设置⑨号扣筋，直径 6mm 间距 200mm，伸出墙边长度为 450mm。垂直于主梁的板面构造钢筋为⑧号扣筋，直径 6mm 间距 200mm，伸出主梁两侧边的长度均为 450mm。

从 1-1 断面图中，反映出受力钢筋与分布钢筋之间的相互关系（受力钢筋位于外侧），同时反映出板面受力钢筋的布置方式（扣筋）。

图 4.29（c）为次梁配筋详图。①～②轴线间梁下部配有①、②号两种规格钢筋，①号筋 2Φ18 为直钢筋，②号筋 1Φ16 为弯起钢筋，位于梁底中部；②～⑤轴线间梁下部配有④号、⑤号两种规格钢筋，④号筋 2Φ14 为直钢筋，⑤号筋 1Φ16 为弯起钢筋，位于梁底中部；轴线②处梁上部配有③号、②号和⑤号三种规格钢筋，③号筋 2Φ18 为直钢筋，在距离轴线②左右各 2050mm 处截断；②号筋为从左跨弯来的钢筋，⑤号筋为从右跨弯来的钢筋，分别在距离轴线②左右各 1600mm 处截断；在①～②轴线间梁的上部加设⑦号 2 根直径 10mm 的 HPB300 级架立钢筋，左侧伸入支座，右端与③号钢筋搭接；其余不再赘述。

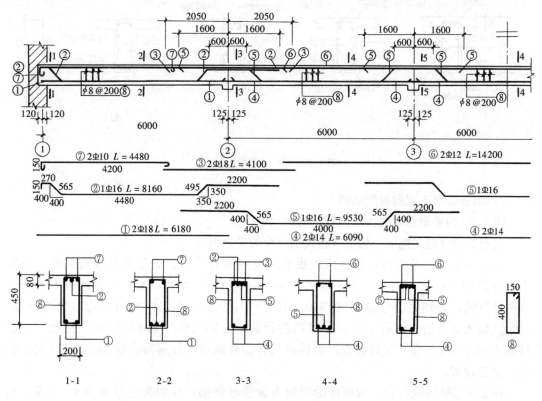

图 4.29（c）　次梁配筋图

图 4.29（d）为主梁配筋详图。从图中看出，在主梁上与次梁相交处，分别设置了 2 根直径 18mm 的⑩号附加吊筋；在主梁与柱相交处，增设了 1 根直径 25mm 的⑨号鸭筋；沿梁高每侧设有⑫号 2Φ10 纵向构造钢筋。其余配筋叙述从略。

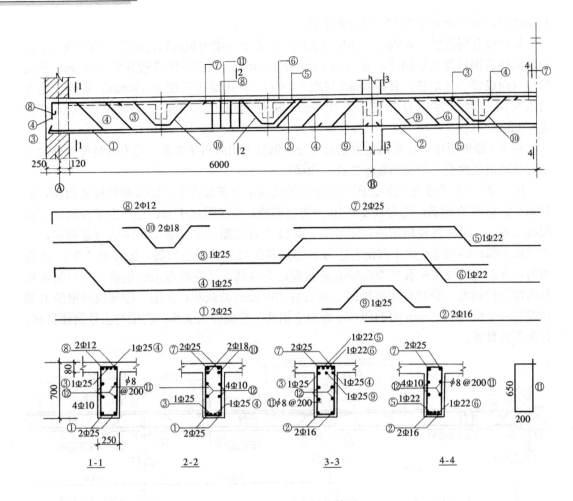

图 4.29（d）　主梁配筋图

2）钢筋混凝土双向板配筋图

图 4.30 为某钢筋混凝土双向板配筋图示例。

钢筋采用弯起配筋。板中弯起式钢筋均为受力钢筋。

在①～②轴线范围内，角区格板板底部沿纵向有⑦号、⑧号两种规格钢筋，分别为⑦号筋 $\phi10@400$（右弯）与⑧号筋 $\phi8@400$（左弯）交替设置；沿横向有①号、②号两种钢筋，分别为①号筋 $\phi10@340$（右弯）与②号筋 $\phi10@340$（左弯）交替设置；其余区格板底部沿纵向有⑧号、⑩号两种钢筋，分别为⑧号筋 $\phi8@400$（左弯）与⑩号筋 $\phi8@400$（右弯）交替设置；沿横向只有③号钢筋，分别为③号 $\phi8@340$（左、右弯）交替设置。

在②～③轴线范围内，板底部沿纵向布置⑨号钢筋，分别为⑨号 $\phi8@400$（左、右弯）交替设置；边区格板沿横向有④号、⑤号两种钢筋，分别为④号筋 $\phi10@400$（右弯）与⑤号筋 $\phi10@400$（左弯）交替设置；其余中间区格板底沿横向为⑥号钢筋，分别为⑥号 $\phi8@400$（左、右弯）交替设置。

在板中间支座处同时出现三种规格钢筋，分别为单独设置的扣筋、支座左侧弯来钢筋

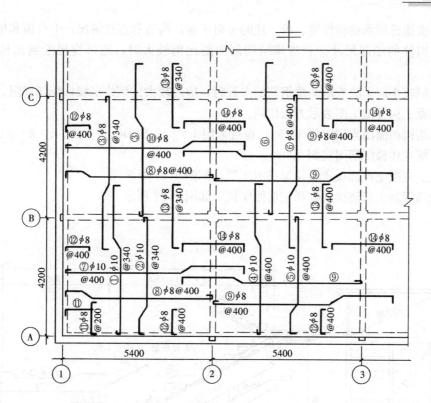

图 4.30　双向板配筋图

和支座右侧弯来钢筋。此时，左侧弯来、右侧弯来钢筋合并作为一根钢筋考虑。

板中设有周边嵌入墙内的板面构造钢筋。板沿周边嵌入墙内的板面构造钢筋为⑫号 $\phi8@400$ 扣筋，角区格板板角部分双向设置⑪号 $\phi8@200$ 扣筋。

4.6.2　楼梯结构施工图

楼梯结构施工图包括楼梯结构平面图和楼梯结构剖面图。

（1）楼梯结构平面图

多高层房屋结构的楼梯结构平面图，根据楼梯梁、板、柱的布置变化，包括底层楼梯结构平面图、中间层楼梯结构平面图和顶层楼梯结构平面图，当中间几层的结构布置和构件类型完全相同时，只用一个标准层楼梯结构平面图表示。

在各楼梯结构平面图中，主要反映出楼梯梁、板的平面布置，轴线位置与轴线尺寸，构件代号与编号，细部尺寸及结构标高，同时确定纵剖面图位置。当楼梯结构平面图比例较大时，还可直接绘制出休息平台板的配筋。

楼梯结构平面图中的轴线编号与建筑施工图一致，钢筋混凝土楼梯的不可见轮廓线用细虚线表示，可见轮廓线用细实线表示，剖切到的砖墙轮廓线用中实线表示，剖切到的钢筋混凝土柱用涂黑表示，钢筋用粗实线表示。

楼梯结构平面图一般用 1∶50 的比例，也可用 1∶40、1∶30 的比例。

（2）楼梯结构剖面图

楼梯结构剖面图是根据楼梯平面图中剖面位置绘出的楼梯剖面模板图。楼梯结构平面图主要反映楼梯间承重构件梁、板、柱的竖向布置，构造和连接情况；平台板和楼层的标高以及各构件的细部尺寸。若楼梯结构剖面图比例较大时，还可直接绘制出楼梯板的配筋。

如比例较小而无法表示清楚钢筋的布置时，应用较大比例绘出楼梯配筋详图。其表示方法与混凝土构件施工图表示方法相同。

楼梯结构剖面图常用比例1∶50，也可采用1∶40、1∶30、1∶25、1∶20等比例。

(3) 板式楼梯配筋图实例

某钢筋混凝土现浇板式楼梯配筋图实例，如图4.31所示。

某钢筋混凝土现浇梁式楼梯配筋图实例，如图4.32所示。

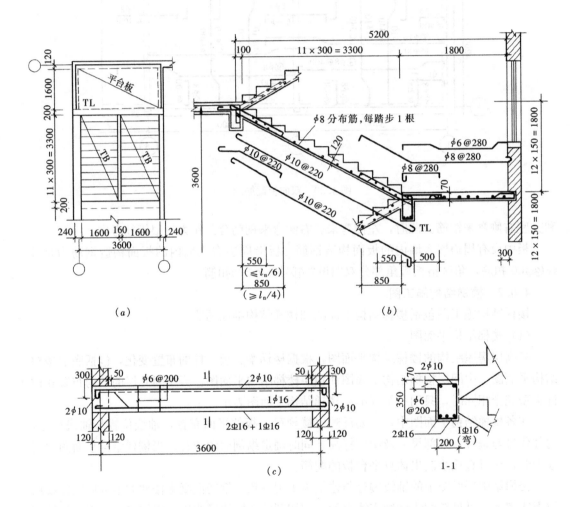

图4.31 板式楼梯配筋图实例

(a) 楼梯结构布置；(b) 梯段板和平台板配筋；(c) 平台梁配筋

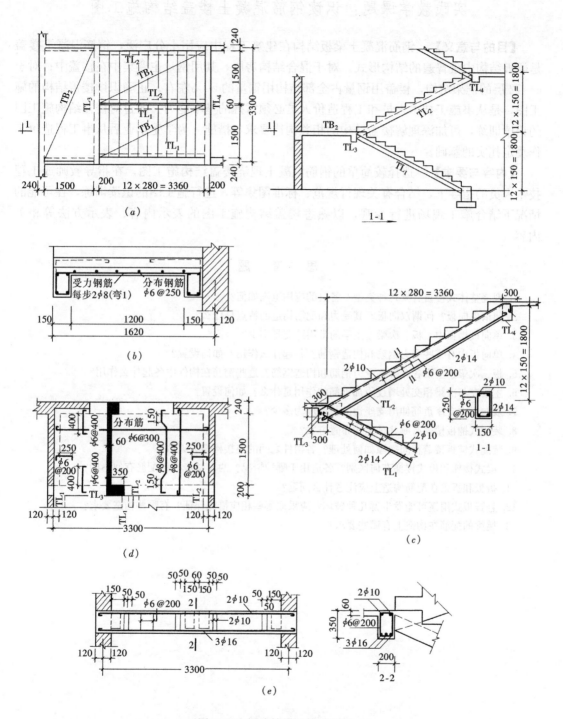

图 4.32　梁式楼梯配筋图实例

(a) 楼梯结构布置图；(b) 踏步板 TB₁ 配筋图；(c) 斜梁 TL₂ 配筋图；

(d) 平台板 TB₂ 配筋图；(e) 平台梁 TL₃ 配筋图

实践教学课题：识读钢筋混凝土楼盖结构施工图

【目的与意义】 钢筋混凝土梁板结构在建筑工程中应用十分广泛，钢筋混凝土楼盖是梁板结构中最普遍的结构形式。对于混合结构房屋，其用钢量主要集中在楼盖中；对于6~12层的框架结构，楼盖用钢量占全部结构用钢量的50%左右。正确识读楼盖结构的施工图，是从事施工技术人员和工程造价人员必须掌握的基本能力。通过对楼盖结构施工图的识读训练，可加深理解楼盖结构的相关构造要求与措施，为学生毕业后从事工程造价工作奠定扎实的基础。

【内容与要求】 选择较简单的钢筋混凝土现浇楼盖结构施工图，在指导教师或工程技术人员的指导下，结合有关现行规范、标准图集等，进行施工图的识读训练，在可能的情况下结合施工现场进行参观，以熟悉楼盖结构施工图的表示内容、表示方法等相关内容。

思 考 题

1. 现浇整体式楼盖有哪几种类型？各自的应用范围如何？
2. 何谓单向板？何谓双向板？其受力和配筋构造的特点是什么？
3. 单向板楼盖中，板、次梁、主梁的常用跨度是多少？
4. 单向板中有哪些受力钢筋和构造钢筋？各起什么作用？如何设置？
5. 板、次梁、主梁各有哪些受力钢筋和构造钢筋？这些钢筋在构件中各起什么作用？
6. 主梁在与次梁相交处增设附加钢筋的作用是什么？如何设置？
7. 双向板中支座负筋伸出支座边的长度应为多少？
8. 装配式铺板楼盖有哪几种结构布置方案？
9. 装配式铺板楼盖板间空隙如何处理？各构件之间的连接构造有哪些？
10. 梁式楼梯和板式楼梯有何区别？各适用于哪种情况？两者踏步板的配筋有何不同？
11. 折板和折梁在配筋构造上应注意什么问题？
12. 悬臂板式雨篷可能发生哪几种破坏？应采取哪些相应措施保证？有哪些构造要求？
13. 挑梁的配筋在构造上有哪些要求？

5 钢筋混凝土多层与高层结构

【学习提要】 通过本单元的学习，应了解一般多层与高层建筑的结构形式与特点，熟悉现浇框架结构、剪力墙结构的构造措施和查阅规范、标准的方法，为阅读多层与高层结构施工图奠定必要的基础。

5.1 多层与高层结构体系

我国《高层建筑混凝土结构技术规程》JGJ 3—2010 将 10 层及 10 层以上或房层高度大于 28m 的住宅建筑和高度大于 24m 的其他民用建筑定义为高层建筑。一般将 2～9 层的住宅建筑和高度不大于 24m 的其他民用建筑定义为多层建筑。

目前，多层与高层建筑最常用的结构体系有：框架体系、剪力墙体系、框架-剪力墙体系和筒体体系等。

5.1.1 框架结构体系

框架结构是指由梁和柱为主要构件组成的承受竖向和水平作用的结构。一般由框架梁、柱与基础形成多个平面框架，作为主要的承重结构，各平面框架再由连系梁联系起来，形成一个空间结构体系，如图 5.1 所示。

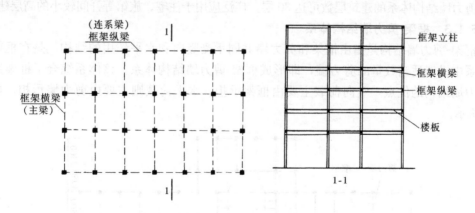

图 5.1 框架结构体系

框架结构体系具有建筑平面布置灵活，能获得较大空间，承受竖向荷载作用合理、结构自重较轻的特点。但由于框架在水平荷载作用下其侧向刚度小、水平位移较大，因此使用高度受到限制。在高度不大的多高层建筑中，框架结构是一种较好的结构体系。

框架结构体系常用于高度不超过 40m（8 度区 0.20g）的房屋建筑中，广泛应用于办公、住宅、商店、医院、旅馆、学校及多层工业厂房中。

5.1.2 剪力墙结构体系

剪力墙结构是指由剪力墙组成的承受竖向和水平作用的结构，是由纵向和横向钢筋混凝土墙体互相连接构成的承重结构体系。一般情况下，剪力墙结构楼盖内不设梁，采用现浇楼板直接支承在钢筋混凝土墙上，墙体承受全部的竖向和水平荷载，同时兼起围护、分隔作用，如图 5.2 所示。

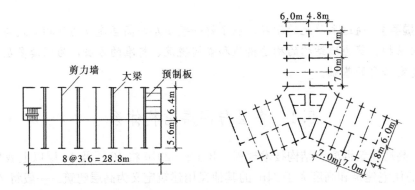

图 5.2 剪力墙结构体系

当建筑底部需较大空间以满足使用要求时，可将底层或底部几层部分剪力墙取消，而代之以框架，即形成框支剪力墙体系。

剪力墙结构体系具有刚度大，空间整体性好，抗震性能好，对承受水平荷载有利等优点，但由于横墙较多、间距较密，使得建筑平面的空间小，房间尺寸受到限制，平面布置不灵活。

剪力墙结构体系的建筑层数可达 30 层，广泛应用于住宅、旅馆等开间较小的高层建筑。

5.1.3 框架-剪力墙结构体系

框架-剪力墙结构是指由框架和剪力墙共同承受竖向和水平作用的结构。是在框架结构体系中设置适当数量的剪力墙，即形成框架-剪力墙结构体系。该体系综合了框架结构和剪力墙结构的优点，竖向荷载主要由框架承担，水平荷载则主要由剪力墙承担，如图 5.3 所示。

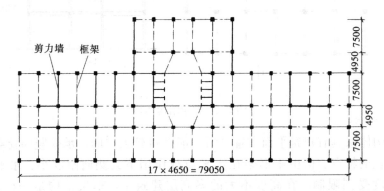

图 5.3 框架-剪力墙结构体系

框架-剪力墙结构的侧向刚度较大，抗震性较好，具有平面布置灵活、使用方便的特点，因而广泛应用于办公楼和宾馆等公用建筑中，一般以建筑层数小于25层为宜。

5.1.4　筒体结构体系

筒体结构是指由竖向筒体为主组成的承受竖向和水平作用的结构。是将剪力墙围成的薄壁筒和由密柱框架或壁式框架围成框筒等结构体系。

就筒体而言，根据开孔的多少，筒体有空腹筒和实腹筒之分（图5.4）。实腹筒一般由电梯井、楼梯间、设备管道井的钢筋混凝土墙体形成，开孔少，常位于房屋中部，故又称核心筒。空腹筒由布置在房屋四周的密排立柱和高跨比很大的横梁（又称窗裙梁）组成，也称为框筒。通过筒体和各层楼板的连接，形成一个抗侧刚度极大的空间结构。

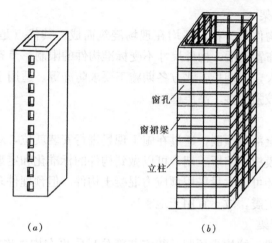

（a）　　　　　　　　（b）

图5.4　筒体
（a）实腹筒；（b）空腹筒

根据房屋的高度、荷载性质的不同，筒体体系可以布置成框架-核心筒结构、筒中筒结构、成束筒和多重筒等结构，如图5.5所示。

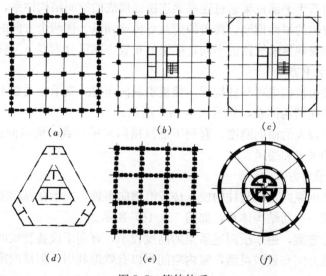

（a）　　　　　　（b）　　　　　　（c）

（d）　　　　　　（e）　　　　　　（f）

图5.5　筒体体系
（a）框筒；（b）筒体-框架；（c）筒中筒；（d）多筒体；（e）成束筒；（f）多重筒

筒体体系具有很大的刚度，内部空间较大，平面布置灵活，因而广泛应用于写字楼等超高层公共建筑。

5.2 框 架 结 构

5.2.1 框架结构的形式

（1）框架结构类型

框架结构按照施工方法的不同，可分为现浇整体式、装配式和装配整体式框架三种。

1）现浇整体式框架

这种框架的承重构件梁、板、柱均在现场浇筑而成。其优点是结构整体性好，刚度大，抗震性好，平面布置灵活，构件尺寸不受标准构件的限制，节省钢材等。但需耗用大量模板，现场工程量大，工期长，北方冬期施工要求防冻等。适用于使用要求高，功能复杂，对抗震性能要求较强的多、高层框架。

2）装配式框架

这种框架的构件全部为预制，通过在施工现场进行安装就位，对预埋件焊接连接而成整体。其优点是节约模板、缩短工期，可以做到构件的标准化和定型化，能加快施工进度和提高工业化程度，还可以大量采用预应力混凝土构件。但预埋件多，总用钢量大，框架整体性较差，不利于抗震，故不宜用于地震区。

3）装配整体式框架

这种框架的板、梁、柱均为预制，待安装就位后，再在构件连接处局部现浇混凝土，使之形成整体。其优点是节约模板和缩短工期，节省了预埋件，减少了用钢量，保证了节点的刚度，结构整体性较好，兼有现浇整体式与装配式框架的一些优点。缺点是增加了现场混凝土的二次浇筑工作量，且施工较为复杂。

（2）框架结构布置

框架结构是由若干平面框架通过连系梁连接而形成的空间结构体系，可将空间框架分解成纵、横两个方向的平面框架，楼盖的荷载可传递到纵、横两个方向的框架上。根据框架楼板布置方案和荷载传递线路的不同，框架的布置方案可分为以下三种：

1）横向框架承重方案

主要承重框架由横向主梁与柱构成，楼板沿纵向布置，支承在主梁上，纵向连系梁将横向框架连成一空间结构体系，如图 5.6（a）所示。

横向框架具有较大的横向刚度，有利于抵抗横向水平荷载。而纵向连系梁截面较小，有利于房屋室内的采光和通风。

2）纵向框架承重方案

主要承重框架由纵向主梁与柱构成，楼板沿横向布置，支承在纵向主梁上，横向连系梁将纵向框架连成一空间结构体系，如图 5.6（b）所示。

纵向框架承重方案，由于横向连系梁的高度较小，有利于设备管线的穿行，可获得较高的室内净空，且开间布置较灵活，室内空间可以有效地利用。但横向刚度较差，故只适用于层数较少的房屋。

3）纵横向框架混合承重方案

纵横向框架混合承重方案是沿房屋纵、横两个方向布置的梁均要承担楼面荷载,如图 5.6 (c)、(d) 所示。当采用现浇双向板或井字梁楼盖时,常采用这种方案。由于纵横向的梁均承担荷载,梁截面均较大,故房屋的纵横双向刚度均较大,具有较好的整体工作性能,目前采用的较多。

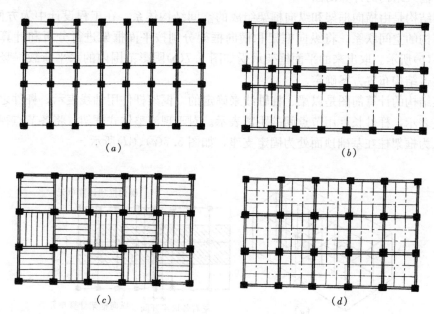

图 5.6　承重框架的布置方案

(a) 横向承重;(b) 纵向承重;(c) 纵、横向承重(预制板);(d) 纵、横向承重(现浇楼盖)

5.2.2　框架结构的受力特点

(1) 框架结构的荷载

框架结构一般受到竖向荷载和水平荷载作用,水平荷载主要包括风荷载和水平地震作用。

1) 竖向荷载

竖向荷载主要是结构自重(恒荷载)和楼(屋)面使用活荷载、雪荷载、屋面积灰荷载和施工检修荷载等。这些荷载取值根据现行《建筑结构荷载规范》进行计算。

多、高层框架结构通常考虑竖向荷载在结构上主要以均匀分布的形式作用。

2) 风荷载

当风受到建筑物阻挡时,在建筑物表面就会形成压力(或吸力),即风荷载。在迎风面产生风压力,在背风面产生风吸力,风压力与风吸力方向相同,且风压力大于风吸力。风荷载随建筑物高度的增加而增大。

为方便计算,风荷载沿建筑物高度按均匀分布荷载考虑,一般折算成作用于框架节点上的水平集中力,并合并于迎风面一侧。

由于风的方向是任意的,故应考虑左风、右风两种可能。

3) 地震作用

地震作用一般在抗震设防烈度 6 度以上时需考虑。地震时,地面上原来静止的结构物因地面运动而产生强迫振动,结构振动的惯性力相当于增加在结构上的荷载作用。地震作用有竖向地震作用和水平地震作用。由于引起房屋结构破坏的主要原因是水平地震作用，故一般房屋结构只考虑水平地震作用。但在8、9度时的大跨度和长悬臂结构及9度时的高层建筑应计算竖向地震作用。

（2）框架结构的计算简图

框架结构是由横向框架和纵向框架组成的空间结构体系。在工程设计中为方便起见，常忽略结构的空间联系，将纵向框架和横向框架分别按平面框架进行分析和计算，如图5.7(a)、(b)所示。取出来的平面框架承受如图5.7(b)阴影范围内的水平荷载，竖向荷载则需按楼盖结构布置方案确定。

框架结构的计算简图是以梁、柱轴线来确定的。框架杆件用轴线表示，杆件之间的连接用节点表示，杆件长度用节点间的距离表示。对于现浇整体式框架，将各节点视为刚接节点，认为框架柱在基础顶面处为固定支座，如图5.7(c)、(d)所示。

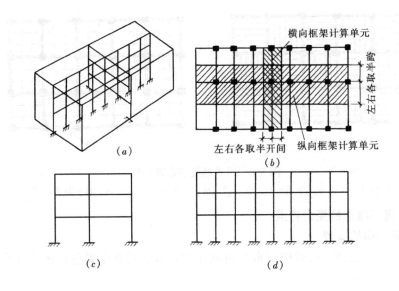

图5.7　框架结构计算简图

（3）框架结构在荷载作用下的内力

1）竖向荷载作用下的内力

图5.8（a）所示为一多层框架在竖向均布荷载作用下的计算简图。通过力学计算，得出的框架在竖向荷载作用下的内力图，如图5.8（b）、（c）、（d）所示。

图5.8（b）为框架在竖向荷载作用下的弯矩图，从图中看出，在竖向荷载作用下，框架梁、柱截面上均产生弯矩，其中框架梁的弯矩呈抛物线形变化，跨中截面产生的正弯矩最大，框架梁的支座截面产生的负弯矩最大。图5.8（c）为在框架梁在竖向荷载作用下的剪力图，剪力沿框架梁长度呈线性变化，最大剪力在梁的端部支座截面上。此外，在竖向荷载作用下框架柱截面上还产生轴力，轴力分布如图5.8（d）所示，其中"—"表示框架柱受压，"＋"表示框架柱受拉。

2）水平荷载作用下的内力

图5.9（a）所示为一多层框架在水平集中力作用下的计算简图。通过力学计算，得

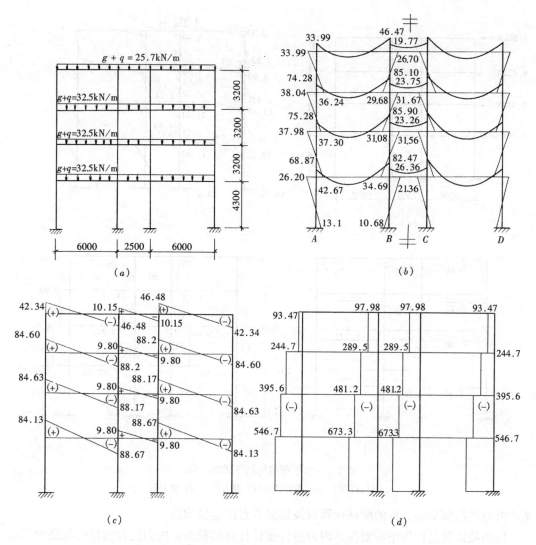

图 5.8 竖向荷载作用下的内力图

(a) 计算简图;(b) 弯矩图;(c) 剪力图;(d) 轴力图

出框架在水平荷载作用下的内力图,如图 5.9 (b)、(c)、(d) 所示。

图 5.9 (b) 为框架在水平荷载作用下的弯矩图,从该图中可看出,水平荷载作用下将在框架梁、柱截面上均产生弯矩,梁、柱弯矩均呈线性变化,在框架梁、柱的支座端部截面将分别产生最大正弯矩和最大负弯矩,且在同一根柱中由上而下逐层增大。图 5.9 (c) 为框架梁在水平荷载作用下的剪力图,从剪力图中反映出剪力在梁的各跨长度范围内呈均匀分布的。框架柱在水平荷载作用下的轴力图分布如图 5.9 (d) 所示,其中,部分框架柱受拉,部分框架柱受压,在同一根柱中由上而下轴力逐层增大。

由于水平荷载作用的方向是任意的,故水平集中力还可能是反方向作用。当水平集中力的方向改变时,相应的弯矩、剪力以及轴力的方向也随之发生变化。

3)控制截面及内力组合

框架结构同时承受竖向荷载和水平荷载作用。为保证框架结构的安全可靠,需根据框

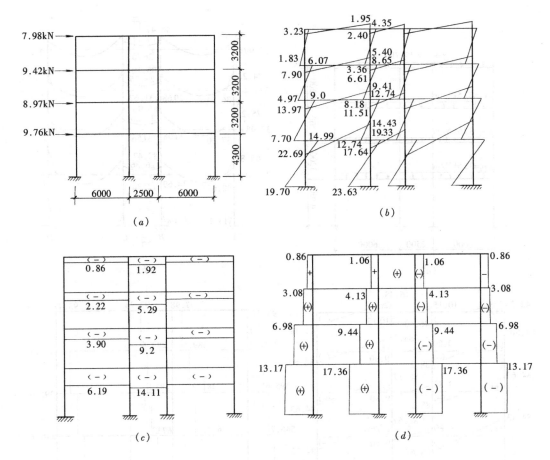

图 5.9　水平荷载作用下的内力图

(a) 计算简图；(b) 弯矩图；(c) 剪力图；(d) 轴力图

架的内力进行框架梁、柱的配筋计算以及加强节点的连接构造。

控制截面就是杆件中需要按其内力进行设计计算的截面，内力组合的目的就是为了求出各构件在控制截面处对截面配筋起控制作用的最不利内力，以作为梁、柱配筋的依据。对于某一控制截面，最不利内力组合可能有多种。

① 框架梁

梁的内力主要是弯矩 M 和剪力 V。

框架梁的控制截面是梁端支座截面和跨中截面，支座截面产生最大负弯矩（$-M_{max}$）、最大剪力（V_{max}）和最大正弯矩（$+M_{max}$）；跨中截面产生最大正弯矩（$+M_{max}$），有时也出现负弯矩。

框架梁支座截面，需按其 $-M_{max}$ 确定梁端顶部的纵向受力钢筋，按其 $+M_{max}$ 确定梁端底部的纵向受力钢筋，按其 V_{max} 确定梁中箍筋及弯起钢筋。框架梁跨中截面，则按其 $+M_{max}$ 确定梁下部纵向受力钢筋。

② 框架柱

框架柱的内力主要是弯矩 M 和轴力 N。

框架柱的控制截面是柱的上、下端，弯矩最大值在柱的两端，轴力最大值在柱的下端。柱是偏心受压构件。

根据柱的最大（或较大）弯矩和最大轴力，确定柱中纵向受力钢筋的数量，并配置相应的箍筋。

5.2.3 现浇框架抗震构造要求

（1）框架抗震设计一般概念

1）震害及其分析

震害调查表明，钢筋混凝土框架的震害主要发生在梁端、柱端和梁柱节点处。一般来说，柱的震害重于梁，柱顶的震害重于柱底，角柱的震害重于内柱，短柱的震害重于一般柱。

框架梁由于梁端处的弯矩、剪力均较大，并且是反复受力，故破坏常发生在梁端。梁端可能会由于纵筋配筋不足、钢筋端部锚固不好、箍筋配置不足等原因而引起破坏。

框架柱由于柱两端弯矩大，破坏一般发生在柱的两端，多发生于柱顶。柱端破坏可能会由于柱内纵筋不足、箍筋稀少，对混凝土的约束差而引起破坏。角柱由于双向受弯、受剪，加上扭转作用，故震害比中柱和边柱严重。柱高小于 4 倍柱截面高度的短柱，由于刚度大，吸收地震力大，易发生剪切破坏。

梁柱节点多由于节点内未设箍筋或箍筋不足以及核芯区的钢筋过密而影响混凝土浇筑质量引起破坏。

此外，嵌固于框架中的砌体填充墙由于受剪承载力低、与框架缺乏有效的连接，易发生墙面斜裂缝，并沿柱周边开裂。填充墙震害呈现"下重上轻"的现象。

当抗震缝的宽度不能满足地震时产生的实际侧移量的要求时，还会导致相邻结构单元之间相互碰撞而产生震害。

2）抗震等级

为了体现在不同烈度下不同结构类型的钢筋混凝土房屋有不同的抗震要求，《抗震规范》根据房屋烈度、结构类型和房屋高度，将框架结构划分为四个抗震等级，其中一级抗震要求最高。钢筋混凝土框架结构的抗震等级划分见表 5.1。

框架结构的抗震等级　　　　　　　　　　表 5.1

设防烈度	6		7		8		9
房屋高度（m）	≤24	>24	≤24	>24	≤24	>24	≤24
框架	四	三	三	二	二	一	一
大跨度框架	三		二		一		一

注：1）大跨度框架指跨度不小于 18 m 的框架；

　　2）不包括异形柱框架。

不同抗震等级的房屋结构，应符合相应的计算、构造措施和材料要求。

（2）框架结构抗震构造措施

1）一般构造要求

① 混凝土的强度等级

抗震等级为一级的框架梁、柱和节点核芯区，不应低于 C30，其他各类构件不应低于

C20；并且在 9 度时不宜超过 C60，8 度时不宜超过 C70。

② 钢筋种类

框架梁、柱中的纵向受力钢筋宜选用符合抗震性能指标的不低于 HRB400 级的热轧钢筋，也可采用 HRB335 级热轧钢筋，箍筋宜选用性能指标不低于 HRB335 级的热轧钢筋，也可选用 HPB300 级热轧钢筋。

③ 钢筋锚固

纵向受力钢筋最小抗震锚固长度 l_{aE} 的取用：

一、二级抗震等级 $l_{aE} = 1.15l_a$

三级抗震等级 $l_{aE} = 1.05l_a$

四级抗震等级 $l_{aE} = 1.0l_a$

式中 l_a——纵向受拉钢筋的锚固长度，按规范要求取用。

④ 钢筋的接头

柱纵向受力钢筋的接头宜优先采用焊接或机械连接。钢筋接头不宜设置在梁端和柱端箍筋加密区范围内。当柱每边主筋多于 4 根时，应在两个或两个以上的水平面上搭接。

⑤ 箍筋

箍筋须做成封闭式，端部设 135°弯钩。弯钩端头平直段长度不应小于 10d（d 为箍筋直径）。箍筋应与纵向钢筋紧贴。当设置附加拉结钢筋时，拉结钢筋必须同时钩住箍筋和纵筋（图 5.10）。

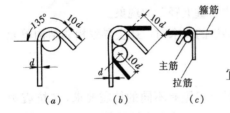

图 5.10　箍筋弯钩要求

2）框架梁抗震构造要求

① 梁的截面尺寸

梁的截面宽度不宜小于 200mm，截面高宽比不宜大于 4，净跨与截面高度之比不宜小于 4。

② 梁的纵向钢筋

梁的纵向钢筋配置，应符合下列要求：①框架梁端截面的底面和顶面配筋量的比值，除按计算确定外，一级不应小于 0.5，二、三级不应小于 0.3。②梁的顶面和底面至少应配置两根通长的纵向钢筋，一、二级框架不应少于 2Φ14，且分别不应少于梁两端顶面和底面纵向配筋中较大截面面积的 1/4；三、四级框架不应少于 2Φ12。③一、二、三级框架梁内贯通中柱的每根纵筋直径，不宜大于矩形截面柱在该方向截面尺寸的 1/20。

③ 梁的箍筋

梁端箍筋应加密。箍筋加密区的范围和构造要求应按表 5.2 采用。当梁端纵筋配筋率大于 2‰时，表中箍筋的最小直径应增大 2mm。

梁端加密区的箍筋肢距，一级不宜大于 200mm 和 20d（d 为箍筋直径较大者），二、三级不宜大于 250mm 和 20d，四级不宜大于 300mm。

梁端箍筋加密区的长度、箍筋的最大间距和最小直径　表 5.2

抗震等级	加密区长度（mm） （采用较大者）	箍筋最大间距（mm） （采用最小值）	箍筋最小直径（mm）
一	$2h_b$，500	$h_b/4$，6d，100	10

抗震等级	加密区长度（mm）（采用较大者）	箍筋最大间距（mm）（采用最小值）	箍筋最小直径（mm）
二	$1.5h_b$，500	$h_b/4$，$8d$，100	8
三	$1.5h_b$，500	$h_b/4$，$8d$，150	8
四	$1.5h_b$，500	$h_b/4$，$8d$，150	6

注：d 为纵向钢筋直径，h_b 为梁截面高度。

3）框架柱抗震构造要求

① 柱截面尺寸

矩形截面柱最小截面尺寸不宜小于 400mm，圆柱的截面直径不宜小于 450mm。剪跨比 λ 宜大于 2，截面的长边和短边之比不宜大于 3。

其中，柱的剪跨比 $\lambda = M^c/(V^c h_0)$，式中 M^c 为柱端截面的组合弯矩计算值（取上下端弯矩的较大值），V^c 为柱端截面的组合剪力计算值，h_0 为截面有效高度。

② 柱的纵向钢筋

柱中纵向钢筋配置，应符合下列要求：A. 柱中纵向钢筋宜对称配置。B. 当截面尺寸大于 400mm 时，纵向钢筋间距不宜大于 200mm。C. 柱中全部纵向钢筋的最小配筋率应满足表 5.3 的规定，同时每一侧配筋率不应小于 0.2%。D. 柱总配筋率不应大于 5%，一级且剪跨比 $\lambda \not> 2$ 的柱，每侧纵向钢筋配筋率不宜大于 1.2%。E. 边柱、角柱在地震作用组合产生拉力时，柱内纵筋截面面积应增加 25%。

框架柱全部纵向钢筋最小配筋百分率（%） 表 5.3

类　别	抗 震 等 级			
	一	二	三	四
中柱、边柱	1.0	0.8	0.7	0.6
角柱、框支柱	1.1	0.9	0.8	0.7

注：1）采用 335MPa 级、400MPa 级纵向受力钢筋时，应分别按表中数值增加 0.1 和 0.05 采用；

2）当混凝土强度等级为 C60 以上时，应按表中数值增加 0.1 采用。

框架柱纵向钢筋的接头可采用绑扎搭接、机械连接或焊接连接等方式，宜优先采用焊接或机械连接。柱相邻纵筋连接接头应相互错开，在同一截面内的钢筋接头面积百分率：对于绑扎搭接和机械连接不宜大于 50%，对于焊接连接不应大于 50%。

纵筋连接构造见图 5.11。在绑扎搭接接头中，纵筋搭接长度不得小于 l_l（$l_l = \zeta l_a$，ζ 为搭接长度修正系数，与接头面积百分率有关），且不应小于 300mm；相邻接头间距：焊接时不得小于 500mm 且不小于 $35d$，机械连接时为 $35d$，搭接时不得小于 600mm。当上、下柱中纵筋直径或根数不同时，纵筋连接构造见图 5.12。当纵筋直径大于 28mm 时不宜采用绑扎搭接接头。

柱纵向钢筋搭接长度范围内，当纵筋受压时，箍筋间距不应大于 $10d$，且不应大于 200mm；当纵筋受拉时，箍筋间距不应大于 $5d$，且不应大于 100mm。箍筋弯钩要适当加长，以绕过搭接的两根纵筋。

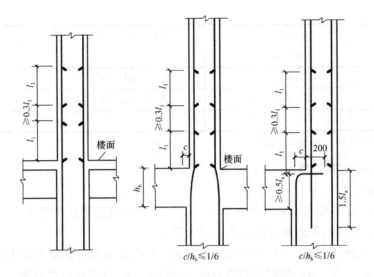

图 5.11　纵筋搭接连接

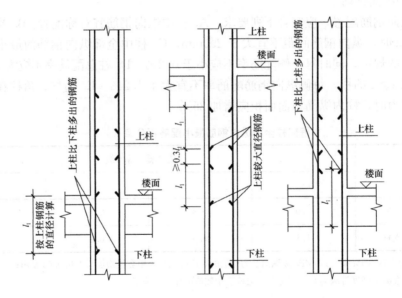

图 5.12　上、下柱纵筋直径或根数不同时纵筋搭接连接

③ 柱的箍筋

框架柱内箍筋常用形式如图 5.13 所示。

柱的上下端箍筋应加密。柱两端加密区的范围和构造要求应按表 5.4 采用。一、二级抗震的框架角柱、框支柱和剪跨比不大于 2 的柱，应沿柱全高加密箍筋。底层柱柱根处不小于 1/3 柱净高范围内应按加密区的要求配置箍筋。

柱箍筋加密区的箍筋肢距，一级不宜大于 200mm，二、三级不宜大于 250mm，四级不宜大于 300mm。至少每隔一根纵向钢筋宜在两个方向有箍筋或拉筋约束。采用拉筋复合箍时，拉筋宜紧靠纵筋并钩住封闭箍筋。

柱箍筋非加密区的箍筋间距，一、二级框架柱不应大于 10 倍纵筋直径，三、四级框架柱不应大于 15 倍纵筋直径。

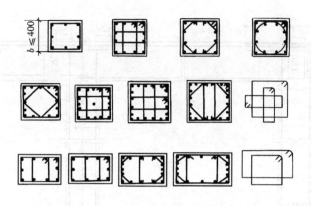

图 5.13 柱的箍筋形式

柱箍筋加密区长度、箍筋最大间距和最小直径 表 5.4

抗 震 等 级	箍筋最大间距（mm） （采用较小值）	箍筋最小直径 （mm）	箍筋加密区长度（mm） （采用较大者）
一	$6d$，100	$\phi10$	h（D） $H_n/6$（$H_n/3$） 500
二	$8d$，100	$\phi8$	
三	$8d$，150（柱根 100）	$\phi8$	
四	$8d$，150（柱根 100）	$\phi6$（柱根 $\phi8$）	

注：d 为柱纵筋最小直径，h 为矩形截面长边尺寸，D 为圆柱直径，H_n 为柱净高；柱根指框架底层柱的嵌固部位。

4）现浇框架节点构造

框架梁、柱节点是框架结构的重要组成部分，必须保证其连接的可靠性，一般节点区的混凝土强度等级应不低于柱的混凝土强度等级。抗震设计时，框架梁、柱的纵向钢筋在框架节点区的锚固和搭接（图 5.14），框架节点核心区的箍筋设置，《高层建筑混凝土结构技术规程》JGJ 3—2010 规定应符合下列要求。

① 顶层中节点柱纵向钢筋和边节点柱内侧纵向钢筋应伸至柱顶，当从梁底边计算的直线锚固长度不小于 l_{aE} 时，可不必水平弯折，否则应向柱内或梁内、板内水平弯折，锚固段弯折前的竖直投影长度不应小于 $0.5l_{abE}$，弯折后的水平投影长度不宜小于 12 倍的柱纵向钢筋直径。此处 l_{abE} 为抗震时钢筋的基本锚固长度，一、二级取 $1.15l_{ab}$，三、四级分别取 $1.05l_{ab}$ 和 $1.00l_{ab}$。

② 顶层端节点处，柱外侧纵向钢筋可与梁上部纵向钢筋搭接，搭接长度不应小于 $1.5l_{aE}$，且伸入梁内的柱外侧纵向钢筋截面面积不宜小于柱外侧全部纵向钢筋截面面积的 65%；在梁宽范围以外的柱外侧纵向钢筋可伸入现浇板内，其伸入长度与伸入梁内的相同。当柱外侧纵向钢筋的配筋率大于 1.2% 时，伸入梁内的柱纵向钢筋宜分两批截断，其截断点之间的距离不宜小于 20 倍的柱纵向钢筋直径。

③ 梁上部纵向钢筋伸入端节点的锚固长度，直线锚固时不应小于 l_{aE}，且伸过柱中心线的长度不应小于 5 倍的梁纵向钢筋直径；当柱截面尺寸不足时，梁上部纵向钢筋应伸至节点对边并向下弯折，锚固段弯折前的水平投影长度不应小于 $0.4l_{abE}$，弯折后的竖直投

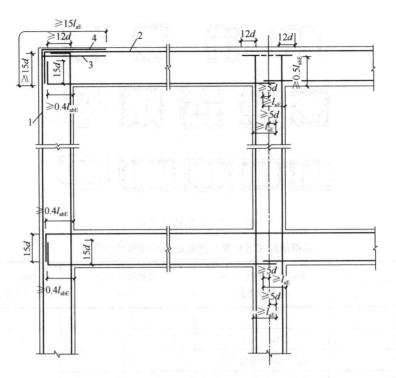

图 5.14 框架梁、柱纵向钢筋在框架节点区的锚固示意

1—柱外侧纵向钢筋；2—梁上部纵向钢筋；3—伸入梁内的柱外侧纵向钢筋；

4—不能伸入梁内的柱外侧纵向钢筋，可伸入板内

影长度应取 15 倍的梁纵向钢筋直径。

④ 梁下部纵向钢筋的锚固与梁上部纵向钢筋相同，但采用 90°弯折方式锚固时，竖直段应向上弯入节点内。

⑤ 框架节点核心区应设置水平箍筋，其最大间距和最小直径宜符合表 5.4 柱箍筋加密区的有关规定。一、二、三级框架节点核心区配箍特征值分别不宜小于 0.12、0.10 和 0.08，且箍筋体积配箍率分别不宜小于 0.6%、0.5% 和 0.4%。柱剪跨比不大于 2 的框架节点核心区的体积配箍率不宜小于核心区上、下柱端体积配箍率中的较大者。

5）填充墙的构造要求

框架结构的砌体填充墙及隔墙宜选用轻质墙体，应具有自身稳定性。抗震设计时，其布置应避免形成上、下层刚度变化过大，避免形成短柱，减少因抗侧刚度偏心而造成的结构扭转。并不应采用部分由砌体墙承重之混合形式，如框架结构中局部出屋顶的电梯机房、楼梯间、水箱间等，应采用框架承重，不应采用砌体墙承重。

《高层建筑混凝土结构技术规程》JGJ 3—2010 规定：

① 砌体的砂浆强度等级不应低于 M5，当采用砖及混凝土砌块时，砌块的强度等级不应低于 MU5；采用轻质砌块时，砌块的强度等级不应低于 MU2.5。墙顶应与框架梁或楼板密切结合。

② 砌体填充墙应沿框架柱全高每隔 500mm 左右设置 2 根直径 6mm 的拉筋，抗震设防烈度 6 度时拉筋宜沿墙全长贯通，抗震设防烈度 7、8、9 度时拉筋应沿墙全长贯通。

③ 墙长大于 5m 时，墙顶与梁（板）宜有钢筋拉结；墙长大于 8m 或层高的 2 倍时，宜设置间距不大于 4m 的钢筋混凝土构造柱；墙高超过 4m 时，墙体半高处（或门洞上皮）宜设置与柱连接且沿墙全长贯通的钢筋混凝土水平系梁。

④ 楼梯间采用砌体填充墙时，应设置间距不大于层高且不大于 4m 的钢筋混凝土构造柱，并应采用钢丝网砂浆面层加强。

5.2.4 现浇框架结构施工图

钢筋混凝土框架结构施工图包括结构平面布置图、立面结构布置图、框架梁及框架柱的配筋图和模板图等。

结构平面布置图主要反映柱网的布置与轴线尺寸，柱截面尺寸以及与轴线的关系。

框架柱施工图，主要反映柱的起止标高，柱内纵向钢筋的种类、数量与布置情况，箍筋的种类、形状、直径与间距等。

框架梁施工图主要反映梁在平面中的位置，梁的截面类型和尺寸以及截面配筋等内容。

图 5.15 为某框架的结构平面布置图。从此图中可知，柱网为对称三跨跨度组合方式布置，边跨跨度为 7.5m，中间跨度为 6.0m，柱距均为 6m。

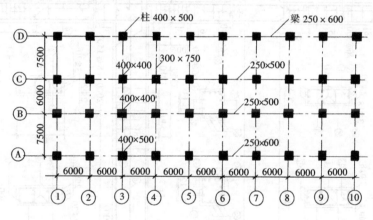

图 5.15 结构平面布置图

横向框架梁截面尺寸均为 300mm×750mm，位于Ⓐ、Ⓓ轴线上的纵向框架梁截面尺寸为 250mm×600mm，位于Ⓑ、Ⓒ轴线上的纵向框架梁截面尺寸为 250mm×500mm；位于Ⓐ、Ⓓ轴线上的柱截面尺寸为 400mm×500mm，位于Ⓑ、Ⓒ轴线上的柱截面尺寸为 400mm×400mm。

图 5.16 为处于中间位置某一榀框架梁柱的配筋图（非抗震设防）。

顶层框架横梁 AB 跨跨中配有 5Φ18，其中⑫号 3Φ18 直钢筋，⑬号 2Φ18 弯起钢筋；BC 跨跨中配有⑩号 2Φ16 直钢筋；A 支座 2Φ18⑮号钢筋，B 支座为⑰号 2Φ20 和⑱号 3Φ16，⑱号 3Φ16 钢筋在支座 B 左侧距柱边 1730mm 处截断，在支座 B 右侧距柱边 1440mm 处截断；⑰号 2Φ20 钢筋在支座 B 左侧距柱边 2350mm 处截断，在支座 B 右侧距柱边 1870mm 处截断。AB 跨中上部加设 2Φ14⑮号钢筋，左右两端分别与⑭号和⑰号钢筋进行搭接，搭接长度均为 500mm；BC 跨中上部加设 2Φ14⑲号钢筋，左右两端与⑰号钢筋进行搭接，搭接长度分别为 500mm。沿梁高每侧设有④号 2φ10 纵向构造钢筋，并用㉑号 φ8 拉筋连系。沿梁长均匀布置⑳号 φ8@250 箍筋。

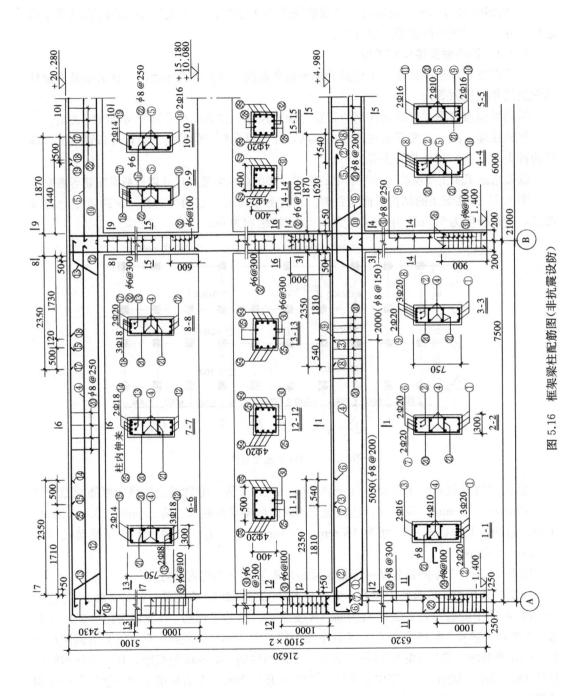

图 5.16 框架梁柱配筋图（非抗震设防）

其他层框架横梁 AB 跨跨中配有 5Φ20，其中①号 3Φ20 直钢筋，②号 2Φ20 弯起钢筋；BC 跨跨中配有⑩号 2Φ16 直钢筋和⑨号 2Φ20 弯起钢筋；A 支座⑥号 2Φ20 和⑦号 2Φ20，分别在距支座边缘 2350mm、1810mm 处截断。B 支座为 5Φ20，其中⑧号钢筋 3Φ20 直钢筋，支座左侧⑨号 2Φ20（右侧弯来）、支座右侧②号 2Φ20（左侧弯来）；⑧号钢筋分别在距支座左右距离为 2350mm、1870mm 处截断，②号钢筋在支座 B 右侧距柱边 1520mm 处截断，⑨号钢筋在支座 B 左侧距柱边 1810mm 处截断。AB 跨中上部加设 2Φ16③号钢筋，两端分别与⑥号和⑧号钢筋进行搭接，搭接长度均为 540mm；BC 跨中上部加设 2Φ16⑪号钢筋，两端与⑧号钢筋进行搭接，搭接长度为 540mm。沿梁高每侧设有⑤号 2φ10 纵向构造钢筋。AB 跨内距中柱 B 柱边 2000mm 范围内箍筋为 φ8@150，其余为 φ8@200；BC 跨内沿梁长均匀布置箍筋 φ8@250。

框架柱采用对称配筋。外柱 A 每侧纵筋均为 12Φ20，内柱底层为㉗号 12Φ25 纵筋，其他层为㉘号 12Φ20 纵筋。纵筋采用搭接连接，搭接位置在楼层梁顶标高以上 1000mm（B 柱 900mm）范围内，且该范围内箍筋加密间距为 100mm。顶层柱 B 纵筋以及柱 A 内侧纵筋均伸至柱顶，柱 A 外侧纵向钢筋则伸至柱顶与梁上部⑭号纵向钢筋搭接连接，在距柱边 1710mm 处截断，同时将梁上部⑭号纵向钢筋伸至节点对边并向下弯折至梁底标高处。

5.3 剪力墙结构

5.3.1 剪力墙结构的基本概念

剪力墙结构中的墙体既承受竖向荷载，又承受水平荷载，其中承受平行于墙面的水平荷载是墙体的主要作用。剪力墙平面内的刚度很大，而平面外的刚度很小，为了保证剪力墙的侧向稳定，各层楼盖对它的支撑作用很重要。在水平荷载作用下，墙体的工作状态如同一根底部嵌固于基础顶面的直立悬臂深梁，墙体的长度相当于深梁的截面高度，墙体的厚度相当于深梁的截面宽度，墙体属于压、弯、剪复合受力状态。在抗震设防区，水平荷载还包括水平地震作用，因此剪力墙有时也称为抗震墙。

根据墙体的开洞大小和截面应力的分布特点，剪力墙可划分为整截面剪力墙、整体小开口剪力墙、联肢剪力墙和壁式框架四类（图 5.17），不同类型的剪力墙具有不同的受力状态和特点。

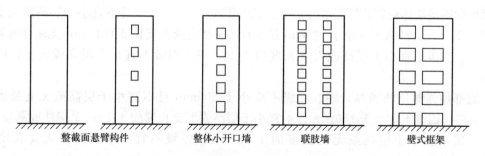

| 整截面悬臂构件 | 整体小开口墙 | 联肢墙 | 壁式框架 |

图 5.17 剪力墙的类型

不开洞或洞口面积小于整墙截面面积 15% 的剪力墙，称为整截面剪力墙。整截面剪力墙在水平荷载作用下，可视为一整体的悬臂弯曲构件，其变形以弯曲变形为主，在结构上部层间侧移较大，愈到底部层间侧移愈小。

若门窗洞口沿竖向成列布置、洞口总面积虽超过了墙体总面积的 15％时，但相对而言墙肢较宽、洞口仍较小时，墙的整体性仍然较好，这种开洞剪力墙称为整体小开口剪力墙。若剪力墙上开洞规则、且洞口面积较大时，称为联肢墙。其变形仍以弯曲变形为主。

当剪力墙有多列洞口，且洞口尺寸很大时，整个剪力墙的受力接近于框架，故称为壁式框架。整个剪力墙的受力特点与框架相似，在结构上部层间侧移较小，愈到底部层间侧移愈大。

5.3.2 剪力墙结构构件的受力特点

（1）墙肢

在整截面剪力墙中，墙肢处于受压、受弯和受剪状态；而开洞剪力墙的墙肢大多处于受压、受弯和受剪状态。在墙肢中，其弯矩和剪力均在基底部位达最大值，因此基底截面是剪力墙设计的控制截面。

墙肢的配筋计算与偏心受力柱类似，但由于剪力墙截面高度大，在墙肢内除在端部正应力较大部位集中配置竖向钢筋外，还应在剪力墙腹板中设置分布钢筋。截面端部的竖向钢筋与竖向分布钢筋共同抵抗压弯作用；水平分布钢筋承担剪力作用；竖向分布钢筋与水平分布钢筋形成网状，还可以抵抗墙面混凝土的收缩及温度应力。

（2）连梁

剪力墙结构中的连梁承受弯矩、剪力、轴力的共同作用，属于受弯构件。连梁由正截面承载力计算纵向受力钢筋（上、下配筋），由斜截面承载力计算箍筋用量。由于在剪力墙结构中连梁的跨高比都比较小，因而连梁容易出现斜裂缝，也容易出现剪切破坏。连梁通常采用对称配筋。

5.3.3 剪力墙结构的抗震构造措施

（1）材料

剪力墙结构混凝土强度等级不应低于 C20，且不宜超过 C60；带有筒体和短肢剪力墙的剪力墙结构混凝土强度等级不应低于 C25。

墙中分布钢筋和箍筋采用 HPB300 级钢筋，其他钢筋可用 HRB335 级或 HRB400 级钢筋。

（2）剪力墙的最小厚度

为保证墙体出平面的刚度和稳定性，以及保证混凝土的浇筑质量，混凝土剪力墙的截面厚度除满足墙体稳定验算要求外，一、二级不应小于 160mm 且不宜小于层高或无支长度的 1/20，三、四级不应小于 140mm 且不宜小于层高或无支长度的 1/25；无端柱或翼墙时，一、二级不宜小于层高或无支长度的 1/16，三、四级不宜小于层高或无支长度的 1/20。

底部加强部位的墙厚，一、二级不应小于 200mm 且不宜小于层高或无支长度的 1/16，三、四级不应小于 160mm 且不宜小于层高或无支长度的 1/20；无端柱或翼墙时，一、二级不宜小于层高或无支长度的 1/12，三、四级不宜小于层高或无支长度的 1/16。

（3）剪力墙的配筋构造要求

1）剪力墙边缘构件

在剪力墙两端和洞口两侧边缘应力较大的部位，采用竖向钢筋和箍筋组成边缘构件，以提高墙肢端部混凝土极限压应变、改善剪力墙延性的重要措施。边缘构件又分为约束边缘构件和构造边缘构件两类，当边缘的压应力较高时采用约束边缘构件，其约束范围大、箍筋较多、对混凝土的约束较强；当边缘的压应力较小时采用构造边缘构件，其箍筋数量和约束范围都小于约束边缘构件，对混凝土的约束程度较弱。边缘构件包括暗柱、端柱和翼墙。

① 约束边缘构件的设置

A. 约束边缘构件的设置部位

底层墙肢底截面的轴压比大于《抗震规范》规定的构造边缘构件最大轴压比要求的一、二、三级抗震等级的剪力墙，以及部分框支剪力墙，应在底部加强部位及相邻的上一层设置约束边缘构件。

B. 约束边缘构件的构造

约束边缘构件的形式可以是暗柱、端柱和翼墙，见图 5.18。

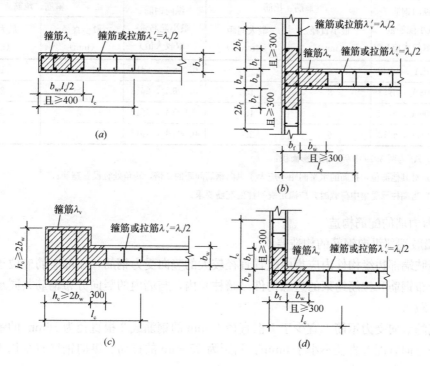

图 5.18 剪力墙的约束边缘构件

(a) 暗柱；(b) 翼墙；(c) 端柱；(d) 转角墙

② 构造边缘构件的设置

A. 构造边缘构件的设置部位

底层墙肢底截面的轴压比不大于《抗震规范》规定的构造边缘构件最大轴压比要求的一、二、三级抗震等级剪力墙及四级抗震等级的剪力墙，墙肢端部均应设置构造边缘构件。

B. 构造边缘构件的构造

（A）构造边缘构件的设置范围，宜按图 5.19 采用。

（B）构造边缘构件的纵向钢筋除应满足计算要求外，尚应符合表 5.5 的要求。

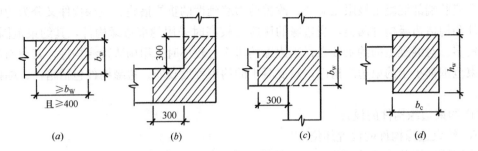

图 5.19　剪力墙的构造边缘构件范围

(a) 暗柱；(b) 转角墙；(c) 翼墙；(d) 端柱

构造边缘构件的构造配筋要求　　　　　　　　　表 5.5

抗震等级	底部加强部位			其他部位		
	纵向钢筋最小配筋量（取较大值）	箍筋、拉筋		纵向钢筋最小配筋量（取较大值）	箍筋、拉筋	
		最小直径（mm）	最大间距（mm）		最小直径（mm）	最大间距（mm）
一	$0.01A_c$，$6\phi16$	8	100	$0.008A_c$，$6\phi14$	8	150
二	$0.008A_c$，$6\phi14$	8	150	$0.006A_c$，$6\phi12$	8	200
三	$0.006A_c$，$6\phi12$	6	150	$0.005A_c$，$4\phi12$	6	200
四	$0.005A_c$，$4\phi12$	6	200	$0.004A_c$，$4\phi12$	6	250

注：(1) A_c 为图 5.19 中所示的阴影面积；

(2) 对其他部位，拉筋的水平间距不应大于纵向钢筋间距的 2 倍，转角处宜设置箍筋；

(3) 当端柱承受集中荷载时，应满足框架柱的配筋要求。

2）剪力墙的配筋构造

① 墙肢端部纵向钢筋的构造要求

在墙肢端部边缘构件内应集中配置直径较大的竖向受力钢筋，端部竖筋应位于由箍筋或水平分布钢筋和拉筋约束的边缘构件（暗柱）内，与墙内的竖向分布钢筋共同承受正截面受弯承载力。

每端的竖向受力钢筋不宜少于 4 根直径 12mm 的钢筋或 2 根直径为 16mm 的钢筋；沿竖向钢筋方向宜配置直径不小于 6mm、间距为 250mm 的拉筋。纵向钢筋宜采用 HRB335 或 HRB400 级钢筋。

暗柱及端柱内纵向钢筋的连接和锚固要求宜与框架柱相同。抗震设计时，剪力墙纵向钢筋的最小锚固长度应取 l_{aE}。

② 剪力墙中的分布钢筋

A. 分布钢筋的布置

剪力墙墙身应配置竖向和横向分布钢筋，分布钢筋的配筋方式有单排及多排配筋。

钢筋混凝土抗震墙厚度大于 140mm 时，竖向和横向分布钢筋应双排布置；当墙厚度大于 400mm，但不大于 700mm 时，宜采用三排配筋；当墙厚度大于 700mm 时，宜采用四排配筋。各排分布钢筋网之间应采用拉筋连系。

B. 分布钢筋的配筋构造

抗震剪力墙中竖向和横向分布钢筋的间距不应大于 300mm，直径不应小于 8mm 且不宜大于墙厚的 1/10；竖向钢筋直径不宜小于 10mm。拉筋直径不应小于 6mm，间距不应大于 600mm；在底部加强部位，竖向和横向分布钢筋的间距不宜大于 200mm，拉筋间距应适当加密。

竖向钢筋宜在内侧，横向钢筋宜在外侧，竖向与横向分布钢筋的直径、间距宜相同。

C. 分布钢筋的锚固

墙中横向分布钢筋应伸至墙端并向内水平弯折 15d（d 为横向分布钢筋直径）（图 5.20a）。当墙厚度较小时，也可采用在墙端附近搭接的做法（图 5.20b）。当剪力墙端部有翼墙或转角墙时，内墙两侧的横向分布钢筋和外墙内侧的横向分布钢筋应伸至翼墙或转角墙外边，并分别向两侧水平弯折 15d 后截断（图 5.20c）。

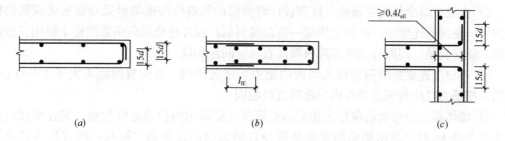

图 5.20　剪力墙端部横向分布钢筋的锚固
(a) 无翼墙时的锚固；(b) 无翼墙时的搭接；(c) 有翼墙时的锚固

在转角墙部位，沿剪力墙外侧的水平分布钢筋应沿外墙边在翼墙内连续通过转弯（图 5.21a）。当需要在纵横墙转角处设置搭接接头时，沿外墙的横向分布钢筋应在墙端外角处弯入翼墙，并与翼墙外侧横向分布钢筋搭接，搭接长度应不小于 $1.2l_{aE}$（图 5.21b）。

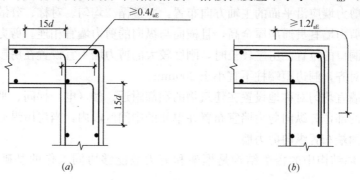

图 5.21　剪力墙转角处外侧水平分布钢筋的配筋构造
(a) 外侧水平分布钢筋连续通过转角；(b) 外侧水平分布钢筋设搭接接头

当剪力墙有端柱时，内墙两侧横向分布钢筋和外墙内侧的横向分布钢筋应伸入端柱内进行锚固，其锚固长度不应小于 l_{aE}，且必须伸至端柱对边；当伸至端柱对边的长度不满足 l_{aE} 时，应伸至端柱对边后分别向两侧水平弯折不小于 15d，其中弯前长度不应小于 $0.4l_{aE}$。

D. 分布钢筋的连接构造

剪力墙横向分布钢筋的搭接长度 l_{lE} 不应小于 $1.2l_{aE}$。同排横向分布钢筋的搭接接头之间以及上、下相邻横向分布钢筋的搭接接头之间，沿水平方向的净间距不宜小于 500mm。

剪力墙内竖向分布钢筋的直径≤28mm 时，可采用搭接连接，搭接长度 l_{lE} 不应小于 $1.2l_{aE}$，采用 HPB300 级钢筋时端头加 $5d$ 直钩；一、二级抗震等级剪力墙竖向分布钢筋接头应分两批相互错开搭接，接头间隔距离应≥$0.3l_{lE}$；三、四级抗震等级剪力墙竖向分布钢筋接头可在同一高度搭接。当剪力墙内竖向分布钢筋直径大于 28mm 时，应分两批采用机械连接，接头间隔距离应≥$35d$。

(4) 连梁的配筋构造

1) 剪力墙连梁顶面、底面纵向受力钢筋两端应伸入墙内，其锚固长度不应小于 l_{aE}，且均不应小于 600mm。位于墙端部洞口的连梁顶面、底面纵筋伸入墙端部长度不满足 l_{aE} 时，应伸至墙端部后分别向上下弯折 $15d$，且弯前长度不应小于 $0.4l_{aE}$。

2) 连梁应沿全长配置箍筋，抗震设计时箍筋的构造应按框架梁梁端加密区箍筋的构造采用。在顶层连梁中，配箍范围应一直延续到洞口以外连梁纵向钢筋的整个锚固长度范围内，箍筋直径、间距与该连梁跨内箍筋直径、间距相同。

3) 在顶层连梁纵向钢筋伸入墙内的锚固长度范围内，应配置间距不大于 150mm 的箍筋，箍筋直径应与该连梁跨内的箍筋直径相同。

4) 墙体横向分布钢筋应作为连梁的腰筋在连梁范围内拉通连续配置；当连梁截面高度大于 700mm 时，其两侧面沿梁高范围设置的纵向构造钢筋（腰筋）的直径不应小于 10mm，间距不应大于 200mm。

5.4 框架-剪力墙结构

框架-剪力墙结构是由框架和剪力墙两种不同的结构构件组成的受力体系。在框架-剪力墙结构中，剪力墙应沿平面的主轴方向布置，并遵循"均匀、对称、分散、周边"的原则布置。抗震剪力墙宜贯通房屋全高，且横向与纵向的剪力墙宜相连。剪力墙宜设置在墙面不需要开大洞口的位置。房屋较长时，刚度较大的剪力墙不宜设置在房屋的端开间。剪力墙洞宜上下对齐，洞边距端柱不宜小于 300mm。

横向剪力墙宜均匀对称地设置在建筑物的端部附近、楼（电）梯间、平面形状变化处以及恒载较大的部位。纵向剪力墙宜布置在单元的中间区段内，当房屋纵向较长时，不宜集中在房屋的两端布置纵向剪力墙。

框架-剪力墙结构中的楼盖结构是框架和剪力墙能够协同工作的基础，宜采用现浇楼盖。

5.4.1 框架-剪力墙结构的受力特点

框架-剪力墙结构由框架及剪力墙两类结构组成，通过楼板把两者联系在一起，迫使框架和剪力墙在一起协同工作，形成了其独有的一些特点。

1) 在水平荷载作用下，框架变形的特点是其层间相对水平位移愈到上部愈小（图 5.22a），而剪力墙的变形特点是其层间相对水平位移愈往上部愈大（图 5.22b）。在框架-剪力墙结构中，两者变形相互协调，使结构的层间变形趋于均匀，如图 5.22d 所示。总之，框架-剪力墙结构使剪力墙的下部变形加大而上部变形减小，使框架下部变形减小而上部变形加大，如图 5.22c 所示。

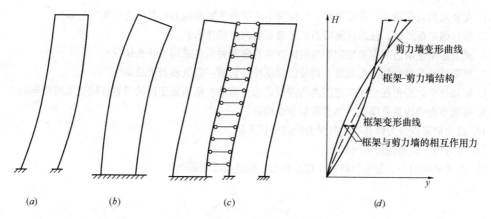

图 5.22 框架-剪力墙结构变形特性

(a) 框架变形；(b) 剪力墙变形；(c) 框架-剪力墙变形；(d) 框架-剪力墙的协同工作

2）由于框架和剪力墙之间的变形协调作用，框架和剪力墙上的剪力沿高度也在不断调整。由于剪力墙的刚度比框架大得多，因此剪力墙负担了大部分剪力（约 70%～90%），框架只负担小部分剪力，使得框架上部和下部各层柱所受的剪力趋于均匀而受力更合理。

5.4.2 框架-剪力墙结构的构造

框架-剪力墙结构中，剪力墙是主要的抗侧力构件，承担着绝大部分剪力，因此构造上应加强，除应满足一般框架和剪力墙的有关构造要求外，框架-剪力墙结构中的框架、剪力墙和连梁的设计构造，还应符合下列构造要求：

1）框架-剪力墙结构中，剪力墙的厚度不应小于 160mm，且不宜小于层高或无支长度的 1/20；底部加强部位的剪力墙的厚度不应小于 200mm，且不宜小于层高或无支长度的 1/16。

2）框架-剪力墙结构中，剪力墙竖向和横向分布钢筋的配筋率均不应小于 0.25%，直径不应小于 10mm，间距不应大于 300mm，并应至少双排布置。各排分布钢筋间应设置拉筋，拉筋直径不小于 6mm，间距不应大于 600mm。

3）剪力墙周边应设置梁（或暗梁）和端柱围成边框。梁的宽度不宜小于 $2b_w$（b_w 为剪力墙的宽度），梁的截面高度不宜小于 $3b_w$；柱的截面宽度不宜小于 $2.5b_w$，柱的截面高度不小于截面宽度。边框梁或暗梁的上、下纵向钢筋配筋率均不应小于 0.2%，箍筋不应少于 $\phi 6@200$。

4）剪力墙的水平分布钢筋应全部锚入边框柱内，锚固长度不应小于 l_a（或 l_{aE}）。

5）剪力墙端部的纵向受力钢筋应配置在边框柱截面内。剪力墙底部加强部位边框柱的箍筋宜沿全高加密；当带边框剪力墙上的洞口紧邻边框柱时，边框柱的箍筋宜沿全高加密。

思 考 题

1. 高层建筑混凝土结构的结构体系有哪些？其优缺点及适用范围是什么？

2. 按照施工方法的不同，钢筋混凝土框架有哪几种形式？

3. 在水平荷载作用下，在框架梁、柱截面中分别产生哪些内力？其内力是如何分布的？

4. 在竖向荷载作用下，在框架梁、柱截面中主要产生哪些内力？其内力是如何分布的？

5. 如何确定框架梁、柱的控制截面？其最不利内力是什么？

6. 现浇框架顶层边节点梁柱钢筋的搭接方案有哪两种？各适用于什么情况？

7. 框架的抗震等级划分为几级？划分依据是什么？哪一级抗震要求最高？

8. 框架柱中，是否在全柱高范围内均需设置水平箍筋？箍筋加密区的设置区域是如何规定的？

9. 框架节点的构造有哪些？熟悉框架节点构造。

10. 剪力墙可以分为哪几类？其受力特点有何不同？

11. 剪力墙的配筋构造有何要求？

12. 剪力墙结构中，分布钢筋的作用是什么？构造要求有哪些？

6 砌体结构基础知识

【学习提要】 熟悉多层砌体房屋的构造措施是正确识读砌体结构施工图和准确计算工程量的基础，应结合现场参观努力实践。若能进一步理解其原理，将对专业素质的提高具有重要意义。

6.1 砌体的类型及力学性质

6.1.1 砌体的种类

砌体分为无筋砌体和配筋砌体两大类。

（1）无筋砌体

无筋砌体不配置钢筋，仅由块材和砂浆组成，包括砖砌体、砌块砌体和石砌体。无筋砌体抗震性能和抵抗不均匀沉降的能力较差。

1）砖砌体

由砖和砂浆砌筑而成的砌体称为砖砌体。在房屋建筑中，砖砌体可用作内外墙、柱、基础等承重结构以及围护墙和隔墙等非承重结构。墙体的厚度是根据强度和稳定的要求确定的，对于房屋的外墙，还须考虑保温、隔热的要求。砖砌体包括实心砖砌体和空斗砖砌体。一般采用实心砖砌体，空斗砖砌体由于整体性差而较少采用。

2）砌块砌体

由砌块和砂浆砌筑而成的砌体称为砌块砌体。我国目前应用较多的主要是混凝土小型空心砌块砌体。用以减轻劳动强度，提高生产率。

3）石砌体

由天然石材和砂浆或天然石材和混凝土砌筑而成的砌体称为石砌体，分为料石砌体、毛石砌体和毛石混凝土砌体三类。石砌体可用作一般民用建筑的承重墙、柱和基础，还可用作建造挡土墙、石拱桥、石坝和涵洞等构筑物。在石材产地可就地取材，比较经济，应用较广泛。

（2）配筋砌体

配筋砌体是指配置适量钢筋或钢筋混凝土的砌体，它可以提高砌体强度、减少截面尺寸、增加整体性。配筋砌体分为网状配筋砖砌体、组合砖砌体、砖砌体和钢筋混凝土构造柱组合墙及配筋砌块砌体。

1）网状配筋砖砌体（横向配筋砌体）

网状配筋砖砌体是在砌体的水平灰缝中每隔几皮砖放置一层钢筋网。钢筋网有方格网式和连弯式两种，如图 6.1 所示。方格网式一般采用直径为 3～4mm 的钢筋；连弯式采用直径为 5～8mm 的钢筋。

2）组合砖砌体

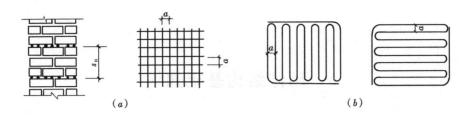

图 6.1 网状配筋砖砌体

(a) 方格网式钢筋网；(b) 连弯式钢筋网

组合砖砌体是由砖砌体和钢筋混凝土面层或钢筋砂浆面层组合而成，如图 6.2 所示。适用于荷载偏心距较大，超过截面核心范围，或进行增层，改造的原有墙、柱。

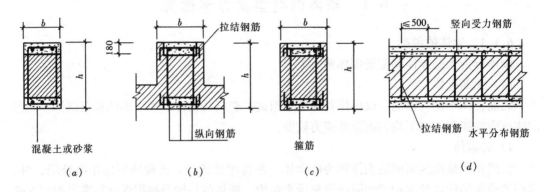

图 6.2 组合砖砌体

(a)、(b)、(c) 组合砖砌体构件截面；(d) 混凝土或砂浆面层组合墙

3) 砖砌体和钢筋混凝土构造柱组合墙

砖砌体和钢筋混凝土构造柱组合墙是由砖砌体与钢筋混凝土构造柱共同组成，如图 6.3所示。工程实践表明，在砌体墙的纵横墙交接处及大洞口边缘，设置钢筋混凝土构造柱与房屋圈梁连接组成钢筋混凝土空间骨架，可以有效提高墙体的承载力，加强整体性。这种墙体施工时必须先砌墙，后浇钢筋混凝土构造柱。

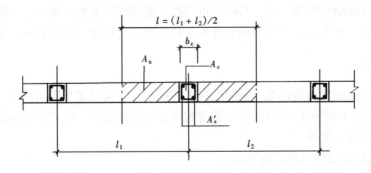

图 6.3 砖砌体和钢筋混凝土构造柱组合墙

4) 配筋砌块砌体

配筋砌块砌体是在混凝土小型空心砌块的竖向孔洞中配置钢筋，在砌块横肋凹槽中配

置水平筋，然后浇灌混凝土，或在水平灰缝中配置水平钢筋，所形成的砌体，如图6.4所示。常用于中高层或高层房屋中起剪力墙作用，所以又称配筋砌块剪力墙结构。这种砌体具有抗震性能好，造价较低，节能的特点。

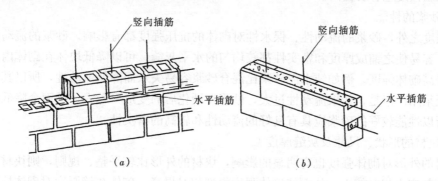

图6.4 配筋砌块砌体

6.1.2 砌体的抗压性能

（1）砌体轴心受压的破坏特征

砌体为脆性材料，主要用于轴心受压和小偏心受压构件。现以砖砌体为例来研究砌体的抗压性能。试验研究表明，砌体自加荷载到破坏大致经历三个阶段。

第一阶段：荷载加至大约为破坏荷载的 $50\%\sim70\%$ 时，砌体内的个别砖出现竖向裂缝，如图6.5（a）所示。这一阶段的特点是如果停止加荷载，裂缝不会继续扩展或增加。

第二阶段：继续加荷载，当加至破坏荷载的 $80\%\sim90\%$ 时，原有裂缝不断扩展，同时产生新的裂缝，并与竖向灰缝贯通形成竖向条缝，如图6.5（b）所示。这一阶段的特点是如果荷载不再增加，裂缝仍将继续发展。

第三阶段：继续加荷载，裂缝迅速发展、宽度增加，连续的贯通裂缝将砌体分割成几个小砖柱，最终被压碎或失稳而破坏，如图6.5（c）所示。

试验表明，砌体的抗压强度远小于砖的抗压强度，且砌体中的砖块在荷载尚不大时已出现竖向裂缝。这是由于砌体中的砖表面不平整，砂浆铺砌不匀，砂浆的横向变形比砖大，竖向灰缝不饱满等原因，使砌体中的块材（砖）处于压缩、弯曲、剪切、局部受压、横向拉伸等复杂应力状态，而块材本身的抗弯、

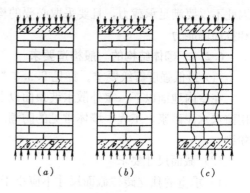

图6.5 砖砌体轴心受压时破坏特征

抗剪、抗拉强度很低，在抗压强度尚未充分利用的情况下砌体已破坏，所以砌体的抗压强度远低于块材的抗压强度。

（2）影响砌体抗压强度的主要因素

影响砌体抗压强度的因素有很多，主要有以下几个方面：

1）块材和砂浆强度

块材和砂浆的强度是决定砌体抗压强度最主要的因素。单个块体的抗弯、抗拉、抗剪

强度在某种程度上决定了砌体的抗压强度。一般来说强度等级高的块体，其抗弯、抗拉、抗剪强度也较高，相应的砌体抗压强度也高；砂浆强度等级越高，砂浆的横向变形越小，砌体的抗压强度也有所提高。

2）砂浆的性能

除强度之外，砂浆的流动性、保水性对砌体的抗压强度都有影响。砂浆的流动性和保水性好，容易使之铺成厚度和密实性都较均匀的水平灰缝。可以降低块体在砌体内的弯剪应力，提高砌体强度。例如纯水泥砂浆比混合砂浆容易失水而降低流动性，所以其砌体强度要降低采用。但是，如果流动性过大，砂浆在硬化后的变形率越大，反而会降低砌体的强度。所以性能较好的砂浆应具有良好的流动性和较高的密实性。

3）块材的形状、尺寸及灰缝厚度

块材的外形对砌体强度也有明显的影响，块材的外形比较平整、规则，则块材在砌体中所受弯剪应力相对较小，从而使砌体强度得到相对提高。砌体灰缝厚度对砌体抗压强度也有影响，灰缝越厚，越难保证均匀与密实，所以当块材表面平整时，灰缝宜尽量减薄，对砖和小型砌块灰缝厚度应控制在 8~12mm。

4）砌筑质量

影响砌筑质量的因素是多方面的，如砂浆饱满度、砌筑时块体的含水率、组砌方式、砂浆搅拌方式、工人的技术水平、现场质量管理水平等。因此《砌体工程施工质量验收规范》GB 50203—2011 规定了砌体施工质量控制等级及相关要求。

6.2 多层砌体房屋的构造要求

由于多层砌体房屋具有整体性差，抗拉、抗剪强度低，材料质脆、匀质性差等弱点，因此不仅要满足承载力，且要采取必要的构造措施，以加强房屋的整体性，提高变形能力和抗倒塌能力。

6.2.1 砌体结构的一般构造要求

（1）最低强度等级要求。详见 2.3.3 "砌体材料的设计指标"。

在室内地面以下、室外散水坡顶面以上的砌体内，应铺设防潮层。防潮层材料一般采用防水水泥砂浆，工程中墙体常见的防潮层做法如图 6.6 所示。勒脚部位应采用水泥砂浆粉刷。

（2）截面尺寸要求

1）承重的独立砖柱截面尺寸不应小于 240mm×370mm；

2）毛石墙的厚度不宜小于 350mm；

3）毛料石柱较小边长不宜小于 400mm，当有振动荷载时，墙、柱不宜采用毛石砌体。

（3）支承长度要求

预制钢筋混凝土板在钢筋混凝土圈梁上的支承长度不应小于 80mm，板端伸出的钢筋应与圈梁可靠连接，且同时浇筑；预制钢

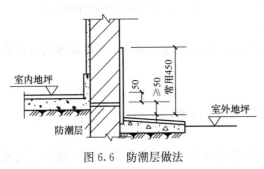

图 6.6 防潮层做法

筋混凝土板在墙上的支承长度不应小于100mm，并应按下列方法进行连接：

1）板支承于内墙时，板端钢筋伸出长度不应小于70mm，且与支座处沿墙配置的纵筋绑扎，用强度等级不应低于C25的混凝土浇筑成板带；

2）板支承于外墙时，板端钢筋伸出长度不应小于100 mm，且与支座处沿墙配置的纵筋绑扎，用强度等级不应低于C25的混凝土浇筑成板带；

3）预制钢筋混凝土板与现浇板对接时，预制板端钢筋应伸入现浇板中进行连接后，再浇筑现浇板。

（4）连接锚固要求

1）支承在墙、柱上的吊车梁、屋架及跨度大于或等于下列数值的预制梁的端部，应采用锚固件与墙、柱上的垫块锚固：

① 对砖砌体为9m；

② 对砌块和料石砌体为7.2m。

2）填充墙、隔墙应分别采取措施与周边主体结构构件可靠连接，连接构造和嵌缝材料应能满足传力、变形、耐久和防护要求。

3）山墙处的壁柱或构造柱宜砌至山墙顶部，屋面构件应与山墙可靠拉结。

4）墙体转角处和纵横墙交接处应沿竖向每隔400mm～500mm设拉结钢筋，其数量为每120mm墙厚不小于1根直径6mm的钢筋；或采用焊接钢筋网片，埋入长度从墙的转角或交接处算起，对实心砖墙每边不小于500mm，对多孔砖墙和砌块墙不小于700mm。

（5）砌体中留槽洞及埋设管道的要求

1）不应在截面长边小于500mm的承重墙体、独立柱内埋设管线；

2）不宜在墙体中穿行暗线或预留、开凿沟槽，无法避免时应采取必要的措施或按削弱后的截面验算墙体的承载力。对受力较小或未灌孔的砌块砌体，允许在墙体的竖向孔洞中设置管线。

（6）设置垫块的条件

跨度大于6m的屋架和跨度大于下列数值的梁，应在支承处砌体上设置混凝土或钢筋混凝土垫块；当墙中设有圈梁时，垫块与圈梁宜浇成整体。

1）对砖砌体为4.8m；

2）对砌块和料石砌体为4.2m；

3）对毛石砌体为3.9m。

（7）设置壁柱或构造柱的条件

当梁跨度大于或等于下列数值时，其支承处宜加设壁柱或采取其他加强措施：

1）对240mm厚的砖墙为6m，对180mm的砖墙为4.8m；

2）对砌块、料石墙为4.8m。

（8）砌块砌体的构造

1）砌块砌体应分皮错缝搭砌，上下皮搭砌长度不得小于90mm。当搭砌长度不满足上述要求时，应在水平灰缝内设置不少于2φ4的焊接钢筋网片（横向钢筋的间距不宜大于200mm），网片每端均应超过该垂直缝，其长度不得小于300mm。

2）砌块墙与后砌隔墙交接处，应沿墙高每400mm在水平灰缝内设置不少于2φ4、横

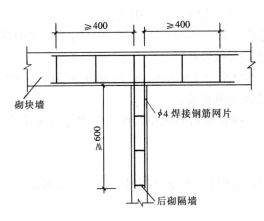

图 6.7 砌块墙与后砌隔墙交接处钢筋网片

筋间距不大于 200mm 的焊接钢筋网片，如图 6.7 所示。

3）混凝土砌块墙体的下列部位，如未设圈梁或混凝土垫块，应采用不低于 C20 灌孔混凝土将孔洞灌实：

① 搁栅、檩条和钢筋混凝土楼板的支承面下，高度不应小于 200mm 的砌体；

② 屋架、梁等构件的支承面下，高度不应小于 600mm，长度不应小于 600mm 的砌体；

③ 挑梁支承面下，距墙中心线每边不应小于 300mm，高度不应小于 600mm 的砌体。

（9）防止墙体开裂的主要措施

墙体裂缝是多层砌体结构比较突出的问题，产生的原因很多，主要由受力、不均匀沉降、温度干缩产生。受力原因采取的措施主要是通过设计时要有正确的承载力计算，且选择合理的材料和保证正确的施工；不均匀沉降原因采取的措施见《地基与基础》相关内容；下面主要介绍防止和减轻由温度干缩引起裂缝的主要措施。

1）为了防止或减轻房屋在正常使用条件下，由温差和砌体干缩引起的墙体竖向裂缝，应在墙体中设置伸缩缝。伸缩缝应设在因温度和收缩变形可能引起应力集中、砌体产生裂缝可能性最大的地方。伸缩缝的最大间距可按表 6.1 采用。

砌体房屋伸缩缝的最大间距（m）　　　　　　表 6.1

屋 盖 或 楼 盖 类 别		间　距
整体式或装配整体式钢筋混凝土结构	有保温层或隔热层的屋盖、楼盖	50
	无保温层或隔热层的屋盖	40
装配式无檩体系钢筋混凝土结构	有保温层或隔热层的屋盖、楼盖	60
	无保温层或隔热层的屋盖	50
装配式有檩体系钢筋混凝土结构	有保温层或隔热层的屋盖	75
	无保温层或隔热层的屋盖	60
瓦材屋盖、木屋盖或楼盖、轻钢屋盖		100

注：1）对烧结普通砖、多孔砖、配筋砌块砌体房屋取表中数值；对石砌体、蒸压灰砂砖、蒸压粉煤灰砖和混凝土砌块房屋取表中数值乘以 0.8 的系数。当墙体有可靠外保温措施时，其间距可取表中数值；

2）在钢筋混凝土屋面上挂瓦的屋盖应按钢筋混凝土屋盖采用；

3）层高大于 5m 的烧结普通砖、多孔砖、配筋砌块砌体结构单层房屋，其伸缩缝间距可按表中数值乘以 1.3；

4）温差较大且变化频繁地区和严寒地区不采暖的房屋及构筑物墙体的伸缩缝的最大间距，应按表中数值予以适当减小；

5）墙体的伸缩缝应与结构的其他变形缝相重合，缝宽度应满足各种变形缝的变形要求，在进行立面处理时，必须保证缝隙的变形作用。

2）防止或减轻房屋顶层墙体的裂缝，可根据情况采取下列措施：

① 屋面应设置保温、隔热层；

② 屋面保温（隔热）层或屋面刚性面层及砂浆找平层应设置分隔缝，分隔缝间距不宜大于 6m，并与女儿墙隔开，其缝宽不小于 30mm；

③ 采用装配式有檩体系钢筋混凝土屋盖和瓦材屋盖；

④ 顶层屋面板下设置现浇钢筋混凝土圈梁，并沿内外墙拉通，房屋两端圈梁下的墙体内宜适当设置水平钢筋；

⑤ 顶层墙体有门窗等洞口时，在过梁上的水平灰缝内设置 2～3 道焊接钢筋网片或 $2\phi6$ 钢筋，并应伸入过梁两端墙内不小于 600mm；

⑥ 顶层及女儿墙砂浆强度等级不低于 M7.5（$M_b7.5$、$M_s7.5$）；

⑦ 女儿墙应设置构造柱，构造柱间距不宜大于 4m，构造柱应伸至女儿墙顶并与现浇钢筋混凝土压顶整浇在一起；

⑧ 对顶层墙体施加竖向预应力。

3）防止或减轻房屋底层墙体裂缝，可根据情况采取下列措施：

① 增大基础圈梁的刚度；

② 在底层的窗台下墙体灰缝内设置 3 道焊接钢筋网片或 $2\phi6$ 钢筋，并伸入两边窗间墙内不小于 600mm。

6.2.2 多层砌体房屋抗震的一般规定

（1）房屋总高度和层数的限制

随着房屋高度的增大，地震作用也将增大，对房屋的破坏将加重。震害调查表明，层数高的砖房的震害较层数低的砖房明显加重。同时，在目前砌体材料强度不高的情况下，砌体房屋高度过高，将使砌体截面增大，从而导致结构自重增大、地震作用加重的不利后果。从技术和经济上看，对砌体房屋高度和层数应予以限制。因此，《建筑抗震设计规范》GB 50011—2010 和《砌体结构设计规范》GB 50003—2011 规定，一般情况下，多层砌体房屋的总高度及层数不应超过表 6.2 的限值。

横墙较少（指同一楼层内开间大于 4.2m 的房间占该层总面积的 40% 以上）的多层砌体房屋，总高度应比表 6.2 的规定降低 3m，层数相应减少一层；各层横墙很少（开间不大于 4.2m 的房间占该层总面积不到 20% 且开间大于 4.8m 的房间占该层总面积的 50% 以上）的多层砌体房屋，还应再减少一层。

6、7 度时，横墙较少的丙类多层砌体房屋，当按规定采取加强措施并满足抗震承载力要求时，其高度和层数应允许仍按表 6.2 的规定采用。

房屋的层数和总高度限值（m）　　　　　　表 6.2

房屋类别		最小抗震墙厚度（mm）	设防烈度和设计基本地震加速度											
			6		7				8				9	
			0.05g		0.10g		0.15g		0.20g		0.30g		0.40g	
			高度	层数	高度	层数	高度	层数	高度	层数	高度	层数	高度	层数
多层砌体房屋	普通砖	240	21	7	21	7	21	7	18	6	15	5	12	4
	多孔砖	240	21	7	21	7	18	6	18	6	15	5	9	3
	多孔砖	190	21	7	18	6	15	5	15	5	12	4	—	—
	小砌块	190	21	7	21	7	18	6	18	6	15	5	9	3

续表

房屋类别		最小抗震墙厚度（mm）	设防烈度和设计基本地震加速度										
			6		7				8				9	
			0.05g		0.10g		0.15g		0.20g		0.30g		0.40g	
			高度	层数	高度	层数	高度	层数	高度	层数	高度	层数	高度	层数
底部框架-抗震墙砌体房屋	普通砖多孔砖	240	22	7	22	7	19	6	16	5	—	—	—	—
	多孔砖	190	22	7	19	6	16	5	13	4	—	—	—	—
	小砌块	190	22	7	22	7	19	6	16	5	—	—	—	—

注：1　房屋的总高度指室外地面到主要屋面板板顶或檐口的高度，半地下室从地下室室内地面算起，全地下室和嵌固条件好的半地下室应允许从室外地面算起；对带阁楼的坡屋面应算到山尖墙的1/2高度处；

2　室内外高差大于0.6m时，房屋总高度应容许比表中数据适当增加，但不应多于1m；

3　乙类的多层砌体房屋仍按本地区设防烈度查表，其层数应减少一层且总高度应降低3m；不应采用底部框架-抗震墙砌体房屋；

4　本表小砌块体砌体房屋不包括配筋混凝土小型空心砌块砌体房屋。

采用蒸压灰砂砖和蒸压粉煤灰砖的砌体房屋，当砌体的抗剪强度仅达到普通粘土砖砌体的70％时，房屋的层数应比普通砖房减少一层，总高度应减少3m；当砌体的抗剪强度达到普通黏土砖砌体的取值时，房屋层数和总高度的要求同普通砖房屋。

多层砌体承重房屋的层高不应超过3.6m（当使用功能确有需要时，采用约束砌体等加强措施的普通砖房屋，层高不应超过3.9m），底部框架-抗震墙砌体房屋的底部，层高不应超过4.5m；当底层采用约束砌体抗震墙时，层高不应超过4.2m。

（2）房屋高宽比的限制

随着房屋高宽比（总高度与总宽度之比）的增大，地震作用效应增大，由整体弯曲在墙体中产生的附加应力也将增大，为了保证房屋的整体稳定性，减轻弯曲造成的破坏，因此《建筑抗震设计规范》规定，多层砌体房屋总高度与总宽度的最大比值应符合表6.3的要求。

房屋最大高宽比　　　　　　　　　　　　　　　　　　表6.3

烈度	6度	7度	8度	9度
最大高宽比	2.5	2.5	2.0	1.5

注：1. 单面走廊房间的总宽度不包括走廊宽度；

2. 建筑平面接近正方形时，其宽度比宜适当减小。

（3）合理布置房屋的结构体系

1）应优先采用横墙承重或纵横墙共同承重的结构体系，不应采用砌体墙和混凝土墙混合承重的结构体系。

横墙承重或纵横墙共同承重的结构体系具有空间刚度大、整体性好的特点，对抵抗水平地震作用比较有利。根据地震震害调查统计，横墙承重房屋破坏率最低，破坏程度最轻，纵横墙承重房屋次之，纵墙承重房屋最次。所以在选择结构体系时应优先采用横墙承重或纵横墙共同承重的结构体系

2）纵横墙的布置

① 要均匀对称，沿平面内宜对齐，沿竖向应上下连续；同一轴线上的窗间墙宽度宜

均匀；

② 平面轮廓凹凸尺寸，不应超过典型尺寸的 50%；当超过典型尺寸的 25% 时，房屋转角处应采取加强措施；

③ 楼板局部大洞口的尺寸不宜超过宽度的 30%，且不应在墙体两侧同时开洞；

④ 房屋错层的楼板高差超过 500mm 时应按两层计算；错层部位的墙体应采取加强措施；

⑤ 同一轴线上的窗间墙宽度宜均匀；墙面洞口的面积，6、7 度时不宜大于墙面总面积的 55%，8、9 度时不宜大于 50%；

⑥ 在房屋宽度方向的中部应设置内纵墙，其累计长度不宜小于房屋总长度的 60%（高宽比大于 4 的墙段不计入）。

3）设置防震缝

实践表明：防震缝是减轻地震对房屋破坏的有效措施之一。当出现：房屋立面高差在 6m（二层）以上；房屋有错层，且楼板高差大于层高 1/4；各部分结构刚度、质量截然不同时宜设置防震缝。防震缝应沿房屋全高设置（基础处可不设），缝两侧均应设置墙体，缝宽应根据烈度和房屋高度确定，一般采用 70～100mm。

4）楼梯间的设置

楼梯间墙体缺少各层楼板的侧向支承，有时还因为楼梯踏步削弱楼梯间的墙体，尤其是楼梯间顶层墙体的高度一般为 1.5 倍层高，往往地震时震害较严重，故不宜设置在房屋的尽端和转角处。

5）烟道、风道、垃圾道等的设置

不应使烟道、风道、垃圾道削弱承重墙体，否则应对被削弱的墙体采取加强措施。如必须做出屋面或附墙烟囱时，宜采用竖向配筋砌体。

6）不应采用无锚固的钢筋混凝土预制挑檐

7）后砌的非承重隔墙应沿墙高每隔 500mm～600mm 配置 2φ6 拉结钢筋与承重墙或柱拉结，每边伸入墙内不应小于 500mm；8 和 9 度时，长度大于 5m 的后砌隔墙，墙顶尚应与楼板或梁拉结，独立墙肢端部及大门洞边宜设钢筋混凝土构造柱。

（4）房屋抗震横墙的间距限制

砖墙在平面内的受剪承载能力较大，而平面外（出平面）的受弯承载力很低。为尽量减少纵向砖墙的出平面破坏，《建筑抗震设计规范》规定横墙最大间距应符合表 6.4 的要求。

房屋抗震横墙最大间距（m）　　　　　　　　　　　　表 6.4

房屋类别		烈　　度			
		6	7	8	9
多层砌体房屋	现浇或装配整体式钢筋混凝土楼、屋盖	15	15	11	7
	装配式钢筋混凝土楼、屋盖	11	11	9	4
	木屋盖	9	9	4	—
底部框架-抗震墙砌体房屋	上部各层	同多层砌体房屋			—
	底层或底部两层	18	15	11	—

注：（1）多层砌体房屋的顶层，除木屋盖外的最大横墙间距应允许适当放宽，但应采取相应的措施；

（2）多孔砖抗震墙横墙厚度为 190mm 时，最大横墙间距应比表中数值减少 3m。

（5）房屋局部尺寸限制

房屋局部尺寸的影响，有时仅造成局部的破坏，并未造成结构的倒塌。但是，房屋局部破坏必然影响房屋的整体抗震能力，且某些重要部位的局部破坏会带来连锁反应，形成墙体各个击破的破坏甚至倒塌，故《建筑抗震设计规范》规定对房屋中砌体墙段的局部尺寸限值，应符合表 6.5 的规定。

房屋的局部尺寸限值（m）　　　　　　　　表 6.5

部　位	6　度	7　度	8　度	9　度
承重窗间墙最小宽度	1.0	1.0	1.2	1.5
承重外墙尽端至门窗洞边的最小距离	1.0	1.0	1.2	1.5
非承重外墙尽端至门窗洞边的最小距离	1.0	1.0	1.0	1.0
内墙阳角至门窗洞边的最小距离	1.0	1.0	1.5	2.0
无锚固女儿墙（非出入口）的最大高度	0.5	0.5	0.5	0

注：1. 局部尺寸不足时应采取局部加强措施弥补，且最小宽度不宜小于 1/4 层高和表列数据的 80%；

　　2. 出入口处的女儿墙应有锚固。

（6）底部框架-抗震墙房屋的结构布置

对底部框架-抗震墙房屋的结构布置，应符合下列要求：

1）上部的砌体抗震墙与底部的框架梁或抗震墙，除楼梯间附近的个别墙段外均应对齐。

2）房屋的底部，应沿纵横两方向设置一定数量的抗震墙，并应均匀对称布置。6 度且总层数不超过四层的底层框架-抗震墙房屋，应允许采用嵌砌于框架之间的约束普通砖或小砌块的砌体抗震墙，但应计入砌体墙对框架的附加轴力和附加剪力并进行底层的抗震验算，且同一方向不应同时采用钢筋混凝土抗震墙和约束砌体抗震墙；其余情况，8 度时应采用钢筋混凝土抗震墙，6、7 度时应采用钢筋混凝土抗震墙或配筋小砌块砌体抗震墙。

3）底层框架-抗震墙房屋的纵横两个方向，第二层计入构造柱影响的侧向刚度与底层侧向刚度的比值，6、7 度时不应大于 2.5，8 度时不应大于 2.0，且均不应小于 1.0。

4）底部两层框架-抗震墙房屋的纵横两个方向，底层与底部第二层侧向刚度应接近，第三层计入构造柱影响的侧向刚度与底部第二层侧向刚度的比值，6、7 度时不应大于 2.0，8 度时不应大于 1.5，且均不应小于 1.0。

5）底部框架-抗震墙房屋的抗震墙应设置条形基础、筏式基础等整体性好的基础。

6.2.3　多层砖砌体房屋的抗震构造措施

（1）钢筋混凝土构造柱（以下简称构造柱）

大量试验表明：构造柱能提高砖墙的受剪承载力 10%～30%，提高幅度与墙体高宽比、竖向压力和开洞情况有关；主要对砌体起约束作用，而这种约束作用需要构造柱与各层纵横墙的圈梁或现浇板连接，使之有较高的变形能力。即通过构造柱与圈梁把墙体分片包围，能限制开裂后砌体裂缝的延伸和砌体的错位，使砖墙能维持竖向承载能力，并能继续吸收地震的能量，避免墙体倒塌。

1）构造柱设置原则

多层砖砌体房屋，应按下列要求设置构造柱：

① 构造柱设置部位，一般情况下应符合表 6.6 的要求。

② 外廊式和单面走廊式的多层房屋，应根据房屋增加一层后的层数，按表 6.6 的要求设置构造柱，且单面走廊两侧的纵墙均应按外墙处理。

③ 横墙较少的房屋，应根据房屋增加一层后的层数，按表 6.6 的要求设置构造柱；当横墙较少的房屋为外廊式或单面走廊式时，应按②款要求设置构造柱，但 6 度不超过四层、7 度不超过三层和 8 度不超过二层时，应按增加两层后的层数对待。

④ 各层横墙很少的房屋，应按增加二层的层数对待。

⑤ 采用蒸压灰砂砖和蒸压粉煤灰砖的砌体房屋，当砌体的抗剪强度仅达到普通黏土砖的 70% 时，应根据增加一层的层数按本条①～④款要求设置构造柱；但 6 度不超过四层、7 度不超过三层和 8 度不超过二层时，应按增加两层后的层数对待。

多层砖砌体房屋构造柱设置要求　　　　　表 6.6

房屋层数				设 置 部 位	
6 度	7 度	8 度	9 度		
四、五	三、四	二、三		楼、电梯间四角，楼梯斜梯段上下端对应的墙体处；外墙四角和对应转角；错层部位横墙与外纵墙交接处，大房间内外墙交接处，较大洞口两侧	隔 12m 或单元横墙与外纵墙交接处；楼梯间对应的另一侧内横墙与外纵墙交接处
六	五	四	二		隔开间横墙（轴线）与外墙交接处，山墙与内纵墙交接处
七	≥六	≥五	≥三		内墙（轴线）与外墙交接处，内墙的局部较小墙垛处；内纵墙与横墙（轴线）交接处

注：较大洞口，内墙指不小于 2.1m 的洞口；外墙在内外墙交接处已设置构造柱时应允许适当放宽，但洞侧墙体应加强。

2）构造柱构造要求

① 构造柱最小截面可采用 180mm×240mm（墙厚 190mm 时为 180mm×190mm），纵向钢筋宜采用 $4\phi12$，箍筋间距不宜大于 250mm，且在柱上下端宜适当加密；6、7 度时超过六层、8 度时超过五层和 9 度时，构造柱纵向钢筋宜采用 $4\phi14$，箍筋间距不应大于 200mm；房屋四角的构造柱可适当加大截面及配筋。

② 构造柱与墙连接处应砌成马牙槎，并应沿墙高每隔 500mm 设 $2\phi6$ 水平钢筋和 $\phi4$ 分布短筋平面内点焊组成的拉结网片或 $\phi4$ 点焊钢筋网片，每边伸入墙内不宜小于 1m。6、7 度时底部 1/3 楼层，8 度时底部 1/2 楼层，9 度时全部楼层，上述拉结钢筋网片应沿墙体水平通长设置。

③ 构造柱与圈梁连接处，构造柱的纵筋应穿过圈梁纵筋内侧，保证构造柱纵筋上下贯通。

④ 构造柱可不单独设置基础，但应伸入室外地面下 500mm，或与埋深小于 500mm 的基础圈梁相连。

⑤ 房间高度和层数接近表 6.2 的限值时，纵、横墙内构造柱间距尚应符合下列要求：A. 横墙内的构造柱间距不宜大于层高的二倍，下部 1/3 楼层的构造柱间距适当减小；B. 当外纵墙开间大于 3.9m 时，应另设加强措施。内纵墙的构造柱间距不宜大于 4.2m。

构造柱的一般做法如图 6.8 所示。

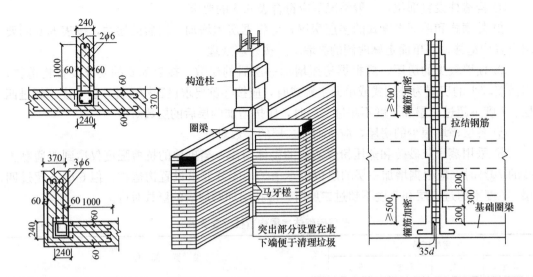

图 6.8　构造柱的一般做法

（2）钢筋混凝土圈梁（以下简称圈梁）

圈梁能增强砌体结构的整体性，提高楼盖的水平刚度，限制墙体斜裂缝的开展和延伸，减轻地基不均匀沉降对房屋的影响，是有效的抗震措施之一。

1）圈梁设计原则

多层砖砌体房屋的现浇钢筋混凝土圈梁设置应符合下列要求：

① 装配式钢筋混凝土楼、屋盖或木屋盖的砖房，应按表 6.7 的要求设置圈梁；纵墙承重时，抗震横墙上的圈梁间距应比表内要求适当加密；

② 现浇或装配整体式钢筋混凝土楼、屋盖与墙体有可靠连接的房屋，应允许不另设圈梁，但楼板沿抗震墙周边应加强配筋并应与相应的构造柱钢筋可靠连接。

表 6.7

多层砖砌体房屋现浇钢筋混凝土圈梁设置要求

墙类	烈　　　度		
	6、7	8	9
外墙和内纵墙	屋盖处及每层楼盖处	屋盖处及每层楼盖处	屋盖处及每层楼盖处
内横墙	同上；屋盖处间距不应大于 4.5m；楼盖处间距不应大于 7.2m；构造柱对应部位	同上；各层所有横墙，且间距不应大于 4.5m；构造柱对应部位	同上；各层所有横墙

2）圈梁构造要求

① 圈梁应闭合，遇有洞口圈梁应上下搭接，如图 6.9 所示。圈梁宜与预制板设在同一标高处或紧靠板底。

② 圈梁在表 6.7 要求的间距内无横墙时，应利用梁或板缝中配筋替代圈梁。

③ 圈梁的截面高度不应小于 120mm 宽度宜与墙厚相同，配筋应符合表 6.8 的要求；对土质严重不均匀的基础圈梁，截面高度不应小于 180mm，配筋不应小于 $4\phi12$。

④ 当圈梁兼作过梁时，过梁部分的钢筋应按计算用量另行增配。

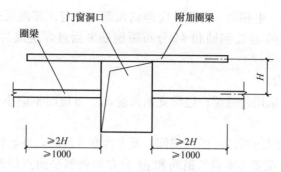

图 6.9 圈梁的搭接

砖房圈梁配筋要求 表 6.8

配 筋	烈 度		
	6、7	8	9
最小纵筋	4ϕ10	4ϕ12	4ϕ14
最大箍筋间距（mm）	250	200	150

（3）楼、屋盖

楼、屋盖是房屋的重要横隔，除了保证自身的刚度和整体性外，必须与墙体有足够的支承长度或可靠拉结，才能正常传递地震作用和保证房屋的整体性。对多层砖砌体房屋的楼、屋盖，应符合下列要求：

1）现浇钢筋混凝土楼板或屋面板伸进纵、横墙内的长度，均不应小于 120mm。

2）装配式钢筋混凝土楼板或屋面板，当圈梁未设在板的同一标高时，板端伸进外墙的长度不应小于 120mm，伸进内墙的长度不应小于 100mm 或采用硬架支模连接，在梁上不应小于 80mm 或采用硬架支模连接。

3）当板的跨度大于 4.8m 并与外墙平行时，靠外墙的预制板侧边应与墙或圈梁拉结。

4）房屋端部大房间的楼盖，6 度时房屋的屋盖和 7.9 度时房屋的楼、屋盖，当圈梁设在板底时，钢筋混凝土预制板应相互拉结，并应与梁、墙或圈梁拉结。

5）楼、屋盖的钢筋混凝土梁或屋架应与墙、柱（包括构造柱）或圈梁可靠连接；不得采用独立砖柱。跨度不小于 6m 大梁的支承构件应采用组合砌体等加强措施，并满足承载力要求。

（4）楼梯间

如前所述，楼梯间往往受到的震害比较严重，故楼梯间的构造措施应适当加强。

1）顶层楼梯间墙体应沿墙高每隔 500mm 设 2ϕ6 通长钢筋和 ϕ4 分布短钢筋平面点焊组成的拉结网片或 ϕ4 点焊网片；7~9 度时其他各层楼梯间墙体应在休息平台或楼层半高处设置 60mm 厚、纵向钢筋不应少于 2ϕ10 的钢筋混凝土带或配筋砖带，配筋砖带不少于 3 皮，每皮的配筋不少于 2ϕ6，砂浆强度等级不应低于 M7.5 且不低于同层墙体的砂浆强度等级。

2）楼梯间及门厅内墙阳角处的大梁支承长度不应小于 500mm，并应与圈梁连接。

3）装配式楼梯段应与平台板的梁可靠连接，8~9 度时不应采用装配式楼梯段，不应采用墙中悬挑式踏步或踏步竖肋插入墙体的楼梯，不应采用无筋砖砌栏板。

4）突出屋顶的楼、电梯间，构造柱应伸到顶部，并与顶部圈梁连接，所有墙体应沿墙高每隔 500mm 设 2ϕ6 通长钢筋和 ϕ4 分布短钢筋平面点焊组成的拉结网片或 ϕ4 点焊网片。

（5）其他构造要求

1）门窗洞处不应采用砖过梁；过梁支承长度，6～8 度时不应小于 240mm，9 度时不应小于 360mm。

2）6、7 度时长度大于 7.2m 的大房间，及 8 度和 9 度时，外墙转角及内外墙交接处，应沿墙高每隔 500mm 配置 2ϕ6 通长钢筋和 ϕ4 分布短钢筋平面点焊组成的拉结网片或 ϕ4 点焊网片。

3）预制阳台，6、7 度时应与圈梁和楼板的现浇板带可靠连接，8、9 度时不应采用预制阳台。

6.2.4 多层砌块房屋的抗震构造措施

（1）钢筋混凝土芯柱（以下简称芯柱）

芯柱能增强结构的整体性、提高砌块砌体的抗剪强度。

1）芯柱的设置要求

多层小砌块房屋应按表 6.9 的要求设置钢筋混凝土芯柱，对外廊式和单面走廊式的多层房屋、横墙较少的房屋、各层横墙很少的房屋，尚应分别按 6.2.3 中构造柱设置原则②～④ 关于增加层数的对应要求，按表 6.9 的要求设置芯柱。

多层小砌块房屋芯柱设置要求   表 6.9

房屋层数				设置部位	设置数量
6 度	7 度	8 度	9 度		
四、五	三、四	二、三		外墙转角，楼、电梯间四角；楼梯斜梯段上下端对应的墙体处；大房间内外墙交接处；错层部位横墙与外纵墙交接处；隔 12m 或单元横墙与外纵墙交接处	外墙转角，灌实 3 个孔；内外墙交接处，灌实 4 个孔；楼梯斜梯段上下端对应的墙体处，灌实 2 个孔
六	五	四		同上；隔开间横墙（轴线）与外纵墙交接处	
七	六	五	二	同上；各内墙（轴线）与外纵墙交接处；内纵墙与横墙（轴线）交接处和洞口两侧	外墙转角，灌实 5 个孔；内外墙交接处，灌实 4 个孔；内墙交接处，灌实 4～5 个孔；洞口两侧各灌实 1 个孔
	七	≥六	≥三	同上；横墙内芯柱间距不大于 2m	外墙转角，灌实 7 个孔；内外墙交接处，灌实 5 个孔；内墙交接处，灌实 4～5 个孔；洞口两侧各灌实 1 个孔

注：外墙转角、内外墙交接处、楼电梯间四角等部位，应允许采用钢筋混凝土构造柱替代部分芯柱。

2）芯柱的构造要求

多层小砌块房屋的芯柱，应符合下列构造要求：

① 小砌块房屋芯柱截面不宜小于120mm×120mm。

② 芯柱混凝土强度等级，不应低于C_b20。

③ 芯柱的竖向插筋应贯通墙身且与圈梁连接；插筋不应小于$1\phi12$、6、7度时超过五层、8度时超过四层和9度时，插筋不应小于$1\phi14$。

④ 芯柱应伸入室外地面下500mm或与埋深小于500mm的基础圈梁相连。

⑤ 为提高墙体抗震受剪承载力而设置的芯柱，宜在墙体内均匀布置，最大净距不宜大于2.0m。

3）替代芯柱的钢筋混凝土构造柱，应符合下列构造要求

① 构造柱最小截面可采用190mm×190mm，纵向钢筋宜采用$4\phi12$，箍筋间距不宜大于250mm，且在柱上下端宜适当加密；6、7度时超过五层、8度时超过四层和9度时，构造柱纵向钢筋宜采用$4\phi14$，箍筋间距不应大于200mm；外墙转角的构造柱可适当加大截面及配筋。

② 构造柱与砌块墙连接处应砌成马牙槎，与构造柱相邻的砌块孔洞，6度时宜填实，7度时应填实，8、9度时应填实并插筋；构造柱与砌块墙之间沿墙高每隔600mm应设$\phi4$点焊拉结钢筋网片，并应沿墙体水平通长设置。6、7度时底部1/3楼层，8度时底部1/2楼层，9度时全部楼层，上述拉结钢筋网片沿墙高间距不大于400mm。

③ 构造柱与圈梁连接处，构造柱的纵筋应穿过圈梁纵筋内侧，保证构造柱纵筋上下贯通。

④ 构造柱可不单独设置基础，但应伸入室外地面下500mm，或与埋深小于500mm的基础圈梁相连。

（2）多层小砌块房屋的现浇钢筋混凝土圈梁

多层小砌块房屋的现浇钢筋混凝土圈梁的设置位置应按表6.7的要求设置，圈梁宽度不应小于190mm，配筋不应少于$4\phi12$，箍筋间距不应大于200mm。

（3）其他构造措施

1）小砌块房屋的层数，6度时超过五层、7度时超过四层、8度时超过三层和9度时，在底层和顶层的窗台标高处，沿纵横墙应设置通长的水平现浇钢筋混凝土带；其截面高度不小于60mm，纵筋不少于$2\phi10$，并应有分布拉结钢筋；其混凝土强度等级不应低于C20。

2）小砌块房屋的其他抗震构造措施，尚应符合多层砖砌体房屋的有关规定，其中墙体的拉结钢筋网片间距应符合本节的相应规定，分别取600mm和400mm。

6.2.5 底部框架-抗震墙砌体房屋的抗震构造措施

底部框架-抗震墙房屋是指底部一层或二层为框架-抗震墙结构，上部各层为砌体结构承重的房屋。

（1）材料强度等级要求

1）框架柱、抗震墙和托墙梁的混凝土强度等级，不应低于C30。

2）过渡层砌体块材的强度等级不应低于MU10，砖砌体砌筑砂浆强度的等级不应低于M10，砌块砌体砌筑砂浆强度的等级不应低于Mb10。

（2）上部多层砌体要求

1）钢筋混凝土构造柱或芯柱

① 钢筋混凝土构造柱或芯柱的设置部位，应根据房屋的总层数分别按 6.2.3(1)1)、6.2.4(1)1)的规定设置。

② 构造柱、芯柱的构造，应符合 6.2.3(1)2)、6.2.4(1)2)的要求外，还应符合下列要求：砖砌体墙中构造柱截面不宜小于 240mm×240mm(墙厚 190mm 时为 240mm×190mm)；构造柱的纵向钢筋不宜少于 4φ14，箍筋间距不宜大于 200mm；芯柱每孔插筋不应小于 1φ14，芯柱之间沿墙高应每隔 400mm 设 φ4 焊接钢筋网片。

③ 构造柱应与每层圈梁连接，或与现浇楼板可靠拉结。

2) 楼盖

① 过渡层的底板应采用现浇钢筋混凝土板，板厚不应小于 120mm，并应少开洞、开小洞，当洞口尺寸大于 800mm 时，洞口周边应设置边梁。

② 其他楼层，采用装配式钢筋混凝土楼板时均应设现浇圈梁，采用现浇钢筋混凝土楼板时应允许不另设圈梁，但楼板沿墙体周边应加强配筋并应与相应的构造柱可靠连接。

(3) 底部框架-抗震墙要求

1) 钢筋混凝土抗震墙

① 抗震墙周边应设置梁（或暗梁）和边框柱（或框架柱）组成的边框；边框梁的截面宽度不宜小于墙板厚度的 1.5 倍，截面高度不宜小于墙板厚度的 2.5 倍；边框柱的截面高度不宜小于墙板厚度的 2 倍。

② 抗震墙墙板的厚度不宜小于 160mm，且不应小于墙板净高的 1/20；抗震墙宜开设洞口形成若干墙段，各墙段的高宽比不宜小于 2。

③ 抗震墙的竖向和横向分布钢筋配筋率均不应小于 0.3%，并应采用双排布置；双排分布钢筋间拉筋的间距不应大于 600mm，直径不应小于 6mm。

④ 墙体的边缘构件可按《建筑抗震设计规范》对抗震墙结构的基本抗震构造措施中关于一般部位的规定设置。

2) 底层采用约束砖砌体墙

① 墙厚不应小于 240mm，砌筑砂浆强度等级不应低于 M10，应先砌墙后浇框架梁柱。

② 沿框架柱每隔 300mm 配置 2φ8 水平钢筋和 φ4 分布短钢筋平面点焊组成的拉结网片，并沿砖墙水平通长设置；在墙体半高处尚应设置与框架柱相连的钢筋混凝土水平系梁。

③ 墙长大于 4m 时和洞口两侧，应在墙内增设钢筋混凝土构造柱。

3) 底层采用约束小砌块砌体墙

① 墙厚不应小于 190mm，砌筑砂浆强度等级不应低于 Mb10，应先砌墙后浇框架。

② 沿框架柱每隔 400mm 配置 2φ8 水平钢筋和 φ4 分布短钢筋平面点焊组成的拉结网片，并沿砌块墙水平通长设置；在墙体半高处尚应设置与框架柱相连的钢筋混凝土水平系梁，系梁截面不应小于 190mm×190mm，纵向钢筋不应少于 4φ12，箍筋直径不应小于 φ6，间距不应大于 200mm。

③ 墙体在门、窗洞口两侧应设置芯柱，墙长大于 4m 时，应在墙内增设芯柱，芯柱应符合 6.2.4(1)2)要求；其余位置宜采用钢筋混凝土构造柱替代芯柱，钢筋混凝土构造柱应符合 6.2.4(1)3)要求。

4）钢筋混凝土托墙梁

① 为保证托墙梁有足够的刚度，其截面宽度不应小于300mm，梁的截面高度不应小于跨度的1/10。

② 箍筋的直径不应小于8mm，间距不应大于200mm；梁端在1.5倍梁高且不小于1/5梁净跨范围内，以及上部墙体的洞口处和洞口两侧各500mm且不小于梁高的范围内，箍筋间距不应大于100mm。

③ 沿梁高均应设置腰筋，腰筋数量不应小于$2\phi14$，间距不应大于200mm。

④ 梁的主筋和腰筋应按受拉钢筋的要求锚固在柱内，且支座上部的纵向钢筋在柱内的锚固长度应符合钢筋混凝土框支梁的有关要求。

5）过渡层墙体的构造，应符合下列要求：

① 上部砌体墙的中心线宜于底部的框架梁、抗震墙的中心线相重合；构造柱或芯柱宜于框架柱上下贯通。

② 过渡层应在底部框架柱、混凝土墙或约束砌体墙的构造柱所对应处设置构造柱或芯柱；墙体内的构造柱间距不宜大于层高；芯柱除按表6.9设置外，最大间距不宜大于1m。

③ 过渡层构造柱的纵向钢筋，6、7度时不宜小于$4\phi16$，8度时不宜小于$4\phi18$。过渡层芯柱的纵向钢筋，6、7度时不宜小于每孔$1\phi16$，8度时不宜小于每孔$1\phi18$。一般情况下，纵向钢筋应锚入下部的框架柱或混凝土墙内；当纵向钢筋锚固在托墙梁内时，托墙梁的相应位置应加强。

④ 过渡层的砌体墙在窗台标高处，应设置沿纵横墙通长的水平现浇钢筋混凝土带；其截面高度不小于60mm，宽度不小于墙厚，纵向钢筋不小于$2\phi10$，横向分布筋的直径不小于$\phi6$且其间距不大于200mm。此外，砖砌体墙在相邻构造柱间的墙体，应沿墙高每隔360mm设置$2\phi6$通长水平钢筋和$\phi4$分布短筋平面内点焊组成的拉结网片或$\phi4$点焊钢筋网片，并锚入构造柱内；小砌块砌体墙芯柱之间沿墙高应每隔400mm设置$\phi4$通常水平点焊钢筋网片。

⑤ 过渡层的砌体墙，凡宽度不小于1.2m的门洞和2.1m的窗洞，洞口两侧宜增设截面不小于120mm×240mm（墙厚190mm时为120mm×190mm）的构造柱或单孔芯柱。

⑥ 当过渡层的砌体抗震墙与底部框架梁、墙体不对齐时，应在底部框架内设置托墙转换梁，并且过渡层砖墙或砌块墙应采取比本条（4）更高的加强措施。

（4）底部框架—抗震墙房屋的其他抗震构造措施，应符合6.2.3、6.2.4和《建筑抗震设计规范》多层和高层钢筋混凝土房屋的相关规定。

6.2.6　多层与高层房屋非承重墙的抗震构造措施

（1）填充墙墙体的材料、选型和布置，应根据烈度、房屋高度、建筑体型、结构层间变形、墙体自身抗侧力性能的利用等因素，经综合分析后确定。

① 非承重墙体应优先采用轻质墙体材料；采用砌体墙时，应采取措施减少对主体结构的不利影响，并应设置拉结筋、水平系梁、圈梁、构造柱等与主体结构可靠拉结。

② 刚性非承重墙体的布置，应避免使结构形成刚度和强度分布上的突变；当围护墙非对称均匀布置时，应考虑质量和刚度的差异对主体结构抗震不利的影响。

③ 墙体与主体结构应有可靠的拉结，应能适应主体结构不同方向的层间位移；8、9度是应具有满足层间变位的变形能力，与悬挑构件相连接时，尚应具有满足节点转动引起的竖向变形的能力。

④ 外墙板的连接件应具有足够的延性和适当的转动能力，宜满足在设防烈度下主体结构层间变形的要求。

⑤ 砌体女儿墙在人流出入口和通道处应与主体结构锚固；非出入口无锚固的女儿墙高度，6～8度时不宜超过 0.5m，9 度时应有锚固。防震缝处女儿墙应留有足够的宽度，缝两侧的自由端应予以加强。

（2）多层砌体结构中，非承重墙墙体应符合：后砌的非承重墙应沿墙高每隔 500～600mm 配置 2φ6 拉结钢筋与承重墙或柱拉结，每边伸入墙内不应少于 500mm；8 度和 9 度时，长度大于 5m 的后砌墙，墙顶尚应与楼板或梁拉结，独立墙肢端部及大门洞边宜设钢筋混凝土构造柱。

（3）钢筋混凝土结构中的砌体填充墙，宜与柱脱开，应符合下列要求：

① 填充墙在平面和竖向的布置，宜均匀对称，宜避免形成薄弱层或短柱。

② 砌体的砂浆强度等级不应低于 M5，实心块体的强度等级不宜低于 MU2.5，空心块体的强度等级不宜低于 MU3.5；墙顶应与框架梁密切结合。

③ 填充墙应沿框架柱全高每隔 500～600mm 设 2φ6 拉筋，拉筋伸入墙内的长度，6、7 度时宜沿墙全长贯通，8、9 度时应沿墙全长贯通。

④ 墙长大于 5m 时，墙顶与梁宜有拉结；墙长超过 8m 或墙长超过层高 2 倍时，宜设置钢筋混凝土构造柱；墙高超过 4m 时，墙体半高宜设置与柱连接且沿墙全长贯通的钢筋混凝土水平系梁。

⑤ 楼梯间和人流通道的填充墙，尚应采用钢丝网砂浆面层加强。

实践教学课题：施工现场参观

【目的与意义】　砌体结构的构造要求是保证砌体房屋的空间工作和整体性的主要措施之一。通过到施工现场参观学习，增强学生的感性认识，能更好地把课堂上学习的理论知识与实践紧密结合在一起。

【内容与要求】　选择一个在建的砌体结构施工现场，在指导教师或施工现场工程技术人员的指导下进行参观学习，全面了解砌体结构的构造要求，如钢筋混凝土构造柱、圈梁等的设置原则及构造要求，对照比较教材、规范、施工图要求与施工现场的做法。

思　考　题

1. 砌体的种类有哪些？配筋砌体有几种形式？

2. 为什么砌体的抗压强度远小于块体的抗压强度？

3. 影响砌体抗压强度的主要因素有哪些？

4. 简述多层砌体结构的一般构造要求。

5. 简述防止和减轻墙体由于温度和收缩变形开裂的主要措施。

6. 简述有抗震要求时多层砌体结构房屋对于总高度、层数、高宽比的要求。

7. 有抗震要求时多层砌体结构房屋如何合理布置房屋的结构体系？

8. 简述混凝土构造柱的设置原则和构造要求。

9. 简述圈梁的设置原则和构造要求。

10. 简述底部框架-抗震墙房屋的抗震构造措施。

11. 简述多层与高层房屋填充墙的抗震构造措施。

7 钢结构基础知识

【学习提要】 随着现代工业技术的发展和装配式建筑的大力推广，钢结构工程的应用将会日益广泛。通过本单元的学习，应熟悉钢结构施工图的基本表示方法，初步具备识图能力。

7.1 钢 结 构 的 连 接

7.1.1 钢结构的连接方法

钢结构的连接方法有焊接连接、铆钉连接和螺栓连接三种（图 7.1）。

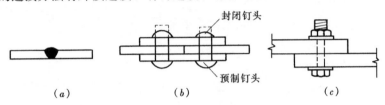

图 7.1 钢结构的连接方法

（a）焊接连接；（b）铆钉连接；（c）螺栓连接

（1）焊接连接

焊接是目前钢结构应用最广泛的连接方法，其优点是构造简单、节约钢材、操作方便、不削弱截面、易于采用自动化操作等。其缺点是焊缝附近热影响区的材质变脆，对裂纹敏感，在加热和冷却过程中产生的焊接残余应力和残余变形对结构有着不利影响等。

（2）铆钉连接

铆钉连接是将一端带有预制钉头的铆钉，经加热后插入连接构件的钉孔中，用铆钉枪或压铆机将另一端压成封闭钉头而成。因构造复杂，费钢费工，现已较少采用。但其传力可靠，塑性、韧性均较好，在一些重型和直接承受动力荷载的结构中仍然采用。

（3）螺栓连接

螺栓连接分普通螺栓连接和高强度螺栓连接。普通螺栓由于紧固力小，其螺栓杆与螺栓孔间的空隙较大，故受剪连接的性能差，但其受拉连接的性能较好，并且装拆方便，用于安装连接和需要拆装的结构，有着明显的优点。高强度螺栓可施加很大的紧固力，连接紧密可靠，受力性能好，耐疲劳，施工简单，易于拆换，在应用上已呈现日渐上升的趋势。高强度螺栓的缺点是在材料、制造、安装等方面有一些特殊要求，价格较高。

7.1.2 焊缝连接

（1）焊接方法

钢结构常用的焊接方法是电弧焊，包括手工电弧焊、自动或半自动电弧焊及气体保护焊等。

手工电弧焊是钢结构中最常用的焊接方法，其设备简单，操作灵活方便。但劳动条件差，生产效率比自动或半自动焊低，焊缝质量的变异性大，在一定程度上取决于焊工的技术水平。手工电弧焊常用的焊条有碳钢焊条和低合金钢焊条，其牌号有 E43 型、E50 型和 E55 型等。其中 E 表示焊条，两位数字表示焊条熔敷金属的抗拉强度最小值（单位为 kgf/mm^2）。在选用焊条时，应与主体金属的强度相适应。一般情况下，对 Q235 钢采用 E43 型焊条，对 Q345 钢采用 E50 型焊条，对 Q390 和 Q420 钢采用 E55 型焊条。当不同强度的钢材焊接时，易采用与低强度钢材相适应的焊条。

自动焊的焊缝质量稳定，焊缝内部缺陷较少，塑性好，冲击韧性好，适合于焊接较长的直线焊缝。半自动焊因人工操作，适用于焊曲线或任意形状的焊缝。自动和半自动焊应采用与主体金属相适应的焊丝和焊剂，焊丝应符合国家标准的规定，焊剂应根据焊接工艺要求确定。

（2）焊缝形式

焊缝根据施焊时焊工所持焊条与焊件间的相对位置分为俯焊（平焊）、立焊、横焊和仰焊四种（图 7.2）。平焊施焊方便，质量容易保证；仰焊的操作条件差，焊缝质量不易保证，应尽量避免；立焊和横焊的质量及生产效率介于二者之间。

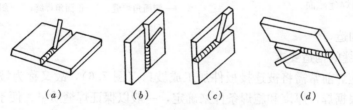

图 7.2 焊缝施焊位置
（a）俯焊；（b）立焊；（c）横焊；（d）仰焊

焊缝连接根据被连接构件的相对位置可分为平接、搭接、T 形连接和角接四种（图7.3）形式。

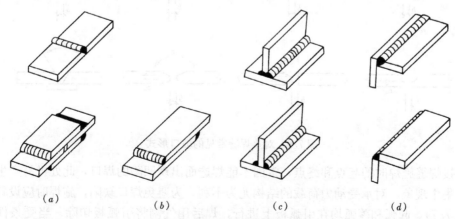

图 7.3 焊缝连接的形式
（a）平接；（b）搭接；（c）T 形连接；（d）角接
上行各图为对接焊缝，下行各图为角焊缝

　　根据焊缝截面、构造可分为对接焊缝和角焊缝两种基本形式（图 7.3）。对接焊缝按焊缝是否被焊透，分为焊透的对接焊缝和未焊透的对接焊缝（本书仅介绍焊透的对接焊缝）。角焊缝的形式有多种，一般情况下普通形直角角焊缝应用较为广泛（本书仅介绍普通形直角角焊缝，以下简称角焊缝）。

　　如图 7.4 所示，角焊缝截面的两个直角边 h_f 称为焊脚尺寸，计算焊缝承载力时，按最小截面即直角角焊缝在 45°角处截面计算，不计凸出部分的余高，该厚度称为有效厚度 h_e，$h_e=0.7h_f$。角焊缝按其与外力作用方向的不同可分为平行于外力作用方向的侧面角焊缝；垂直于外力作用方向的正面角焊缝；斜交于外力作用方向的斜向角焊缝三种受力形式（图 7.5）。正面角焊缝与侧面角焊缝可组成围焊缝（三面围焊或 L 形围焊）。

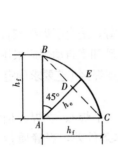

图 7.4　角焊缝截面

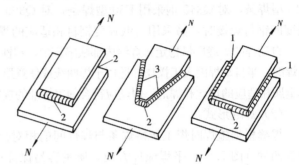

图 7.5　角焊缝的受力形式
1—侧面角焊缝；2—正面角焊缝；3—斜向角焊缝

（3）焊缝构造

1）对接焊缝的构造要求

　　对接焊缝施焊前常需将被连接板件加工成坡口（图 7.6），故又称为坡口焊缝。坡口形式与尺寸应根据焊件厚度和施焊条件来确定，一般以保证焊缝质量、便于施焊和尽量减小焊缝截面为原则。

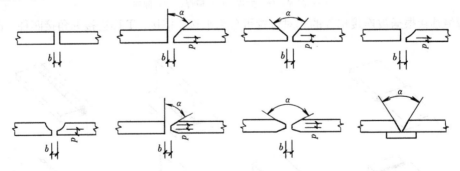

图 7.6　对接焊缝常见的坡口形式

　　对接焊缝施焊时的起点和终点，常因不能焊透而出现凹陷的焊口，此处极易产生裂纹和应力集中现象，对承受动力荷载的结构尤为不利。为避免焊口缺陷，施焊时应设置引弧板（图 7.7），起弧和落弧均在引弧板上进行，焊后用气割将引弧板切除。当受条件限制无法采用引弧板施焊时，每条焊缝的起弧及落弧端各减去 t（t 为焊件的较小厚度）后作为焊缝的计算长度。对直接承受动力荷载的结构必须采用引弧板施焊。

当对接焊缝拼接处的焊件宽度不同或厚度相差 4mm 以上时，应将较宽或较厚的板件加工成坡度不大于 1：2.5 的斜坡（图 7.8），形成平缓过渡，减少应力集中。

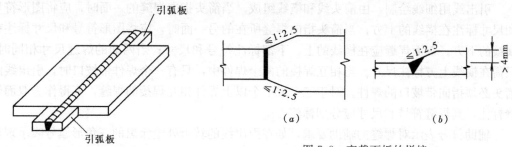

图 7.7　对接焊缝的引弧板

图 7.8　变截面板的拼接
(a) 改变宽度；(b) 改变厚度

对接焊缝的优点是用料经济，传力均匀平顺，没有明显的应力集中，受力性能较好，尤其是直接承受动力荷载的接头。缺点是施焊时焊件应保持一定间距，板边需要加工，制造费工，施工不便。

2）角焊缝的构造要求

① 最小焊脚尺寸　角焊缝的焊脚尺寸 h_f（mm）不得小于 $1.5\sqrt{t}$，t（mm）为较厚焊件的厚度。但对埋弧自动焊，最小焊脚尺寸可减小 1mm；对 T 型连接的单面角焊缝，应增加 1mm。当焊件厚度小于或等于 4mm 时，则最小焊脚尺寸应与焊件厚度相同。

② 最大焊脚尺寸　角焊缝的焊脚尺寸不宜大于较薄焊件厚度的 1.2 倍（钢管结构除外），但板件（厚度为 t）边缘的角焊缝最大焊脚尺寸，尚应符合下列要求：

当 $t\leqslant6$mm 时，$h_f\leqslant t$；

当 $t>6$mm 时，$h_f\leqslant t-$（1~2）mm。

③ 最小计算长度　角焊缝的焊缝长度过短，焊件局部受热严重，且施焊时起落弧坑相距过近，再加上一些可能产生的缺陷使焊缝不够可靠。因此规定角焊缝的计算长度不得小于 $8h_f$ 和 40mm。

④ 侧面角焊缝的最大计算长度　侧焊缝沿长度方向的剪应力分布很不均匀，两端大而中间小，随焊缝长度与其焊脚尺寸的比值增大而更为严重。因此规定侧面角焊缝的计算长度不宜大于 $60h_f$。当大于上述数值时，其超过部分在计算中不予考虑。若内力沿侧面角焊缝全长分布时，其计算长度不受此限，例如工字形截面柱或梁翼缘与腹板的连接焊缝。

⑤ 搭接长度　在搭接连接中，搭接长度不得小于焊件较小厚度的 5 倍，并不得小于 25mm。

⑥ 转角处连续施焊　当角焊缝的端部在构件转角处做长度为 $2h_f$ 的绕角焊时，以及所有围焊缝的转角处必须连续施焊。

角焊缝的优点是焊件板边不必加工，也不需校正缝距，施工方便。缺点是应力集中现象比较严重，在材料使用上不够经济。

（4）常用焊缝的表示方法

在钢结构施工图中，要用焊缝符号表示焊缝形式、尺寸和辅助要求。表示方法应符合国家标准《焊缝符号表示法》和《建筑结构制图标准》的规定。焊缝符号主要有基本符号和引出线组成，必要时还可以加上辅助符号等。

基本符号表示焊缝横截面的基本形式，如"⌒"表示角焊缝；"∥"表示Ⅰ形坡口的对接焊缝；"V"表示V形坡口的对接焊缝等。

引出线用细线绘制，由箭头线和横线组成。当箭头指向焊缝的一面时，应将图形符号和尺寸标注在横线的上方；当箭头指向焊缝所在的另一面时，应将图形符号和尺寸标注在横线的下方。双面焊缝应在横线的上、下都标注符号和尺寸；当两面的焊缝尺寸相同时，只需在横线上方标注尺寸。当相互焊接的两个焊件中，只有一个焊件带坡口时，引出线的箭头必须指向带坡口的焊件。对于三个或三个以上焊件相互焊接的焊缝，不得作为双面焊缝标注，其焊缝符号和尺寸应分别标注。

辅助符号表示对焊缝的辅助要求，如在引出线的转折处绘涂黑的三角形旗号表示现场焊缝；在引出线的转折处绘3/4圆弧表示相同焊缝；在引出线的转折处绘圆圈表示环绕工作件周围的围焊缝等。

表7.1所列为部分常用焊缝的表示方法。

焊缝的表示方法（部分） 表7.1

7.1.3 螺栓连接

（1）普通螺栓连接的构造

1）螺栓的种类

普通螺栓根据螺栓的加工精度可分为两种，一种是 A、B 级螺栓（精制螺栓），另一种是 C 级螺栓（粗制螺栓）。精制螺栓经机床车削加工而成，表面光滑，尺寸准确，且配用 I 类孔（即螺栓孔在装配好的构件上钻成或扩钻成，孔壁光滑，对孔准确）。粗制螺栓加工较粗糙，尺寸不够准确，只要求 II 类孔（即螺栓孔在单个零件上一次冲成或不用钻模钻成。一般孔径比螺栓杆径大 1～2mm）。

A、B 级螺栓连接由于加工精度高，与孔壁接触紧密，其连接变形小，受力性能好，可用于承受较大剪力和拉力的连接。但制造和安装较费工，成本高，故在钢结构中较少采用。

C 级螺栓在传递剪力时，连接变形大，但传递拉力的性能尚好，操作无需特殊设备，成本低。常用于承受拉力的螺栓连接和承受静力荷载或间接承受动力荷载结构中的次要受剪连接。

2）螺栓的规格

钢结构采用的普通螺栓形式为大六角头型，其代号用字母 M 和公称直径的毫米数表示。一般受力螺栓用 M≥16，建筑工程中常用 M16、M20、M24 等。

按国际标准，螺栓统一用螺栓的性能等级来表示，如"4.6 级"、"8.8 级"、"10.9 级"等。此处小数点前数字表示螺栓材料的最低抗拉强度，如"4"表示 400N/mm²，"8"表示 800N/mm²。小数点及以后数字（0.6、0.8 等）表示螺栓材料的屈强比，即屈服点与最低抗拉强度的比值。

3）螺栓的排列

螺栓的排列有并列和错列两种基本形式（图 7.9），并列式简单、整齐，比较常用。螺栓在构件上的排列应满足如下要求：

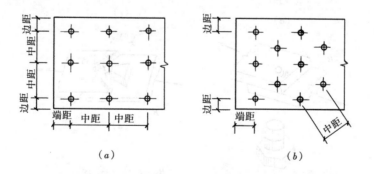

图 7.9 螺栓的排列
(a) 并列式；(b) 错列式

① 受力要求 从受力的角度考虑，螺栓间的距离及螺栓至构件边缘的距离不宜过大或过小。例如，受压构件螺栓间距过大时，容易引起钢板鼓屈；间距过小时，孔前钢板可能沿作用力方向被剪断。

② 构造要求　螺栓间距过大时，连接钢板不宜夹紧，潮气容易侵入缝隙引起钢板锈蚀。

③ 施工要求　螺栓间距过小时，不利于扳手操作。

根据以上要求，规定了螺栓排列的最大、最小容许距离。对于型钢构件上的螺栓排列，尚应注意螺帽和垫圈布置在平整部分。具体要求见《钢结构设计规范》的有关规定。

（2）普通螺栓连接的受力特点

1）承受剪力的螺栓连接

受剪螺栓连接是指在外力作用下，被连接件的接触面产生相对剪切滑移的连接。如图 7.10 所示，当受力较小时，首先由板件间的摩擦力与外力保持平衡。随着外力增加克服摩擦力后，板件间产生相对滑移，螺栓杆与孔壁抵紧，通过螺栓杆受剪和孔壁承压来传递外力。

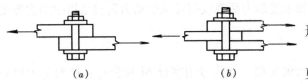

(a)　　　　　(b)

图 7.10　受剪螺栓连接
(a) 单剪；(b) 双剪

受剪螺栓连接可能有五种破坏形式：

① 当螺栓杆相对较细时，可能被剪断破坏（图 7.11a）；

② 当板件相对较薄时，孔壁挤压破坏（图 7.11b）；

③ 构件净截面由于螺栓孔削弱太多时，被拉断或压坏（图 7.11c）；

④ 端距或螺栓间距太小时，端部或螺栓之间钢板被冲剪破坏（图 7.11d）；

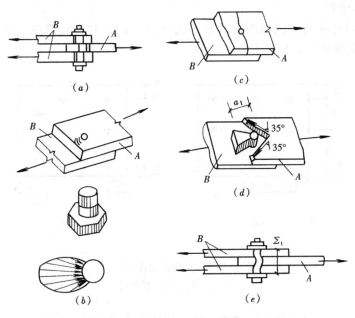

图 7.11　受剪螺栓连接的破坏形式
(a) 螺栓杆受剪；(b) 孔壁挤压；(c) 构件净截面破坏；
(d) 构件冲剪破坏；(e) 螺栓杆弯曲变形

⑤ 螺栓杆较细长时，产生较大的弯曲变形使连接破坏（图 7.11e）。

上述五种破坏形式中，前三种需通过计算来保证，后两种则通过构造措施来保证。如满足螺栓间距和端距的最小容许距离，可以避免发生上述破坏形式④；限制板叠厚度，满足 $\Sigma t \leqslant 5d$ 可以避免发生上述破坏形式⑤。

2）承受拉力的螺栓连接

受拉螺栓连接是指外力作用下，被连接件的接触面有拉开的趋势而使螺栓杆受拉的连接（图 7.12）。通常在螺纹削弱的截面处螺栓杆被拉断而破坏。

3）同时承受剪力和拉力的螺栓连接

在图 7.13 所示连接中，一般可在牛腿下设置支托承受剪力。若不设支托时，则连接螺栓将同时承受剪力和沿杆轴方向拉力的作用。

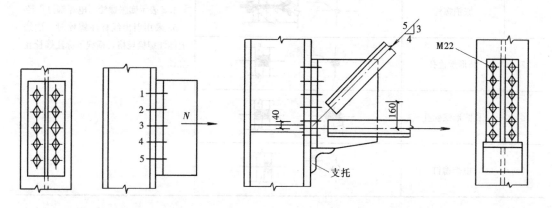

图 7.12　受拉螺栓连接　　　　　图 7.13　承受剪力和拉力的螺栓连接

（3）高强度螺栓连接的受力特点

高强度螺栓有摩擦型和承压型两种，如图 7.14 所示。用特制的扳手拧紧螺帽，使螺栓产生较大而又受控制的预拉力 P，通过螺帽和垫板，对被连接件也产生了同样大小的预压力 P。在预压力 P 的作用下，沿接触面就会产生较大的摩擦力。摩擦型高强度螺栓在受剪连接中以剪力达到板件接触面间的最大摩擦力为极限状态；承压型高强度螺栓在受剪时则允许摩擦力被克服并发生相对滑移，由螺栓杆抗剪或孔壁承压的最终破坏为极限状态。在受拉连接时两者没有区别。这就是高强度螺栓连接的原理。

为使接触面有足够的摩擦力，就必须

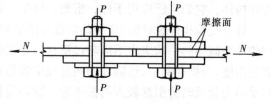

图 7.14　高强度螺栓连接

提高构件的夹紧和增大构件接触面的摩擦系数。构件间的夹紧力是靠对螺栓施加预拉力（安装螺栓时紧固螺帽）来实现的，若采用低碳钢制成的普通螺栓，因受材料强度的限制，所能施加的预拉力是有限的。所以螺栓必须采用高强度钢制造，这也是称为高强度螺栓的原因。

（4）螺栓连接的表示方法

钢结构施工图中的螺栓和孔的表示方法应符合表 7.2 的规定。

螺栓、孔、电焊铆钉的表示方法　　　　　　　　　表 7.2

序 号	名　称	图　例	说　明
1	永久螺栓	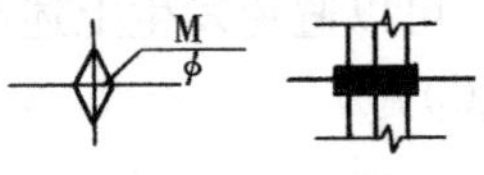	
2	高强螺栓	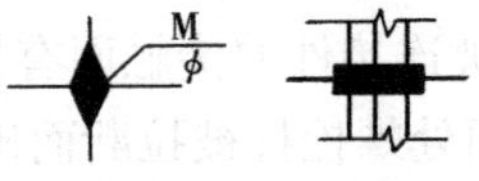	
3	安装螺栓	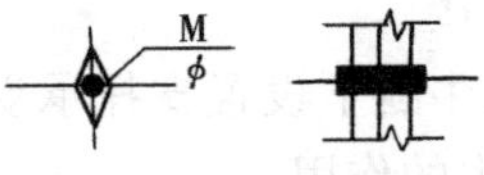	1. 细"+"线表示定位线 2. M 表示螺栓型号 3. ϕ 表示螺栓孔直径
4	胀锚螺栓	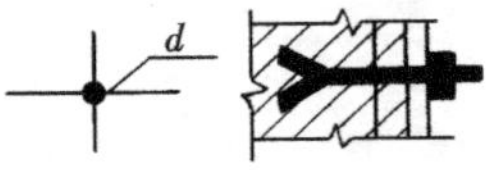	4. d 表示膨胀螺栓、电焊铆钉直径 5. 采用引出线标注螺栓时，横线上标注螺栓规格，横线下标注螺栓孔直径
5	圆形螺栓孔	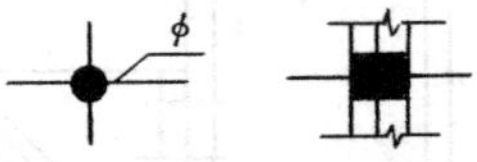	
6	长圆形螺栓孔	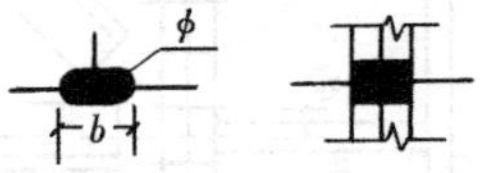	
7	电焊铆钉	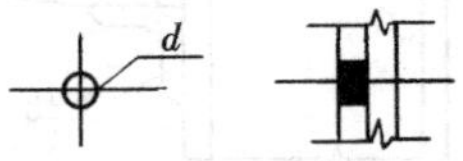	

7.2　钢结构构件

7.2.1　轴心受力构件

（1）轴心受力构件的受力特点

轴心受力构件是指承受通过截面形心的轴向力作用的构件，分为轴心受拉构件和轴心受压构件。它们广泛应用于柱、桁架、网架、塔架和支撑等结构中。

轴心受拉构件设计时，应满足强度和刚度的要求。按承载能力极限状态的要求，轴心受拉构件净截面的平均应力不应超过钢材的屈服强度；按正常使用极限状态的要求，应具有必要的刚度，否则在制造、运输和安装过程中容易弯扭变形，在自重作用下会产生较大挠度，在承受动力荷载时会引起较大的振动等。轴心受拉构件的刚度是以它的长细比来控制的。

轴心受压构件的受力性能与受拉构件不同，除有些短粗或截面有较大削弱的构件其承载能力由强度条件起控制作用外，一般情况下，轴心受压构件的承载能力是由稳定条件决定的。因此设计时除满足强度和刚度的条件外，还应满足整体稳定性和局部稳定性的要求。

（2）轴心受压柱的构造

轴心受压柱由柱头、柱身、柱脚三部分组成。按柱身的构造型式可分为实腹式和格构式两类。

1）实腹式轴心受压柱

① 截面形式

实腹式轴心受压柱一般选用双轴对称的型钢截面或组合截面。在选择截面形式时，主要考虑等稳定性、肢宽壁薄、制造省工、构造简便等原则。

② 设置加劲肋

当实腹柱腹板高厚比 $\dfrac{h_0}{t_w} > 80\sqrt{\dfrac{235}{f_y}}$ 时，应成对设置横向加劲肋加强，其间距不得大于 $3h_0$；外伸宽度 b_s 不小于 $\dfrac{h_0}{30}+40$（mm），厚度 t_s 不小于 $\dfrac{b_s}{15}$（图 7.15）。

对大型实腹柱，在受有较大水平力处和运送单元的端部应设置横隔（加宽的横向加劲肋），横隔的间距一般不大于柱截面较大宽度的 9 倍和 8m。

③ 柱头的构造

轴心受压柱主要承受与其相连的梁传来的荷载，梁与柱的连接（柱头）构造与梁的端部构造有关。一般有两种构造方案，一种是将梁设置于柱顶；另一种是将梁连接于柱的侧面。图 7.16 所示为梁与柱铰接相连的构造。

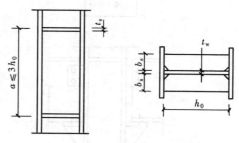

图 7.15 实腹柱的横向加劲肋加强

梁支承于柱顶时，在柱顶应设置顶板传递梁的反力。顶板应具有足够的刚度，其厚度一般为 16~20mm，与柱用焊缝相连，与梁用普通螺栓相连。

图 7.16（a）中，梁支承加劲肋应对准柱的翼缘，为便于安装，两相邻梁之间应留空隙，待梁调整定位后用连接板和构造螺栓固定。该连接构造简单，传力明确，施工方便，但当两相邻梁的反力不等时将使柱偏心受压。

图 7.16（b）中，梁通过突缘式支承加劲肋连接于柱的轴线附近，即使两相邻梁反力不等，柱仍接近于轴心受压。突缘加劲肋底部应刨平顶紧于柱顶板，由于柱的腹板是主要受力部分，其厚度不能太薄，同时在柱顶板之下，腹板两侧设置加劲肋，更好地传递梁的反力。为便于安装定位，两相邻梁之间应留一定空隙，最后嵌入合适的填板并用构造螺栓相连。

梁连接在柱的侧面时，直接将梁搁置在柱的承托上，用构造螺栓连接。当梁的反力较小时可采用图 7.16（c）所示的连接；当梁的反力较大时可采用图 7.16（d）所示的连接，承托板的端面必须刨平顶紧以便直接传递压力。

④ 柱脚的构造

柱脚的作用是将柱身的压力均匀地传给基础，并和基础牢固地连接起来。柱脚按其与基础的连接方式不同，可分为铰接和刚接两类。轴心受压柱一般均采用铰接柱脚。图 7.17 为几种常用的铰接柱脚形式。

铰接柱脚一般由底板、靴梁、加劲肋、隔板和锚栓等组成。柱底设置放大的底板可增大与基础的承压面积，满足基础材料（混凝土）的抗压强度要求；靴梁和加劲肋的作用是将柱身的端部放宽，使内力能比较均匀地通过底板传到基础上；当底板较大时，常采用隔板加强，提高底板在基底反力作用下的承载能力和靴梁的稳定性。

柱脚通过锚栓固定于基础。铰接柱脚只沿着一条柱轴线设置两个连接于底板上的锚栓，锚栓的直径一般为 20~25mm。为便于安装，底板上的锚栓孔径为锚栓直径的 1.5~2

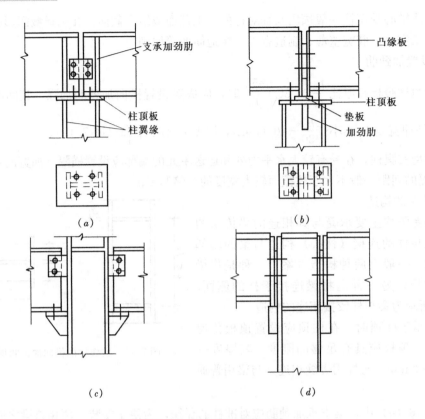

图 7.16 梁与柱的铰接连接

倍，待柱安装校正完毕后，再用垫板套住锚栓并与底板焊牢固定，最后用混凝土将柱脚完全包住。

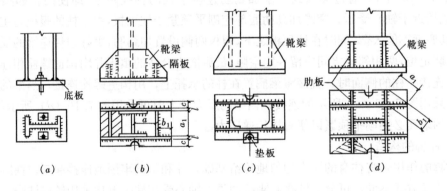

图 7.17 平板式铰接柱脚

2) 格构式轴心受压柱

图 7.18 是常用的轴心受压格构柱的截面形式。由于柱肢布置在距截面形心一定距离的位置上，通过调整肢间距离可以使两个方向具有相同的稳定性。与实腹柱相比，在用料相同的情况下可增大截面惯性矩，提高刚度和稳定性。

格构式轴心受压柱常用两槽钢组成，通常使翼缘朝内，这样缀材长度较小，外部平整。当荷载较大时，也常用两工字钢组成的双肢截面柱。对于轴向力较小但长度较大的杆

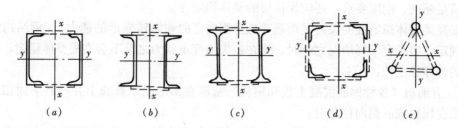

图 7.18 格构柱的截面形式

件，也可以采用钢管或角钢组成的三肢或四肢截面形式。肢件通过缀材连成一体，根据缀材的不同又分为缀条柱和缀板柱两种。缀条常采用单角钢，可由斜杆和横杆组成。缀板一般采用钢板。如图 7.19 所示。

7.2.2 受弯构件

（1）受弯构件（梁）的类型

梁是指承受横向荷载的实腹式受弯构件。钢梁主要用于工业建筑中的楼（屋）盖梁、工作平台梁、吊车梁、檩条等。

钢梁按制作方法分为型钢梁和组合梁两大类。型钢梁（常用热轧工字钢、槽钢和 H 形钢）制造简单方便，造价低，当跨度及荷载较小时应优先采用。当构件的跨度及荷载较大，所需梁截面尺寸较大，现有的型钢规格不能满足要求时，可采用由几块钢板或型钢组成的组合梁。

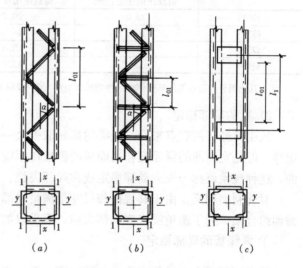

图 7.19 格构柱的组成图
（a）、（b）缀条柱；（c）缀板柱

钢梁按支承情况分为简支梁、连续梁、悬臂梁等。简支梁虽然弯矩较大，用钢量大，但它不受支座沉陷和温度变化的影响，并且制造、安装、维修方便，得到广泛应用。

（2）受弯构件（梁）的稳定性

1）梁的整体稳定

单向弯曲梁，认为荷载作用于梁截面的垂直对称轴（图 7.20 中的 y 轴）平面，梁只

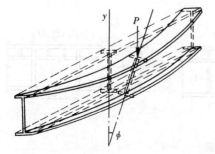

图 7.20 梁丧失整体稳定

能产生沿 y 轴方向的弯曲变形。为了更有效地发挥材料的作用，常把截面设计的高而窄，使钢梁两个方向的刚度相差悬殊。但实际结构中荷载不可能准确作用于梁的垂直对称轴平面，同时不可避免地也会因各种偶然因素产生横向作用，当荷载增大到某一数值时，梁将突然发生侧向弯曲和扭转，丧失承载能力。这种破坏称为梁丧失整体稳定或称整体失稳（图 7.20）。因此钢梁设计时不

仅要满足强度、刚度要求，还应保证梁的整体稳定性。

提高梁整体稳定性的关键是增强梁抵抗侧向弯曲和扭转变形的能力。《钢结构设计规范》规定，当符合下列情况之一时，梁在丧失强度承载力之前不会丧失整体稳定，可不计算梁的整体稳定性：

① 有铺板（各种钢筋混凝土板和钢板）密铺在梁的受压翼缘上并与其牢固相连，能阻止梁受压翼缘的侧向位移时；

② H 型钢和等截面工字形简支梁受压翼缘的自由长度 l_1 与其宽度 b_1 之比不超过表7.3 所规定的数值时。

H 型钢和等截面工字形简支梁不需计算整体稳定性的最大 l_1/b_1 值　　　表 7.3

钢　号	跨中无侧向支承点的梁		跨中受压翼缘有侧向支承点的梁，不论荷载作用于何处
	荷载作用在上翼缘	荷载作用在下翼缘	
Q235	13.0	20.0	16.0
Q345	10.5	16.5	13.0
Q390	10.0	15.5	12.5
Q420	9.5	15.0	12.0

注：其他钢号的梁不需计算整体稳定性的最大 l_1/b_1 值，应取 Q235 钢的数值乘以 $\sqrt{235/f_y}$。

2）梁的局部稳定

从用材经济的观点来看，把梁的截面取得大一些，可以提高梁的强度、刚度和整体稳定性。但是宽而薄的翼缘板和高而薄的腹板在压应力、剪应力作用下可能发生波浪形的屈曲，这种现象就称为失去局部稳定或称局部失稳。

对轧制型钢梁，由于其规格和尺寸都满足局部稳定要求，不必采取措施。对于工字形截面组合梁，为了避免梁出现局部失稳，需采取如下措施：

① 翼缘板的局部稳定

梁受压翼缘自由外伸宽度 b 与其厚度 t 之比应满足 $\dfrac{b}{t} \leqslant 13\sqrt{\dfrac{235}{f_y}}$，当计算梁抗弯强度取 $\gamma_x = 1.0$ 时，可放宽至 $\dfrac{b}{t} \leqslant 15\sqrt{\dfrac{235}{f_y}}$。

② 腹板的局部稳定和加劲肋设置

腹板若采用限制高厚比的办法显然是不经济的。因此常采用设置加劲肋的方法予以加强（图 7.21）。通过在腹板两侧成对布置加劲肋，将腹板分隔成较小的区格来提高其抵抗局部屈曲的能力。加劲肋可以分为横向加劲肋、纵向加劲肋、短加劲肋和支承加劲肋等几种，设计时可按《钢结构设计规范》有关规定采用。

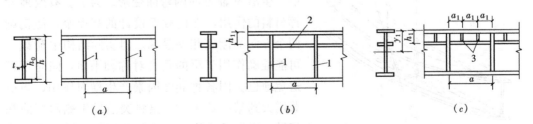

图 7.21　加劲肋布置

1—横向加劲肋；2—纵向加劲肋；3—短加劲肋

（3）梁的拼接和连接

1）梁的拼接

梁的拼接分为工厂拼接和工地拼接两种。

受钢材规格和尺寸限制，需先将翼缘和腹板用几段钢材拼接起来，然后再焊接成梁。这些工作一般在工厂进行，故称为工厂拼接。工厂拼接的位置一般由钢材尺寸和梁的受力情况确定。

工地拼接是指受运输和吊装条件限制，将梁分成几段运至工地拼接或吊装就位后再拼接起来。工地拼接的位置一般布置在弯矩较小的位置。

2）简支次梁与主梁连接

简支次梁与主梁常用铰接连接。其形式有叠接和侧面连接两种（图7.22）。

叠接是将次梁直接搁在主梁上，用螺栓或焊缝相连。这种连接构造简单，但占用建筑高度大，故应用常受到限制。

侧面连接可降低建筑高度。将次梁端部上翼缘切去，端部下翼缘切去一边，侧向连接在主梁的加劲肋上，用螺栓和焊缝相连。若次梁支座反力较大时，可在主梁上设置承托搁置次梁。

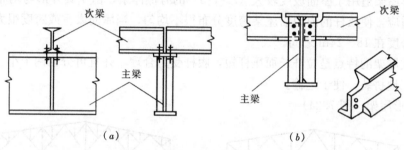

图 7.22　简支次梁与主梁的连接

（a）叠接；（b）侧面连接

7.3　钢　屋　盖

钢屋盖结构通常由屋面、屋架和支撑三部分组成。根据屋面材料和屋面结构布置情况可分为无檩屋盖结构体系和有檩屋盖结构体系。无檩体系是在钢屋架上直接放置钢筋混凝土大型屋面板；有檩体系是在屋架上设置檩条，檩条上铺设压型钢板、石棉瓦、钢丝网水泥槽型板等轻型屋面材料，屋面荷载通过檩条传给屋架。

无檩体系仅采用钢屋架和大型屋面板为承重构件，构件的种类和数量少，构造简单，安装方便，施工速度快，并且屋盖刚度大，整体性能好。但屋盖自重大，使屋架杆件及下部结构的截面增大。

有檩体系可供选用的屋面材料种类较多，屋架间距和屋面布置较灵活，自重轻，用料省，运输和安装较轻便。但构件的种类和数量多，构造较复杂，安装效率低。

7.3.1　钢屋架

普通钢屋架通常由两个角钢组成的T形或十字形截面的杆件，在汇交处通过节点板用焊缝连接而成。大部分杆件属于轴心受力杆件，当屋架上弦或下弦受有节间荷载时，属于偏心受力杆件。

(1) 常用钢屋架的形式

普通钢屋架按其外形可分为三角形、梯形、平行弦等形式。在确定屋架外形时，应综合考虑建筑造型、屋面材料的排水要求、屋架的跨度、荷载的大小等因素。一般来说，屋架的外形尽量与均布荷载的弯矩图相近，可使弦杆受力均匀。腹杆布置应使短杆受压，长杆受拉，使腹杆受力合理。另外在用钢量增加不多的原则下，尽可能使屋架杆件的品种规格统一，构造简单，制造方便。

1) 三角形屋架 (图 7.23)

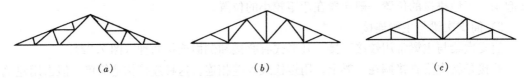

图 7.23　三角形屋架

(a) 芬克式；(b) 人字式；(c) 单斜式

三角形屋架适用于屋面坡度较大 ($i>1/3$) 的有檩体系，由于其外形与均布荷载的弯矩图不相适应，使弦杆的内力沿屋架跨度分布很不均匀，当屋面太重或跨度很大时则不经济。一般跨度在 $18\sim24m$ 之间。

芬克式屋架的特点是拉杆长而压杆短，腹杆受力合理，并且可分为两个小三角形桁架分别运至工地拼装，便于运输。

2) 梯形屋架 (图 7.24)

图 7.24　梯形屋架

(a) 人字式；(b) 再分式

梯形屋架的外形较接近弯矩图，各节间弦杆受力较均匀，且腹杆较短。当采用卷材防水屋面时，宜采用这种形式。其坡度一般为 $i=1/8\sim1/16$，跨度可达 36m。是目前工业厂房屋盖中最常用的屋架形式。

再分式屋架的上弦节间长度与屋面板的宽度相配合，可使荷载作用于节点上，避免产生局部弯矩。但节点和腹杆数量增多，制造较费工。

3) 平行弦屋架 (图 7.25)

平行弦屋架的优点是上、下弦和腹杆等同类的杆件长度一致，规格统一，节点构造类型少，便于制造。由于用作屋架时其弦杆的内力分布不够均匀，故常用作托架或屋盖结构的一些支撑。

(2) 钢屋架的主要尺寸

屋架的主要尺寸是指屋架的高度和跨度。高度

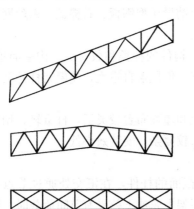

图 7.25　平行弦屋架

又包括屋架的跨中高度和梯形屋架的端部高度。

屋架的高度取决于经济、刚度和运输条件等因素，同时又和屋面坡度、建筑要求密切相关。屋架的最大高度取决于建筑高度和运输界限；最小高度取决于刚度要求；经济高度则根据屋架杆件总用钢量最少的条件确定。一般情况下，三角形屋架的高度取（1/6～1/4）l；梯形屋架的跨中高度取（1/10～1/6）l；梯形屋架的端部高度一般不宜小于l/18。l为屋架的跨度。

屋架的标志跨度 l 一般是指柱网轴线的横向间距；屋架的计算跨度 l_0 是指支座反力间的距离。钢屋架的标志跨度通常为 18～36m，以 3m 为模数。

7.3.2 钢屋盖支撑

钢屋盖和柱组成的结构体系是一个平面排架结构，纵向刚度较差，无论是有檩体系还是无檩体系，仅仅将简支于柱顶的钢屋架用檩条或大型屋面板连接起来，它仍是一种几何可变体系。所有的屋架存在着向同一个方向倾倒的危险，并且屋架上弦容易发生侧向失稳现象。设置支撑体系后整个屋盖结构形成一个稳定的空间体系，受力情况将大大改善。

按照支撑设置的部位和所起作用不同可分为上弦横向水平支撑、下弦横向水平支撑、下弦纵向水平支撑、垂直支撑及系杆。

（1）上弦横向水平支撑

如图 7.26（a）所示，上弦横向水平支撑一般布置在房屋两端（或每个温度区段两端）的第一个开间，并沿房屋的纵向每隔 60m 左右增设一道。当利用山墙搁置檩条或屋面板时，则将上弦横向支撑移到房屋两端的第二个开间。

上弦横向水平支撑由交叉的斜杆和刚性系杆组成。位于屋架上弦平面沿屋架全跨布置，与相邻两榀屋架的上弦杆形成一个平行弦桁架。它的主要作用是保证屋架上弦平面外的稳定，提高上弦杆的承载能力。

（2）下弦横向水平支撑

如图 7.26（b）所示，下弦横向水平支撑与上弦横向水平支撑布置在同一开间，以便组成稳定的空间结构体系。当布置在山墙端部第二个开间时，需在第一开间设置刚性系杆。

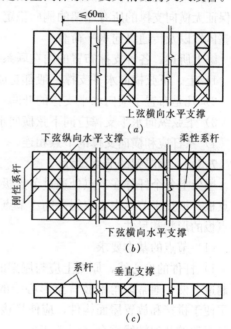

图 7.26 屋架支撑布置（无檩体系）
（a）屋架上弦横向水平支撑；（b）屋架下弦横向及纵向水平支撑；（c）垂直支撑

下弦横向水平支撑位于屋架下弦平面，它也形成一个平行弦桁架，其弦杆即相邻两榀屋架的下弦杆，腹杆也是由交叉的斜杆及刚性系杆组成。它的主要作用是作为山墙抗风柱的支点，承受并传递山墙传来的纵向风荷载以及地震、悬挂吊车等引起的水平力。

（3）下弦纵向水平支撑

如图 7.26（b）所示，下弦纵向水平支撑布置在屋架下弦两端节间处，位于屋架下弦平面，沿房屋全长布置，与屋架下弦横向水平支撑共同形成一个封闭的支撑系统。它的主要作用是保证平面排架结构的空间工作，加强房屋的整体刚度。

（4）垂直支撑

如图 7.26（c）所示，垂直支撑布置在设有上、下弦横向水平支撑的开间内。通常跨度小于 30m 的梯形屋架在屋架两端和跨中各设置一道垂直支撑，当跨度大于 30m 时，则在两端和跨度 1/3 处分别设置。跨度小于 18m 的三角形屋架只需在跨中设置，大于 18m 时在 1/3 跨度处分别设置。

屋架的垂直支撑也是一个平行弦桁架，它的上、下弦杆分别为上、下弦横向水平支撑的系杆，其腹杆常采用 W 形或交叉斜杆等形式。它的主要作用是使相邻两榀屋架形成几何不变的空间桁架体系，保证屋架的稳定性。

（5）系杆

如图 7.26 所示，通常在屋架两端支座节点处和上弦屋脊节点处设置通长的刚性系杆；垂直支撑平面内的屋架上、下弦节点处设置通长的柔性系杆；当上弦横向支撑布置在房屋两端第二开间时，在第一开间内应设置刚性系杆。

系杆中只能承受拉力的称为柔性系杆，能承受压力的称为刚性系杆。系杆的主要作用是保证无横向支撑的所有屋架的侧向稳定，减少弦杆在屋架平面外的计算长度，提高屋盖的整体性以及传递纵向水平荷载。

综上所述，各种支撑布置的内在联系如下：

1）上、下弦横向水平支撑一般都是成对地布置在同一开间；

2）凡是布置了横向水平支撑的开间，必须同时布置垂直支撑；

3）下弦纵向水平支撑应同下弦横向水平支撑在下弦平面内形成封闭的支撑系统；

4）系杆应和横向支撑的节点相连。

7.3.3　钢屋架的节点设计

屋架上各个杆件在节点处通过节点板相互连接，各杆件内力通过各自的杆端焊缝传至节点板，汇交于节点中心取得平衡。节点设计的任务是确定节点的构造、计算焊缝及确定节点板的形状和尺寸。

（1）节点的基本要求

1）杆件的形心线，原则上应与屋架的几何轴线重合，以避免杆件的偏心受力。但为了制造方便，通常取角钢肢背至形心线的距离为 5mm 的整倍数。当弦杆截面有改变时，为了便于拼接和放置屋面构件，应使拼接处两侧弦杆角钢肢背齐平，此时取两形心线的中线与屋架的几何轴线重合（图 7.27）。

2）为方便施焊，同时避免焊缝过于密集，屋架弦杆与腹杆以及腹杆与腹杆之间的距离应不小于 20mm（图 7.28）。

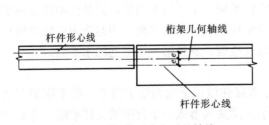

图 7.27　弦杆截面改变时的轴线

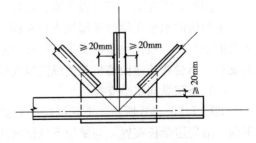

图 7.28　杆件之间的距离

3) 屋架上、下弦中部杆端空隙如图 7.29 所示。

4) 角钢端部的切割宜采用垂直于杆件轴线的直切（图 7.30a）。有时为了减少节点板尺寸，也可采用斜切（图 7.30b、c）。但不允许采用图 7.30（d）所示的切割形式。

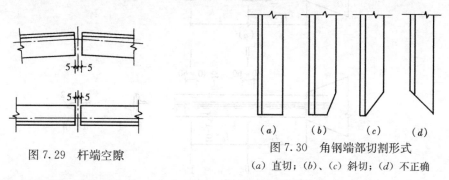

图 7.29 杆端空隙

图 7.30 角钢端部切割形式
(a) 直切；(b)、(c) 斜切；(d) 不正确

5) 节点板的形状应简单规整，没有凹角，避免产生应力集中。一般至少有两边平行，如矩形、平行四边形、直角梯形等，方便下料和节约钢材。节点板的受力与所连接杆件的内力大小有关，一般不作计算，其厚度可根据设计经验选定。

6) 节点板边缘与杆件轴线的夹角 α 不应小于 15 度。直接承受动力荷载的结构 α 应适当增大，以减少应力集中。节点板的布置应尽量使连接焊缝中心受力（图 7.31a）。图 7.31（b）所示的节点板因 $b \ll a$，致使焊缝受力偏心，并且 α 角度太小，不宜采用。

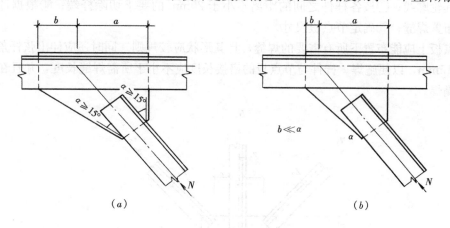

图 7.31 节点板的形状和位置
(a) 正确；(b) 不正确

7) 为了确保两个角钢组成的 T 形或十字形截面杆件共同工作，必须每隔一定距离在两角钢之间设置填板并用焊缝连接（图 7.32）。填板的厚度与接点板厚度相同，宽度一般取 40～60mm，长度取：T 形截面比角钢肢宽大 10～15mm；十字形截面则由角钢肢尖两侧各缩进 10～15mm。填板间距：对于压杆 $l_d \leqslant 40i$；对于拉杆 $l_d \leqslant 80i$。在 T 形截面中 i 为一个角钢对平行于填板的自身形心轴（图 7.32a 中 1-1 轴）的回转半径；对于十字形截面 i 为一个角钢的最小回转半径（图 7.32b 中 2-2 轴）。另外，在受压构件的两个侧向支承点之间的填板数不宜少于两个。

（2）节点的构造

1) 一般节点

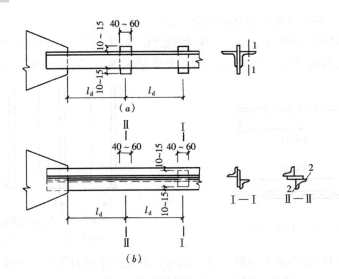

图 7.32　屋架杆件的填板

(a) T形截面；(b) 十字形截面

　　一般节点是指无集中荷载和无弦杆拼接的节点（图 7.33）。节点设计步骤为：①画出节点处屋架几何轴线；②按杆件形心线与几何轴线重合的要求，定出角钢杆件的轴心线，并画出其轮廓线；③按各杆件之间的距离不小于 20mm 的要求切除杆端；④根据计算焊缝长度布置焊缝；⑤确定节点板尺寸。

　　节点板上应能布置下所有需要的焊缝，且其形状应较规则。同时还应伸出弦杆角钢肢背 10～15mm，以便施焊。杆件与节点板的搭接长度应不小于所需焊缝长度，并且在搭接长度内满焊。

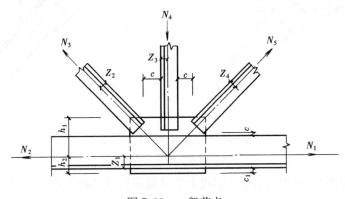

图 7.33　一般节点

($c \geqslant 20\text{mm}$；$c_1 = 10 \sim 15\text{mm}$)

　　2）有集中荷载节点

　　屋架上弦杆因需搁置檩条或屋面板（图 7.34），节点板须缩进上弦角钢肢背约 $2/3t$（t 为节点板厚度），并采用塞焊缝（或称槽焊缝）连接，角钢肢尖处仍采用侧面角焊缝连接。

　　3）弦杆拼接节点

　　屋架弦杆的拼接有工厂拼接和工地拼接两种。受角钢长度限制而需要接长时，常在内力较小的节间内拼接，一般在工厂进行，称为工厂拼接。当屋架跨度较大，受运输条件的

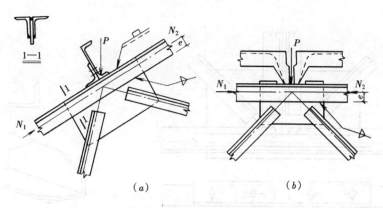

图 7.34 有集中荷载的上弦节点

(*a*) 搁置檩条；(*b*) 搁置屋面板

限制，需将屋架分成左右两个运输单元时，在屋脊节点和下弦跨中节点处设置工地拼接（图 7.35、图 7.36）。

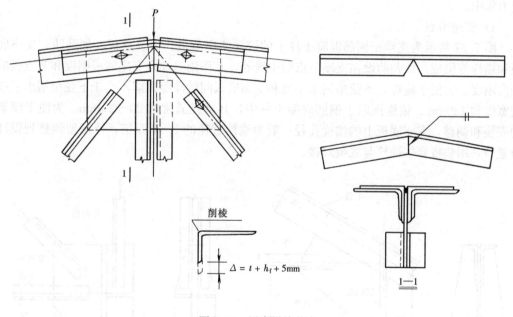

削棱

$$\Delta = t + h_f + 5\text{mm}$$

1—1

图 7.35 屋脊拼接节点

为保证拼接处具有足够的强度和屋架平面外具有足够的刚度，应采用与弦杆截面相同的拼接角钢拼接。为正确定位和便于施焊，需设置临时性的安装螺栓。拼接角钢长度由焊缝长度确定。

当屋面坡度不大时，上弦拼接角钢可热弯成型。当屋面坡度较大时，可将竖肢切成斜口冷弯后对接焊牢。为了使拼接角钢与弦杆紧贴且便于施焊，应将拼接角钢的外棱角削去，并把竖肢切去 $\Delta = t + h_f + 5\text{mm}$，$t$ 为角钢厚度，h_f 为焊脚厚度，5mm 是为避开弦杆角钢肢尖的圆角而考虑的切割量。

下弦拼接节点的构造与屋脊拼接节点相近。如下弦内力很大，可采用比弦杆截面更厚的拼接角钢。当角钢肢宽大于 125mm 时，应将拼接角钢肢斜切，使内力传递均匀，减少

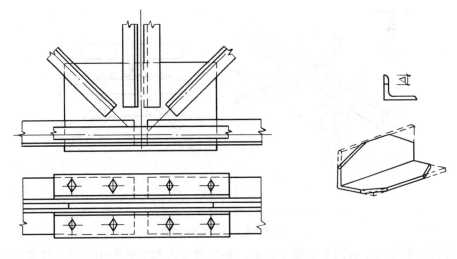

图 7.36 下弦拼接节点

应力集中。

4）支座节点

图 7.37 所示为支承于钢筋混凝土柱上的铰接支座节点。由节点板、加劲肋、支座底板和锚栓等组成。加劲肋设在支座节点的中线处，其作用是加强支座底板刚度和节点板的侧向刚度。为便于施焊，下弦角钢水平肢和支座底板间的净距离应不小于下弦角钢水平肢的宽度和 130mm。锚栓预埋于钢筋混凝土柱中，其直径通常取 20～25mm。为便于屋架的安装和调整，支座底板上的锚栓孔径一般为锚栓直径的 2～2.5 倍，待屋架调整到设计位置后，用垫板套住锚栓与底板焊接。

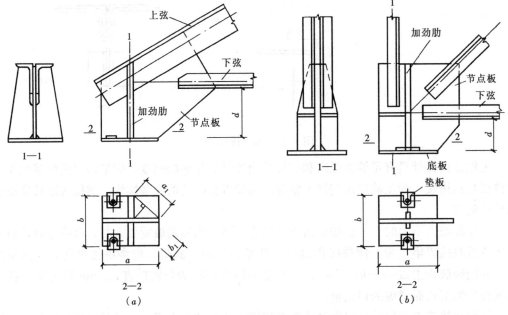

图 7.37 屋架支座节点

(a) 三角形屋架支座节点；(b) 梯形屋架支座节点

7.3.4 钢屋架施工图

（1）钢屋架施工图的内容

钢屋架施工图是制作和安装屋架的依据。一般按运输单元绘制，当屋架对称时，可仅绘制半榀屋架。其主要内容和绘制要点为：

1）施工图一般应包括屋架正面图，上弦和下弦平面图，必要的侧面图，剖面图和零件图。

2）在图纸左上角绘制屋架简图，左半跨注明屋架杆件的轴线尺寸，右半跨注明杆件的内力设计值。当需要起拱时（梯形屋架跨度大于或等于24m，三角形屋架跨度大于或等于15m），应注明起拱高度。

3）钢屋架施工图通常用两种比例绘制。屋架杆件的轴线一般为1：20～1：30，杆件的截面尺寸和节点尺寸一般用1：10～1：15。对重要节点和零部件还可加大比例，清楚表达细部尺寸。

4）施工图中应把所有杆件和零部件的尺寸注全，包括加工尺寸、定位尺寸、孔洞位置以及对制造和安装的要求等。加工尺寸一般取5mm的倍数。定位尺寸主要有节点中心至杆端的距离、节点中心至节点板边缘的距离、轴线至角钢肢背的距离等。螺栓孔位置要符合螺栓排列的要求。制造和安装的要求主要有切角、切肢、削棱、孔洞直径和焊缝尺寸等。

5）施工图中应列出材料表，把所有杆件和零部件的编号、规格尺寸、数量（区别正反）和重量都依次填入表中，并算出整榀屋架的重量。

6）编号顺序按主次、上下和左右排列。完全相同的可采用同一编号。如两个杆件形状和尺寸完全相同，仅因开孔位置或切角不同，使两杆件成镜面对称时，也可采用同一编号，但需在材料表中标明正反，以示区别。

7）在工地进行拼装和安装的构件应注明安装螺栓和安装焊缝的符号。

8）施工图中的说明内容主要有：选用钢材的钢号，焊条型号，焊接方法和质量要求，图中未注明的焊缝和螺栓孔尺寸，防锈处理方法，运输，安装要求以及其他宜用文字表达的内容等。

（2）钢屋架施工图示例

图7.38为三角形钢屋架施工图。

实践教学课题：识读简单钢结构施工图

【目的与意义】 随着我国钢产量的不断增加，高效连接工艺与材料的应用，以及防腐、防火等新工艺、新材料的开发，都为发展钢结构工程创造了条件，可以预测钢结构工程的应用会日益广泛。通过对简单钢结构施工图的识读，初步掌握识图的基本方法和重点内容，以及制图规则和构造详图，初步具备识读钢结构施工图的基本能力。

【内容与要求】 选择简单钢屋架或部分钢楼盖、墙、柱施工图，在指导教师或工程技术人员的指导下，结合有关规范、标准图集、制图规则和构造详图等，从施工说明、材料表、加工和安装要求、构件类型、连接方法、节点构造等方面进行识图训练，熟悉钢结构施工图的内容、标注方法，以及杆件尺寸、节点尺寸、零部件尺寸、加工尺寸、定位尺寸等。

思 考 题

1. 焊缝的起弧、落弧对焊缝有何影响？计算中如何考虑？引弧板起什么作用？

2. 角焊缝的焊脚尺寸、焊缝长度有何限制？

3. 普通抗剪螺栓连接有几种破坏形式？怎样保证不发生破坏？

4. 摩擦型高强度螺栓和普通螺栓连接有何不同？

5. 格构柱的主要优点是什么？

6. 在何种条件下可不计算梁的整体稳定？组合梁的翼缘和腹板各采取什么措施保证局部稳定？

7. 常用的钢屋架形式有哪几种？确定钢屋架形式需考虑哪些因素？

8. 为什么说钢屋架的外形要尽可能与均布荷载的弯矩图相近？

9. 钢屋盖有哪几种支撑？各种支撑的作用是什么？如何布置？

10. 屋架节点板的形状、尺寸如何确定？

11. 屋架弦杆拼接角钢为什么要削棱、切肢？

12. 什么情况下需在钢屋架材料表中标明正反？

8 建筑基础基础知识

【学习提要】 通过本单元的学习，应了解各类建筑基础的受力特点和相关构造，熟悉基础施工图的内容和图示方法，通过基础施工现场参观和基础施工图识读等实践训练，具备识读基础施工图的能力。

8.1 基础的类型与构造

地基基础设计以建筑场地的工程地质条件和上部结构的受力要求为主要依据，应保证上部结构的安全与正常使用前提下，使费用尽可能的经济合理。

所有建筑物（构筑物）的基础都建造在一定地层上，如果直接建造在未经加固处理的天然地层上，这种地基称为天然地基。若天然地基较软弱，不足以承受建筑物荷载，需要经过人工加固才能在其上建造基础，这种地基称为人工地基。

在工程实践中，基础有多种分类方法，分类的目的主要是为了更好地分析、了解各种类型基础的特点及适用范围。如：

基础按其埋置深度不同，可分为浅基础和深基础两大类。一般埋置深度在 5m 以内且用常规方法施工的基础称为浅基础；当基础需要埋置在较深的土层上，并采用特殊方法（需要一定的机械设备）施工的基础称为深基础，如桩基础、沉井和地下连续墙等。通常在天然地基上修筑浅基础技术简单，施工方便，不需要复杂的施工设备，因而可以缩短工期、降低工程造价；而人工地基及深基础往往施工比较复杂，工期较长，造价较高。因此在保证建筑物安全和正常使用的前提下，应优先采用天然地基上的浅基础设计方案。

基础也可以按使用的材料或结构形式等进行分类。按使用的材料可分为砖基础、毛石基础、混凝土和毛石混凝土基础、灰土和三合土基础、钢筋混凝土基础等。按结构形式可分为无筋扩展基础、扩展基础、柱下条形基础、柱下十字形基础、筏形基础、箱形基础、桩基础等。

8.1.1 无筋扩展基础

我们知道，通常上部结构传来的荷载比地基承载力大。因此需对基础合理构造，在基础内部应力满足基础材料强度要求的前提下，将基础向侧边扩展成较大底面积，使上部结构传来的荷载扩散分布于较大的底面积上，以满足地基承载力和变形的要求。

无筋扩展基础系指由砖、毛石、混凝土或毛石混凝土、灰土或三合土等材料组成的，且不需配置钢筋的墙下条形基础或柱下独立基础。这些基础具有就地取材、价格较低、施工方便等优点，广泛适用于层数不多的民用建筑和轻型厂房。

（1）无筋扩展基础的受力特点

无筋扩展基础所用材料有一个共同的特点，就是材料的抗压强度较高，而抗拉、抗

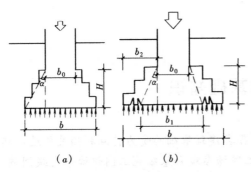

图 8.1　无筋扩展基础的受力示意图

(a) 压力扩散范围以内；(b) 压力扩散范围以外

弯、抗剪强度较低。在地基反力作用下，基础下部的扩大部分像倒悬臂梁一样向上弯曲，如悬臂过长，则易发生弯曲破坏。如图 8.1 所示，墙（或柱）传来的压力沿一定角度扩散，若基础的底面宽度在压力扩散范围以内，则基础只受压力；若基础的底面宽度大于扩散范围 b_1，则 b_1 范围以外部分会因弯曲而被拉裂、剪断而不起作用。所以必须减少外伸悬臂长度或增加基础高度，使基础宽高比 b_2/H 减小而刚度增大。只要限制台阶宽高比 b_2/H 小于允许值要求（表 8.1），就可以保证基础不会因受弯、受剪而破坏。

　　无筋扩展基础设计时应先确定基础埋深；按地基承载力条件计算基础底面宽度；再根据基础所用材料，按宽高比允许值确定基础台阶的宽度与高度；从基底开始向上逐步收小尺寸，使基础顶面至少低于室外地面 0.1m，否则应修改设计。

无筋扩展基础台阶宽高比的允许值　　　　　　　　　　　　　　表 8.1

基础材料	质量要求	台阶宽高比的允许值		
		$p_k \leqslant 100$	$100 < p_k \leqslant 200$	$200 < p_k \leqslant 300$
混凝土基础	C15 混凝土	1：1.00	1：1.00	1：1.25
毛石混凝土基础	C15 混凝土	1：1.00	1：1.25	1：1.50
砖基础	砖不低于 MU10、砂浆不低于 M5	1：1.50	1：1.50	1：1.50
毛石基础	砂浆不低于 M5	1：1.25	1：1.50	—
灰土基础	体积比为 3：7 或 2：8 的灰土，其最小干密度： 粉土 1.55t/m³ 粉质黏土 1.50t/m³ 黏土 1.45t/m³	1：1.25	1：1.50	—
三合土基础	体积比 1：2：4～1：3：6（石灰：砂：骨料），每层约虚铺 220mm，夯至 150mm	1：1.50	1：2.00	—

　　注：1. p_k 为荷载效应标准组合时基础底面处的平均压力值（kPa）；

　　　　2. 阶梯形毛石基础的每阶伸出宽度，不宜大于 200mm；

　　　　3. 当基础由不同材料叠合组成时，应对接触部分作抗压验算；

　　　　4. 基础底面处的平均压力值超过 300kPa 的混凝土基础，尚应进行抗剪验算。

　　（2）无筋扩展基础的构造要求

　　1）砖基础

　　砖基础的剖面为阶梯形（图 8.2），称为大放脚。各部分的尺寸应符合砖的模数，其砌筑方式有"两皮一收"和"二一间隔收"两种。两皮一收是指每砌两皮砖，收进 1/4 砖长（即 60mm）；二一间隔收是指底层砌两皮转，收进 1/4 砖长，再砌一皮砖，收进 1/4 砖长，以上各层依此类推。

　　砖基础多用于低层建筑的墙下基础，其优点是可就地取材，施工方便，但强度低且耐

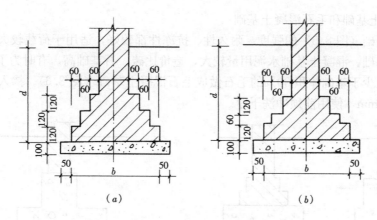

图 8.2　砖基础剖面图

（*a*）"二皮一收"砌法；（*b*）"二一间隔收"砌法

久性差。因此，所采用的材料强度应符合现行《砌体结构设计规范》的规定。基础底面以下需设垫层，垫层材料可选用灰土、素混凝土等，每边扩出基础底面 50mm。

2）毛石基础

毛石基础是采用强度较高而未经风化的毛石砌筑而成（图 8.3）。由于毛石之间间隙较大，如果砂浆粘结性能较差，则不能用于层数较多的建筑物。为了保证锁结作用，每一阶梯宜用三排或三排以上的毛石砌筑，每一阶梯伸出宽度不宜大于 200mm。

3）灰土基础和三合土基础

灰土是用石灰和黏性土混合而成。石灰经熟化 1～2d 后，过 5～10mm 筛即可使用。土料应以有机质含量低的粉土或黏性土为宜，使用前也应过 10～20mm 的筛。石灰和土按其体积比为 3∶7 或 2∶8 加适量水拌匀，每层虚铺 220～250mm，夯至 150mm 为一步，一般可铺 2～3 步。压实后的灰土应满足设计对压实系数的质量要求。灰土基础（图 8.4）一般适用于地下水位较低，层数较少的建筑。

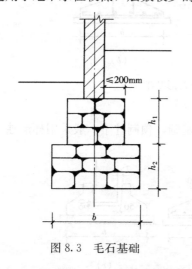

图 8.3　毛石基础

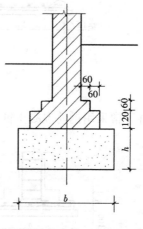

图 8.4　灰土或三合土基础

三合土是由石灰、砂、碎砖或碎石按体积比为 1∶2∶4 或 1∶3∶6 加适量水配置而成。一般每层虚铺约 220mm，夯至 150mm。三合土基础（图 8.4）在我国南方地区常用。

4）混凝土基础和毛石混凝土基础

混凝土基础（图 8.5）的强度、耐久性、抗冻性都较好，适用于荷载较大或位于地下水位以下的基础。混凝土基础水泥用量较大，造价比砖、石基础高。有时为了节约混凝土用量，可掺入少于基础体积 30% 的毛石做成毛石混凝土基础（图 8.6）。掺入的毛石尺寸不得大于 300mm，使用前须冲洗干净。

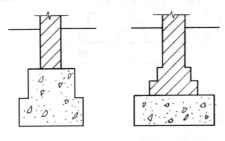

图 8.5　混凝土基础

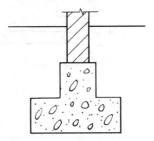

图 8.6　毛石混凝土基础

8.1.2　扩展基础

在基础内部应力满足基础材料强度要求的前提下，通过将基础向侧边扩展成较大底面积，使上部结构传来的荷载扩散分布于较大的底面积上，以满足地基承载力和变形的要求。这种能起到压力扩散作用的柱下钢筋混凝土独立基础和墙下钢筋混凝土条形基础称为扩展基础。这种基础整体性、耐久性、抗冻性较好，抗弯、抗剪强度大，适用于基础底面积大而又必须浅埋时，在基础设计中经常采用。

墙下钢筋混凝土条形基础一般做成无肋式，当地基土的压缩性不均匀时，为了增加基础的刚度和整体性，减少不均匀沉降，可采用带肋的条形基础（图 8.7）。

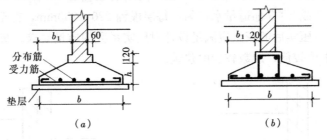

图 8.7　墙下钢筋混凝土条形基础

（a）无肋式；（b）有肋式

现浇柱下常采用钢筋混凝土锥形或阶梯形独立基础，预制柱下一般采用杯形独立基础（图 8.8）。

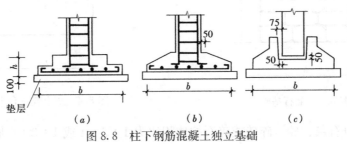

图 8.8　柱下钢筋混凝土独立基础

（a）阶梯形；（b）锥形；（c）杯形

（1）扩展基础的受力特点

1）墙下钢筋混凝土条形基础

如图 8.9 所示，基础底板的受力情况如同受地基净反力作用的倒置悬臂板，在地基净反力的作用下（基础自重和基础上的土重所产生的均布压力与其相应的地基反力相抵消），将在基础底板内产生弯矩和剪力。

墙下钢筋混凝土条形基础通常受均布线荷载作用，计算时沿墙长度方

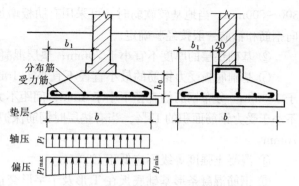

图 8.9　墙下钢筋混凝土条形基础

向取 1m 为计算单元。基础底板宽度应满足地基承载力的有关规定；基础底板高度应满足混凝土抗剪强度要求；基础底板配筋按危险截面的抗弯计算确定。基础底板的受力钢筋沿基础宽度 b 方向设置，沿墙长度方向设分布钢筋，放在受力钢筋上面。

2）柱下钢筋混凝土独立基础

由试验可知，柱下钢筋混凝土独立基础有两种破坏形式。

第一种破坏形式：在地基净反力作用下，基础底板在两个方向均发生向上的弯曲，相当于固定在柱边的梯形悬臂板，下部受拉，上部受压。若危险截面内的弯矩值超过底板的抗弯强度时，底板就会发生弯曲破坏（图 8.10a）。为了防止发生这种破坏，需在基础底板下部配置足够的钢筋。

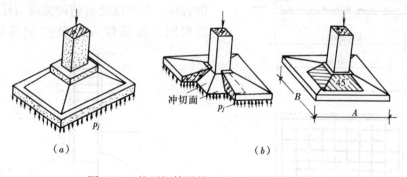

图 8.10　柱下钢筋混凝土独立基础的破坏形式
（a）底板受弯破坏；（b）底板冲切破坏

第二种破坏形式：当基础底面积较大而厚度较薄时，基础将发生冲切破坏。如图 8.10（b）所示，基础从柱的周边开始沿 45°斜面拉裂（当基础为阶梯形时，还可能从变阶处开始沿 45°斜面拉裂），形成冲切角锥体。为了防止发生这种破坏，基础底板要有足够的高度。

因此，柱下钢筋混凝土独立基础的设计，除按地基承载力条件确定基础底面积外，尚应按计算确定基础底板高度和基础底板配筋。

（2）扩展基础的构造要求

1）墙下钢筋混凝土条形基础

① 当基础高度大于 250mm 时，可采用锥形截面，坡度 $i \leqslant 1:3$，边缘高度不宜小于 200mm；当基础高度小于 250mm 时，可采用平板式；若为阶梯形基础，每阶高度宜为

300～500mm。当地基较软弱时，可采用有肋板增加基础刚度，改善不均匀沉降，肋的纵向钢筋和箍筋一般按经验确定。

② 基础垫层的厚度不宜小于70mm；垫层混凝土强度等级应为C10。

③ 基础底板受力钢筋的最小直径不宜小于10mm；间距不宜大于200mm，也不宜小于100mm。分布钢筋的直径不小于8mm；间距不大于300mm；每延米分布钢筋的面积应不小于受力钢筋面积的15%。当有垫层时钢筋保护层厚度不小于40mm；无垫层时不小于70mm。

④ 混凝土强度等级不应低于C20。

⑤ 钢筋混凝条形基础底板在T形及十字形交接处，底板横向受力钢筋仅沿一个主要受力方向通长布置，另一方向的横向受力钢筋可布置到主要受力方向底板宽度1/4处；在拐角处底板横向受力钢筋应沿两个方向布置。

2）柱下钢筋混凝土独立基础

柱下钢筋混凝土独立基础，除应满足柱下钢筋混凝土条形基础的一般构造要求外，尚应满足如下要求：

① 当基础边长大于或等于2.5m时，底板受力钢筋的长度可取边长的0.9倍，并宜交错布置（图8.11）。

② 锥形基础的顶部为安装柱模板，需每边放出50mm。对于现浇柱基础，若基础与柱不同时浇筑，在基础内需预留插筋，插筋的数量、直径以及钢筋种类应与柱内纵向钢筋相同。插筋伸入基础内的锚固长度见

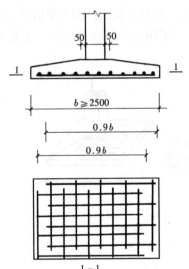

图8.11　基础底板配筋构造

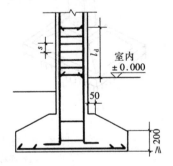

图8.12　现浇柱基础构造

《建筑地基基础设计规范》GB 50007—2011有关规定，一般伸至基础底板钢筋网上，端部弯直钩并上下至少应有二道箍筋固定。插筋与柱筋的接头位置，连接方式等应符合有关规定要求（图8.12）。

③ 预制钢筋混凝土柱与杯口基础的连接，应符合《建筑地基基础设计规范》GB 50007—2011的有关规定。

8.1.3　柱下条形基础

当地基较软弱而荷载较大，若采用柱下单独基础，基础底面积必然很大，易造成基础之间互相靠近或重叠，或地基土不均匀、各柱荷载相差较大需增强基础的整体性，防止过大的不均匀沉降时，可将同一排柱基础连通，就成为柱下条形基础（图8.13）。柱下条形

基础常在框架结构中采用，一般设在房屋的纵向。若荷载较大且土质较弱时，为了增强基础的整体刚度，减小不均匀沉降，可在柱网下纵横方向均设置条形基础，形成柱下十字形基础（图 8.14）。

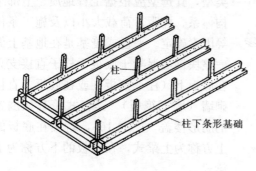

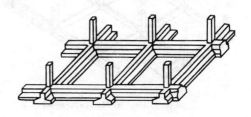

图 8.13 柱下条形基础　　　　　　　图 8.14 柱下十字形基础

（1）柱下条形基础的受力特点

柱下条形基础由肋梁和翼板组成，其截面呈倒 T 形。肋梁的截面相对较大且配置一定数量的纵筋和腹筋，具有较强的抗弯及抗剪能力；翼板的受力特点与墙下钢筋混凝土条形基础相似。

柱下条形基础在上部结构传来的荷载作用下产生地基反力，由于沿梁全长作用的墙重及基础自重与其产生的相应地基反力所抵消，故作用在基础梁上的地基净反力只有柱传来的轴向力所产生。在比较均匀的地基上，上部结构刚度较好，荷载分布较均匀，且条形基础梁的高度不小于 1/6 柱距时，地基反力可按直线分布，条形基础梁的内力可按连续梁计算（即倒梁法）；当不满足上述条件时，宜按弹性地基梁计算。对交叉条形基础，交叉点上的柱荷载，可按交叉梁的刚度或变形协调的要求进行分配。

倒梁法是近似法，是以柱作为基础梁的不动铰支座，在地基净反力作用下按倒置的普通连续梁计算内力。其计算结果与实际情况略有差异，故在设计计算时需作必要的调整。

（2）柱下条形基础的构造要求

柱下条形基础的构造除满足前述扩展基础的构造要求外，尚应符合下列规定：

1）柱下条形基础梁的高度宜为柱距的 1/4～1/8。翼板厚度不应小于 200mm。当翼板厚度大于 250mm 时，宜采用变厚度翼板，其坡度宜小于或等于 1∶3。

2）条形基础的端部宜向外伸出，其长度宜为第一跨距的 0.25 倍。

3）现浇柱与条形基础梁的交接处，其平面尺寸不应小于图 8.15 的规定。

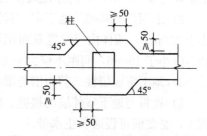

4）条形基础梁顶部和底部的纵向受力钢筋除满足计算要求外，顶部钢筋按计算配筋全部贯通，底部通长钢筋不应少于底部受力钢筋截面总面积的 1/3。

图 8.15 现浇柱与条形基础梁交接处

5）柱下条形基础的混凝土强度等级，不应低于 C20。

8.1.4 筏形基础

当地基软弱而荷载较大，采用十字形基础仍不能满足要求，或者十字交叉基础宽度较大而相互较近时，可将基础底板连成一片而成为筏形基础。筏形基础的整体性好，能调整基础各部分的不均匀沉降。

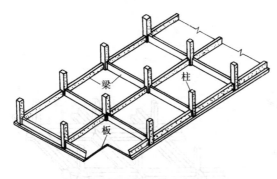

图 8.16　梁板式筏形基础

筏形基础分为平板式和梁板式两种类型，其选型应根据工程地质、上部结构体系、柱距、荷载大小以及施工条件等因素确定。平板式筏基是在地基上做一整块钢筋混凝土底板，柱子直接支立在底板上（柱下筏板）或在底板上直接砌墙（墙下筏板）。梁板式筏基如倒置的肋形楼盖（图 8.16），若梁在底板的上方称为上梁式，在底板的下方称为下梁式。

（1）筏形基础的受力特点

当地基土比较均匀，上部结构刚度较好，梁板式筏基梁的高跨比或平板式筏基板的厚跨比不小于 1/6，且相邻柱荷载及柱间距的变化不超过 20％时，筏形基础可不考虑整体弯曲而仅考虑局部弯曲作用。其内力可按基底反力直线分布进行计算，计算时基底反力应扣除底板自重及其上填土的自重，即将地基净反力作为荷载，按"倒楼盖法"计算。当不能满足上述要求时，筏基内力应按弹性地基梁板方法进行分析计算。

按基底反力直线分布计算的梁板式筏基，其基础梁的内力可按连续梁分析，除满足正截面受弯和斜截面受剪承载力外，尚应满足底层柱下基础梁顶面的局部受压承载力的要求；基础底板除满足正截面受弯承载力外，其厚度尚应满足受冲切承载力和受剪承载力的要求。

按基底反力直线分布计算的平板式筏基，对柱下筏板可按柱下板带和跨中板带分别进行内力分析；对墙下筏板可按连续单向板或双向板计算。平板式筏基的板厚应满足受冲切承载力和受剪承载力的要求，当筏板变厚度时，尚应验算变厚度处筏板的受剪承载力。

有抗震设防要求时，应符合现行规范有关规定的要求。

（2）筏形基础的构造要求

1）筏形基础的混凝土强度等级不应低于 C30。当有地下室时应采用防水混凝土，当基础埋深 $d<10m$ 时，防水混凝土的抗渗等级不应小于 0.6MPa。

2）采用筏形基础的地下室，其钢筋混凝土外墙厚度不应小于 250mm，内墙厚度不应小于 200mm。墙体内应设置双面钢筋，水平钢筋的直径不应小于 12mm，竖向钢筋的直径不应小于 10mm，间距不应大于 200mm，且不宜采用光面圆钢筋。

3）地下室底层柱、剪力墙与梁板式筏基的基础梁连接的构造应符合图 8.17 的要求。

4）筏板与地下室外墙的接缝、地下室外墙沿高度处的水平接缝应严格按施工缝要求施工，必要时可设通长止水带。

5）筏形基础地下室施工完毕后，应及时进行基坑回填工作。回填基坑时，应先清除基坑中的杂物，并应在相对的两侧或四周同时回填并分层夯实，回填土的压实系数不应小于 0.94。

6）有裙房的高层建筑筏形基础应符合下列要求：

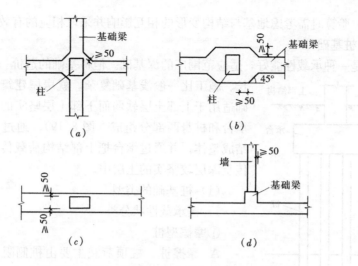

图 8.17 地下室底层柱或剪力墙与基础梁连接的构造

(a) 交叉基础梁与柱的连接；(b)、(c) 单向基础梁与柱的连接；(d) 基础梁与剪力墙的连接

① 当高层建筑与相连的裙房之间设置沉降缝时，高层建筑的基础埋深应大于裙房基础的埋深至少 2m。地面以下沉降缝的缝隙应用粗砂填实（图 8.18a）。

② 当高层建筑与相连的裙房之间不设置沉降缝时，宜在裙房一侧设置用于控制沉降差的后浇带。当高层建筑基础面积满足地基承载力和变形要求时，后浇带宜设在与高层建筑相邻裙房的第一跨内。当需要满足高层建筑地基承载力、降低高层建筑沉降量，减小高层建筑与裙房间的沉降差而增大高层建筑基础面积时，后浇带可设在距主楼边柱的第二跨内，此时应满足下列三个条件：

A. 地基土质较均匀；

B. 裙房结构刚度较好且基础以上的地下室和裙房结构层数不少于两层；

C. 后浇带一侧与主楼连接的裙房基础底板厚度与高层建筑的基础底板厚度相同（图 8.18b）。

根据沉降实测值和计算值确定的后期沉降差满足设计要求后，后浇带混凝土方可进行浇筑。

③ 当高层建筑与相连的裙房之间不设置沉降缝和后浇带时，应进行地基变形和基础

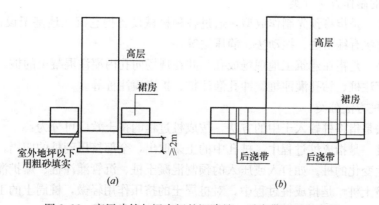

图 8.18 高层建筑与裙房间的沉降缝、后浇带处理示意图

内力的验算，验算时需考虑地基与结构变形的相互影响并采取相应的有效措施。

8.1.5 桩基础

桩基础是一种承载性能好，适应范围广的深基础。但桩基础的造价一般较高、工期较长、施工比一般浅基础复杂。就房屋建筑工程而言，桩基础适用于上部土层软弱而下部土层坚实的场地。桩基础由承台和桩身两部分组成（图 8.19）。通过承台把多根桩联结成整体，并通过承台把上部结构荷载传递到各根桩，再传至深层较坚实的土层中。

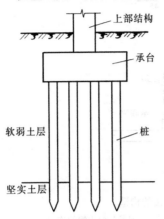

图 8.19 桩基础示意图

（1）桩基础的类型

1）按承载性状分类

①摩擦型桩

A. 摩擦桩　桩顶荷载主要由桩侧阻力承受，桩端阻力很小可以忽略不计的桩。适用于软弱土层较厚，桩端无较硬的土层作为持力层。

B. 端承摩擦桩　桩顶荷载由桩侧阻力和桩端阻力共同承受，但大部分荷载由桩侧阻力承受的桩。

②端承型桩

A. 端承桩　桩顶荷载主要由桩端阻力承受，桩侧阻力很小可以忽略不计的桩。适用于桩通过软弱土层，桩端支承在坚硬土层或岩石上。

B. 摩擦端承桩　桩顶荷载由桩侧阻力和桩端阻力共同承受，但大部分荷载由桩端阻力承受的桩。

2）按桩身材料分类

①混凝土桩　按桩的制作方法又可分为预制混凝土桩和灌注混凝土桩两类，是目前工程上普遍采用的桩。

②钢桩　常见的是型钢和钢管两类，其抗弯强度高、施工方便，但造价高、易腐蚀，目前我国采用较少。

③组合材料桩　是指用两种不同材料组合而成的桩。如钢管内填充混凝土或上部为钢桩，下部为混凝土等形式。

3）按桩的制作方法分类

①预制桩　是指将预先制作成型，通过各种机械设备把它沉入地基至设计标高的桩。常见的沉桩方法有锤击法、振动法、静压法等。

②灌注桩　是指在建筑工地现场成孔，并在现场向孔内灌注混凝土的桩。常见的成孔方法有沉管灌注桩、钻孔灌注桩、冲孔灌注桩、扩底灌注桩等。

4）按成桩方法分类

成桩方法是指将桩置入土中的方法，按成桩过程的挤土效应可分为：

①挤土桩　是指成桩过程中，桩孔中的土未取出，全部挤压到桩的四周，使桩周土的工程性质发生变化的桩。如打入或压入的预制混凝土桩、沉管灌注桩、爆扩灌注桩等。

②部分挤土桩　是指成桩过程中，对桩周土的挤压作用轻微，桩周土的工程性质变化不大的桩。如预钻孔打入式预制桩、开口钢管桩、型钢桩等。

③非挤土桩　是指成桩过程中，将桩孔的土取出，对桩周土无挤压作用的桩。如钻孔灌注桩、人工挖孔灌注桩等。

5）按桩的使用功能分类

①竖向抗压桩　是指主要承受上部结构传来垂直荷载的桩。

②水平受荷桩　是指主要承受水平荷载的桩。

③竖向抗拔桩　是指主要承受上拔荷载的桩。

④复合受荷桩　是指承受竖向、水平荷载均较大的桩。

6）按桩径大小分类

①小直径桩　是指桩径 $d \leqslant 250$mm 的桩。

②中等直径桩　是指桩径 250mm$<d<800$mm 的桩。

③大直径桩　是指桩径 $d \geqslant 800$mm 的桩。

7）按承台底面的相对位置分类

①高承台桩　是指承台底面位于地面之上的桩。这种桩在桥梁、港口等工程中常用。

②低承台桩　是指承台底面位于地面以下的桩（一般承台底面埋置于冻结深度以下）。房屋建筑工程的桩基础都属于这一类。

（2）桩基础的受力特点

1）单桩的受力特点

单桩在上部结构传来竖向荷载作用下，桩顶竖向荷载由桩侧阻力或桩端阻力承受（图8.20）。地基土将产生附加应力，导致地基土压缩变形，引起桩体沉降；桩体本身在桩顶竖向荷载和土体阻力的共同作用下，将产生轴向压缩变形。因此设计时，除满足单桩承载力的要求外，尚应对桩身材料进行强度验算（对预制桩，尚应进行运输、起吊、打桩等过程的强度验算）。单桩竖向承载力特征值应通过现场静载荷试验或其他原位测试等方法确定。

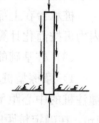

图 8.20　单桩竖向荷载传力示意

单桩的水平承载力特征值取决于桩的材料强度、截面刚度、入土深度、土质条件、桩顶水平位移允许值和桩顶嵌固情况等因素，应通过现场水平载荷试验确定。当作用于桩顶的外力主要为水平力时，应根据使用要求对桩顶变位的限制，对桩基的水平承载力进行验算。

当桩基承受拔力时，应对桩基进行抗拔验算及桩身抗裂验算。

2）群桩基础的受力特点

当建筑物上部荷载远大于单桩竖向承载力时，通常由多根桩组成群桩，共同承受上部荷载。对 2 根以上桩组成的桩基础均可称为群桩。

图 8.21 为端承摩擦桩应力分布。其中图 8.21（a）为单桩受力情况，桩顶轴向荷载由桩侧阻力和桩端阻力共同承受；图 8.21（b）为群桩受力情况，同样每根桩的桩顶轴向荷载由桩侧阻力和桩端阻力共同承受，但因桩的间距小，桩间摩擦阻力无法充分发挥作用，同时桩端产生应力叠加。因此，群桩基础的承载力小于单桩承载力与桩数的乘积，这种现象称为群桩效应。我们把群桩基础竖向承载力与单桩竖向承载力之和的比值称为群桩效应系数。设计计算时，用它来体现群桩平均承载力比单桩降低或提高的幅度。试验表明，群桩效应系数与桩距、桩数、桩径、桩的入土深度、桩的排列、承台宽度及桩间土的性质等因素有关，其中以桩距为主要因素。当桩距较小时，地基应力重叠现象严重，群桩

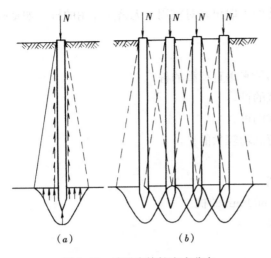

图 8.21 端承摩擦桩应力分布
(a) 单桩受力情况；(b) 群桩受力情况

效应系数降低；当桩距大于 6 倍桩径时，地基应力重叠现象较轻，群桩效应系数较高。

对于端承桩，由于桩底持力层刚硬，桩与桩相互作用的影响很小，可以不考虑群桩效应（即群桩效应系数等于 1），认为群桩竖向承载力为各单桩竖向承载力之和。

3）承台的受力特点

桩承台的作用包括以下 3 个方面：①把多根桩连接成整体，共同承受上部荷载；②把上部结构荷载传递到各根桩的顶部；③桩承台为现浇钢筋混凝土结构，相当于一个浅基础，其本身具有类似于浅基础的承载能力（即桩承台效应）。

桩承台在上部结构与桩顶荷载的作用下，受到弯曲、剪切、冲切及局部受压作用。其内力可按简化计算方法确定，并进行抗弯、抗剪、抗冲切及局部受压的强度计算。

（3）桩基础的构造要求

1）摩擦型桩（包括摩擦桩和端承摩擦桩）的中心距不宜小于桩身直径的 3 倍；扩底灌注桩的中心距不宜小于扩底直径的 1.5 倍，当扩底直径大于 2m 时，桩端净距不宜小于 1m。在确定桩距时尚应考虑施工工艺中挤土等效应对邻近桩的影响。

2）扩底灌注桩的扩底直径，不应大于桩身直径的 3 倍。

3）桩底进入持力层的深度，根据地质条件、荷载及施工工艺确定，宜为桩身直径的 1～3 倍。在确定桩底进入持力层深度时，尚应考虑特殊土、岩溶以及震陷液化等影响。嵌岩灌注桩周边嵌入完整和较完整的未风化、微风化、中风化硬质岩体的深度不宜小于 0.5m。

4）布置桩位时宜使桩基承载力合力点与竖向永久荷载合力作用点重合。

5）非腐蚀环境中预制桩的混凝土强度等级不应低于 C30；灌注桩不应低于 C25；预应力桩不应低于 C40。

6）桩的主筋应经计算确定。打入式预制桩的最小配筋率不宜小于 0.8%；静压预制桩的最小配筋率不宜小于 0.6%；灌注桩最小配筋率不宜小于 0.2%～0.65%（小直径桩取大值）。

7）配筋长度：受水平荷载和弯矩较大的桩，配筋长度应通过计算确定；桩基承台下存在淤泥、淤泥质土或液化土层时，配筋长度应穿过淤泥、淤泥质土层或液化土层；坡地岸边的桩、8 度及 8 度以上地震区的桩、抗拔桩、嵌岩端承桩应通长配筋；钻孔灌注桩构造钢筋的长度不宜小于桩长的 2/3；桩施工在基坑开挖前完成时，其钢筋长度不宜小于基坑深度的 1.5 倍。

8）桩顶嵌入承台内的长度不宜小于 50mm。主筋伸入承台内的锚固长度不宜小于钢筋直径的 35 倍。

9）在承台及地下室周围的回填中，应满足填土密实性的要求。

8.2　基 础 施 工 图

8.2.1　基础施工图的表达与识读

基础图是建筑物地下部分承重结构的施工图，包括基础平面图和表示基础构造的基础详图，以及必要的设计说明。基础施工图是施工放线、开挖基础（坑）、基础施工、计算基础工程量的依据。

（1）基础平面图

基础平面图的剖视位置在室内地面（正负零）处，一般不得因对称而只画一半。被剖切的墙身（或柱）用粗实线表示，基础底宽用细实线表示。其主要内容如下：

1）图名、比例，表示建筑朝向的指北针；

2）与建筑平面图一致的纵横定位轴线及其编号。一般外部尺寸只标注定位轴线的间隔尺寸和总尺寸；

3）基础的平面布置和内部尺寸，即基础墙、基础梁、柱、基础底面的形状、尺寸及其与轴线的关系；

4）以虚线表示暖气、电缆等沟道的路线位置，穿墙管洞应分别标明其尺寸、位置与洞底标高；

5）剖面图的剖切线及其编号，对基础梁、柱等注写基础代号，以便查找详图。

条形基础平面图示意如图 8.22 所示。

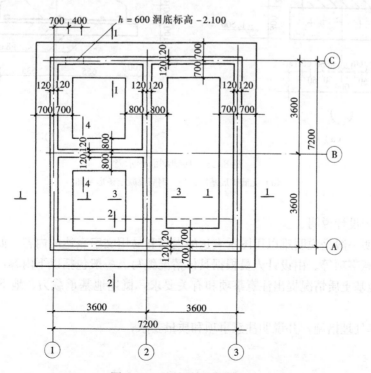

图 8.22　基础平面图示意

（2）基础详图

不同类型的基础，其详图的表示方法有所不同。如条形基础的详图一般为基础的垂直剖面图；独立基础的详图一般应包括平面图和剖面图。基础详图的主要内容如下：

1）图名、比例；

2）基础剖面图中轴线及其编号，若为通用剖面图，则轴线圆圈内可不编号；

3）基础剖面的形状及详细尺寸；

4）室内地面及基础底面的标高，外墙基础还需注明室外地坪之相对标高。如有沟槽者尚应标明其构造关系；

5）钢筋混凝土基础应标注钢筋直径、间距及钢筋编号。现浇基础尚应标注预留插筋、搭接长度与位置及箍筋加密等。对桩基础应表示承台、配筋及桩尖埋深等；

6）防潮层的位置及做法，垫层材料等（也可用文字说明）。

条形基础剖面图示意如图 8.23 所示。

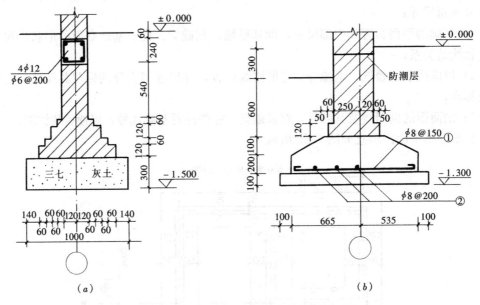

图 8.23　基础剖面图示意

(a) 无筋扩展基础；(b) 钢筋混凝土条形基础

（3）基础设计说明

设计说明一般是说明难以用图示表达的内容和易用文字表达的内容，如材料的质量要求、施工注意事项等。由设计人员根据具体情况编写。一般包括以下内容：

1）对地基土质情况提出注意事项和有关要求，概述地基承载力、地下水位和持力层土质情况；

2）地基处理措施，并说明注意事项和质量要求；

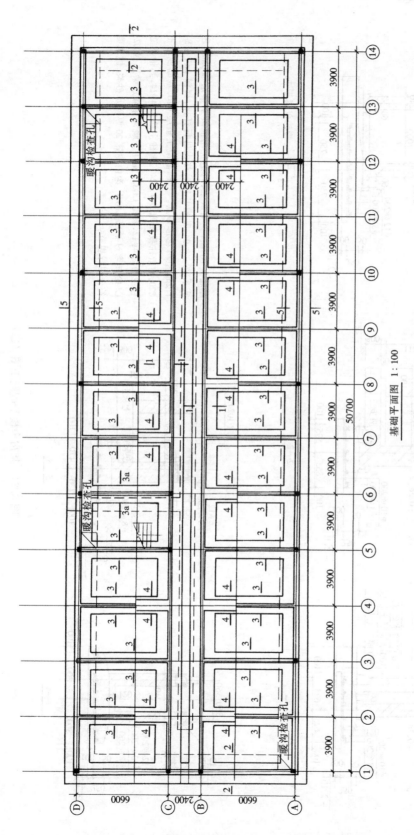

基础平面图 1：100

图 8.24 某宿舍楼基础施工图（一）

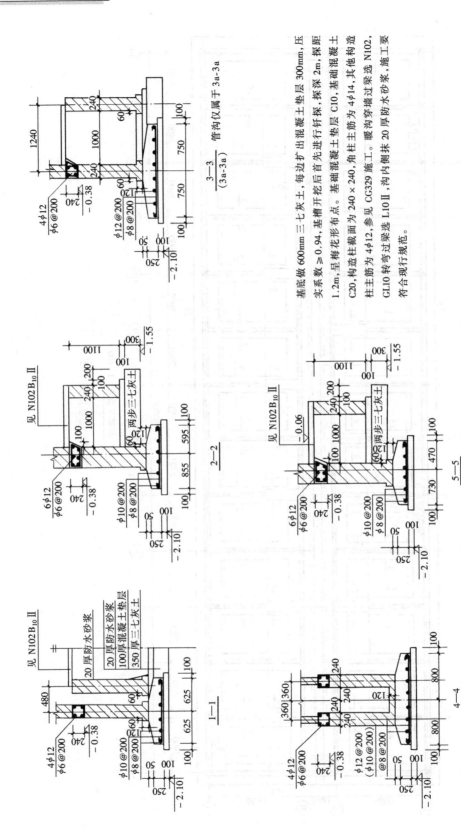

图 8.24 某宿舍楼基础施工图（二）

基底做 600mm 三七灰土，每边扩出混凝土垫层 300mm，压实系数≥0.94，呈梅花形布点。基槽开挖后首先进行钎探，探深 2m，探距 1.2m。基础混凝土至垫层 C10，基础混凝土 C20，构造柱截面为 240×240，角柱主筋为 4φ14，其他构造柱主筋为 4φ12，参见 CG329 施工。暖沟穿墙过梁选 N102，GL10 转弯过梁选 L10Ⅱ，沟内侧抹 20 厚防水砂浆，施工要符合现行规范。

3—3
(3a-3a)
管沟仅属于 3a-3a

2—2

5—5

1—1

4—4

3）对施工方面提出验槽、钎探等事项的设计要求；

4）垫层、砌体、混凝土、钢筋等所用材料的质量要求；

5）防潮（防水）层的位置、做法，构造柱的截面尺寸、材料、构造，混凝土保护层厚度等。

（4）基础施工图的识读

1）看设计说明，了解基础所用材料、地基承载力以及施工要求等；

2）看基础平面图与建筑平面图的定位轴线及尺寸标注是否一致，基础平面图与基础详图是否一致；

3）看基础平面图要注意基础平面布置与内部尺寸关系，以及预留洞的位置及尺寸等；

4）看基础详图要注意竖向尺寸关系，基础的形状、做法与详细尺寸，钢筋的直径、间距与位置，以及地圈梁、防潮层的位置、做法等。

8.2.2 基础施工图示例

图 8.24 为某宿舍楼基础施工图，图 8.25 为某住宅楼基础施工图。

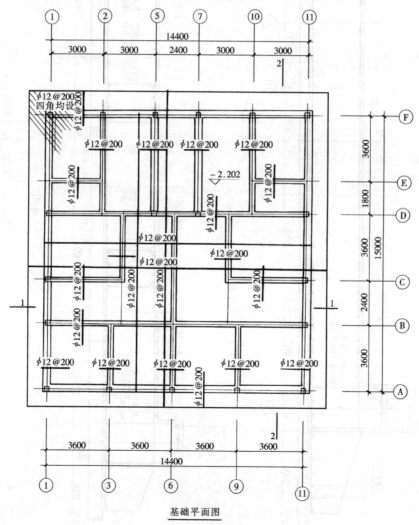

基础平面图

图 8.25 某住宅楼基础施工图（一）

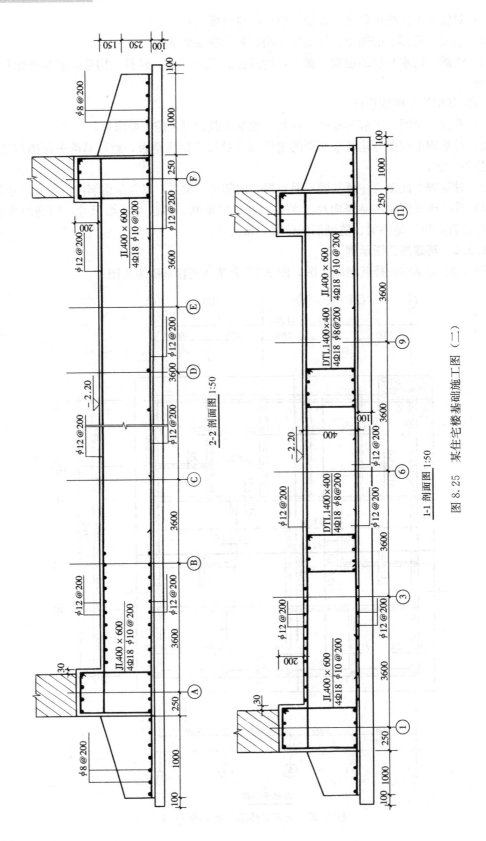

2-2 剖面图 1:50

1-1 剖面图 1:50

图 8.25　某住宅楼基础施工图（二）

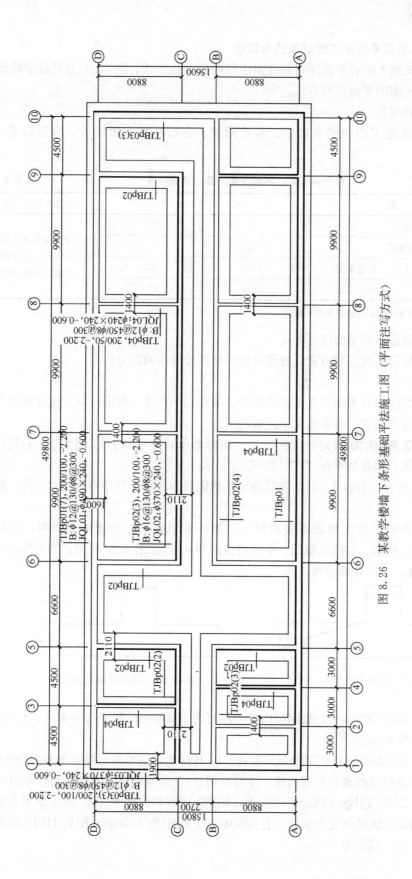

图 8.26　某教学楼墙下条形基础平法施工图（平面注写方式）

8.2.3 条形基础平法施工图的表达与识读

条形基础平法施工图有平面注写和截面注写两种表达方式，图8.26为某教学楼墙下条形基础平法施工图的平面注写方式。

（1）条形基础编号

条形基础平法施工图中的基础梁、基础圈梁、条形基础底板编号，应符合表8.2规定。

条形基础梁、基础圈梁、基础底板编号　　　　　　表8.2

类　　型		代　　号	序　　号	跨数及有否外伸
基础梁		JL	××	（××）端部无外伸
基础圈梁		JQL	××	（××A）一端有外伸
基础底板	坡形截面	TJBp	××	（××B）两端有外伸
	阶形截面	TJBj	××	

注：条形基础通常采用坡形截面或单阶形截面。

（2）条形基础底板的平面注写方式

条形基础底板的平面注写方式，分集中标注和原位标注两部分内容：

1）集中标注

集中标注的必注内容为条形基础底板编号、截面竖向尺寸、配筋三项。选注内容为条形基础底板相对标高高差、必要的文字注解两项。

①必须注写条形基础底板编号（表8.2）：阶形截面，编号加下标"J"，如TJBj××（××）；坡形截面，编号加下标"P"，如TJBp××（××）。

例如：图8.26中TJBp01（7），表示条形基础底板为坡形，其序号为01，7跨，端部无外伸。

②必须注写条形基础底板截面竖向尺寸：当条形基础底板为坡形截面时，注写为h_1/h_2，如图8.27所示；对阶形截面，单阶时仅注写h_1，如图8.28所示；当为多阶时各阶尺寸自下而上以"/"分隔顺写。

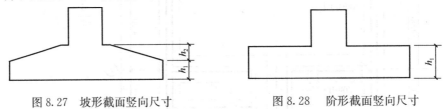

图8.27　坡形截面竖向尺寸　　　　　　图8.28　阶形截面竖向尺寸

例如：图8.26中TJBp01的截面竖向尺寸注写为200/100，表示$h_1=200$、$h_2=100$，基础底板总厚度为300mm。

③必须注写条形基础底板底部及顶部配筋：以B打头，注写条形基础底板底部钢筋；以T打头，注写条形基础底板顶部钢筋，注写时用"/"分隔横向受力钢筋和分布钢筋。

例如：图8.26中TJBp01的配筋注写为，B：$\Phi 12@130/\phi 8@300$；表示条形基础底板底部配置HRB335级横向受力钢筋，直径为$\Phi 12$，间距为130mm；配置HPB300级分布钢筋，直径为$\phi 8$，间距为300mm。

例：当条形基础底板配筋标注为 B：$\Phi 14@150/\phi8@250$；表示条形基础底板底部配置 HRB335 级横向受力钢筋，直径为$\Phi 14$，分布间距 150mm；配置 HPB300 级构造钢筋，直径为$\phi8$，分布间距 250mm，如图 8.29 所示。

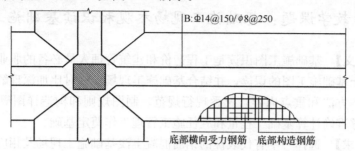

图 8.29 条形基础底板底部配筋

对于双梁（或双墙）条形基础底板，除在底板底部配置钢筋外，一般需在两根梁或两道墙之间的底板顶部配置钢筋，如图 8.30 所示。

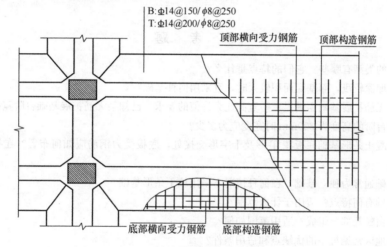

图 8.30 条形基础底板顶部配筋

④注写条形基础底板底面相对标高差（选注内容）。

当条形基础底板的底面标高与条形基础底面基准标高不同时，应将条形基础底板底面相对标高高差注写在"（　　）"内。

2）原位标注

原位注写条形基础底板的平面尺寸 b、b_i，$i=1$，2，…，其中 b 表示基础底板总宽度，b_i 表示基础底板台阶的宽度。相同编号的条形基础底板，仅选择一个进行标注。

例如：图 8.26 中 TJBp01 的基础底板宽度为 1600mm。

（3）基础梁、基础圈梁的平面注写方式

1）基础梁 JL 的平面注写方式，详见国家建筑标准设计图集。

2）基础圈梁 JQL 仅需集中引注，必注内容为基础圈梁编号，截面尺寸，配筋三项。选注内容为基础圈梁底面相对标高高差、必要的文字注解两项。标注方式与基础梁的集中标注相同。

例如：图 8.26 中 JQL01 注写为 490×240，－600；表示条形基础圈梁序号为 01，截

面宽度与高度 $b \times h$ 为 490mm×240mm，圈梁顶面标高相对于室内设计标高±0.000 的高差为−0.6m。

实践教学课题：基础施工现场参观和识读基础施工图

【目的与意义】 基础施工图识读是工程造价和建筑管理人员必备的职业能力之一。通过对钢筋混凝土基础施工图的识读，并结合基础施工现场参观对比加深理解，掌握基础施工图识读的基本方法和重点内容，熟悉现行规范、制图规则和构造详图等，理论联系实际，为今后能够准确计算基础工程量和胜任施工管理工作奠定基础。

【内容与要求】 选择一个有代表性的钢筋混凝土浅基础施工现场及相应的施工图，在指导教师或工程技术人员的指导下，针对本工程的基础形式、平面布置、埋置深度、底面尺寸、截面尺寸、钢筋设置、构造要求、材料要求、受力特点、施工工艺、质量技术标准、现场管理等方面，熟悉基础施工方案，进行系统的识图训练，完成理论到实践的过渡。

思 考 题

1. 浅基础的类型有哪些？它们的特点是什么？

2. 当基础埋深较浅，而基底面积较大时，宜采用何种基础？

3. 为什么无筋扩展基础需满足台阶宽高比允许值的要求？已知某无筋扩展基础台阶宽高比的允许值为 1：1.5，如台阶的高度为 300mm 时宽度应为多少？

4. 钢筋混凝土条形基础底板在 T 形及十字形交接处，底板受力钢筋应如何布置？在拐角处应如何布置？

5. 柱下基础通常为独立基础，在何种情况下采用柱下条形基础？

6. 筏形基础有何特点？适用于什么范围？

7. 桩基础由哪几部分组成？适用范围如何？

8. 说明本地区常见桩型的优缺点和适用条件？

9. 桩按承载性状分为哪几类？端承摩擦桩和摩擦端承桩受力情况有什么不同？

10. 何谓群桩？何谓群桩效应？何谓承台效应？群桩承载力和单桩承载力有何区别与联系？

9 建筑结构施工图识读

【学习提要】 在本单元的学习中要紧密联系实际，重点掌握结构施工图平面整体表示法的识读和标准图集的使用，熟悉框架柱、框架梁钢筋工程量计算方法，为今后进一步的学习和工作奠定基础。

9.1 概 述

9.1.1 建筑工程施工图种类与结构施工图内容

建筑工程施工图是指利用正投影的方法把所设计房屋的大小、外部形状、内部布置和室内装修，各部结构、构造、设备等的做法，按照建筑制图国家标准规定，用建筑专业的习惯画法详尽、准确地表达出来，并注写尺寸和文字说明，用以指导施工的图样。是设计人员的最终成果，也是施工单位进行施工的主要依据。

建筑工程施工图按其内容和作用不同分为：建筑施工图、结构施工图、给排水施工图、暖通施工图和电气施工图等。建筑工程施工图的一般编排顺序是：图纸目录、设计总说明、建筑总平面图、建筑施工图、结构施工图、给排水施工图、暖通施工图和电气施工图，有时还会有空调施工图、煤气管道施工图及弱电施工图等。

结构施工图一般包括：结构设计说明、结构布置图和构件详图三部分。结构设计说明以文字叙述为主，主要说明工程概况、设计的依据、主要材料要求、标准图或通用图的使用、构造要求及施工注意事项等。结构布置图是房屋承重结构的整体布置图，主要表示结构构件的位置、数量、型号及相互关系。常用的结构平面布置图有：基础平面图、楼层结构平面图、屋面结构平面图、柱网平面图等。构件详图是表示单个构件形状、尺寸、材料、构造及工艺的图样。

9.1.2 建筑结构制图的规定

1) 绘制结构图，应遵守《房屋建筑制图统一标准》和《建筑结构制图标准》的规定。

2) 结构图应采用正投影法绘制。

3) 结构图的图线应符合表 9.1 的规定。

图 线　　　　　　　　　　　　　　　　　　　表 9.1

名称		线 型	线宽	一 般 用 途
实线	粗	——————	b	螺栓、主钢筋线、结构平面图中的单线结构构件线、钢木支撑及系杆线、图名下横线、剖切线
	中	——————	$0.5b$	结构平面图及详图中剖到或可见的墙身轮廓线、基础轮廓线、钢、木结构轮廓线、箍筋线、板钢筋线

名称		线 型	线宽	一 般 用 途
实线	细	———————	0.25b	可见的钢筋混凝土构件的轮廓线、尺寸线、标注引出线,标高符号,索引符号
虚线	粗	— — — —	b	不可见的钢筋、螺栓线,结构平面图中的不可见的单线结构构件线及钢、木支撑线
	中	— — — —	0.5b	结构平面图中的不可见构件、墙身轮廓线及钢、木结构轮廓线
	细	— — — —	0.25b	基础平面图中的管沟轮廓线、不可见的钢筋混凝土构件轮廓线
单点长画线	粗	—·—·—	b	柱间支撑、垂直支撑、设备基础轴线图中的中心线
	细	—·—·—	0.25b	定位轴线、对称线、中心线
双点长画线	粗	—··—··—	b	预应力钢筋线
	细	—··—··—	0.25b	原有结构轮廓线
折断线		—⌐⌐—	0.25b	断开界线
波浪线		∿∿∿	0.25b	断开界线

4)结构图常用比例见表9.2,特殊情况下可选用可用比例。

比 例 表9.2

图 名	常用比例	可用比例
结构平面图	1:50、1:100	1:60
基础平面图	1:150、1:200	
圈梁平面图、总图中管沟、地下设施等	1:200、1:500	1:300
详 图	1:10、1:20	1:5、1:25、1:4

5)构件的名称应用代号来表示,常用的构件代号见表9.3。

构 件 代 号 表9.3

序号	名 称	代号	序号	名 称	代号	序号	名 称	代号
1	板	B	19	圈 梁	QL	37	承 台	CT
2	屋面板	WB	20	过 梁	GL	38	设备基础	SJ
3	空心板	KB	21	连系梁	LL	39	桩	ZH
4	槽形板	CB	22	基础梁	JL	40	挡土墙	DQ
5	折 板	ZB	23	楼梯梁	TL	41	地 沟	DG
6	密肋板	MB	24	框架梁	KL	42	柱间支撑	ZC
7	楼梯板	TB	25	框支梁	KZL	43	垂直支撑	CC
8	盖板或沟盖板	GB	26	屋面框架梁	WKL	44	水平支撑	SC
9	挡雨板或檐口板	YB	27	檩 条	LT	45	梯	T
10	吊车安全走道板	DB	28	屋 架	WJ	46	雨 篷	YP
11	墙 板	QB	29	托 架	TJ	47	阳 台	YT
12	天沟板	TGB	30	天窗架	CJ	48	梁 垫	LD
13	梁	L	31	框 架	KJ	49	预埋件	M—
14	屋面梁	WL	32	刚 架	GJ	50	天窗端壁	TD
15	吊车梁	DL	33	支 架	ZJ	51	钢筋网	W
16	单轨吊车梁	DDL	34	柱	Z	52	钢筋骨架	G
17	轨道连接	DGL	35	框架柱	KZ	53	基 础	J
18	车 挡	CD	36	构造柱	GZ	54	暗 柱	AZ

6）结构平面图的定位轴线应与建筑平面图或总平面图一致，并应在结构平面图标注结构标高。

7）结构平面图中的剖面图、断面详图的编号顺序宜按下列规定编排：外墙按顺时针方向从左下角开始编号；内横墙从左至右，从上至下编号；内纵墙从上至下，从左至右编号。

8）当钢筋混凝土构件对称时，可在同一图样中用一半表示模板，另一半表示钢筋；当钢筋混凝土构件配筋比较简单时，可在其模板图的一角绘出局部剖面图，表示钢筋布置。

9）钢筋的表示方法，一般钢筋常用图例应符合本书 3.5.2 表 3.9 规定，钢筋的画法应符合表 9.4 的规定。

钢 筋 的 画 法　　　　　　　　　　　　　　　　　　　表 9.4

序号	说　　　明	图　　例
1	在结构平面图中配置双层钢筋时，底层钢筋的弯钩应向上或向左，顶层钢筋的弯钩则向下或向右	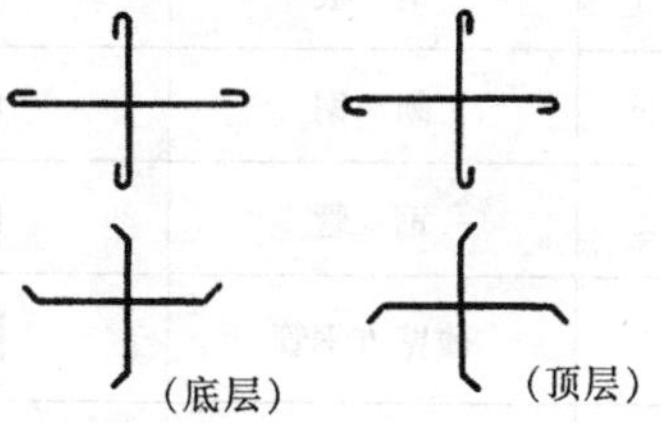 （底层）　　　（顶层）
2	钢筋混凝土墙体配双层钢筋时，在配筋立面图中，远面钢筋的弯钩应向上或向左，而近面钢筋的弯钩向下或向右（JM 近面；YM 远面）	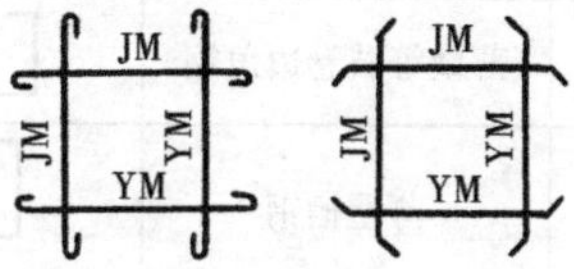
3	若在断面图中不能表达清楚的钢筋布置，应在断面图外增加钢筋大样图（如：钢筋混凝土墙、楼梯等）	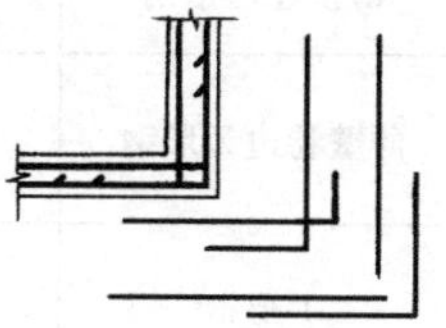
4	图中所表示的箍筋、环筋等若布置复杂时，可加画钢筋大样及说明	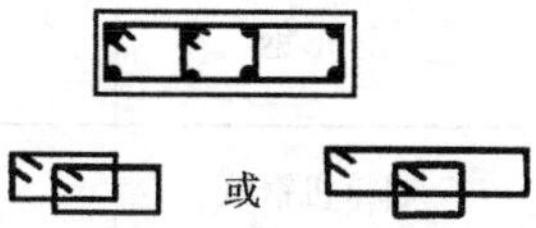 或
5	每组相同的钢筋、箍筋或环筋，可用一根粗实线表示，同时用一两端带斜短划线的横穿细线，表示其余钢筋及起止范围	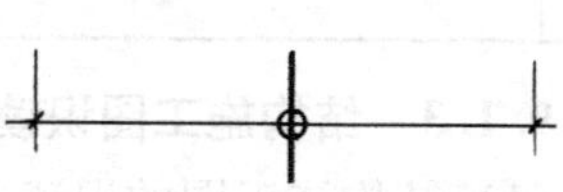

10）常用焊缝、螺栓、孔、电焊铆钉的表示方法见本书 7.1 表 7.1、表 7.2 的规定。

11）常用型钢的标注应符合表 9.5 的规定。

常用型钢的标注方法

表 9.5

序号	名　称	截　面	标　注	说　明
1	等边角钢	⌐	⌐ $b×t$	b 为肢宽 t 为肢厚
2	不等边角钢	B⌐	⌐ $B×b×t$	B 为长肢宽　b 为短肢宽　t 为肢厚
3	工字钢	I	N Q N	轻型工字钢加注 Q 字　N 工字钢的型号
4	槽钢	[	N Q N	轻型槽钢加注 Q 字　N 槽钢的型号
5	方钢	b	□ b	
6	扁钢	b	— $b×t$	
7	钢板	—	$\dfrac{-b×t}{l}$	宽×厚 板长
8	圆钢	◯	$\phi\ d$	
9	钢管	◯	$DN××$ $d×t$	内径 外径×壁厚
10	薄壁方钢管	□	B □ $b×t$	
11	薄壁等肢角钢	⌐	B ⌐ $b×t$	
12	薄壁等肢卷边角钢	⌐ a	B ⌐ $b×a×t$	
13	薄壁槽钢	h[	B [$h×b×t$	薄壁型钢加注 B 字　t 为壁厚
14	薄壁卷边槽钢	[a	B [$h×b×a×t$	
15	薄壁卷边 Z 形钢	h a	B $h×b×a×t$	
16	T 形钢	T	TW×× TM×× TN××	TW 为宽翼缘 T 形钢 TM 为中翼缘 T 形钢 TN 为窄翼缘 T 形钢
17	H 形钢	H	HW×× HM×× HN××	HW 为宽翼缘 H 形钢 HM 为中翼缘 H 形钢 HN 为窄翼缘 H 形钢
18	起重机钢轨	⊥	⊥ QU××	详细说明产品规格型号
19	轻轨及钢轨	⊥	⊥ ××kg/m 钢轨	

9.1.3　结构施工图识读方法与步骤

（1）结构施工图的识读方法

结构施工图的识读方法一般是先要弄清是什么图，然后根据图纸特点从上往下、从左往右、由外向内、由大到小、由粗到细，图样与说明对照，建施、结施、水暖电施相结合看，另外还要根据结构设计说明准备好相应的标准图集与相关资料。

（2）结构施工图的识读步骤

结构施工图的识读步骤一般如下：

1）读图纸目录，同时按图纸目录检查图纸是否齐全，图纸编号与图名是否符合。

2）读结构总说明，了解工程概况、设计依据、主要材料要求、标准图或通用图的使用、构造要求及施工注意事项等。

3）读基础图，了解内容详见本书8.2。

4）读结构平面图及结构详图，了解各种尺寸、构件的布置、配筋情况、楼梯情况等。

5）看结构设计说明要求的标准图集。

在整个读图过程中，要把结构施工图与建筑施工图、水暖电施工图结合起来，看有无矛盾的地方，构造上能否施工等，同时还要边看边记下关键的内容，如轴线尺寸、开间尺寸、层高、主要梁柱截面尺寸和配筋以及不同部位混凝土强度等级等。

（3）标准图集的阅读

为加快设计、施工进度，提高质量，降低成本，经常直接采用标准图集。

1）标准图集的分类

我国编制的标准图集，按其编制的单位和适用范围的情况可分为三类：

①经国家批准的标准图集，供全国范围内使用；

②经各省、市、自治区等地方批准的通用标准图集，供本地区使用；

③各设计单位编制的图集，供本单位设计的工程使用。

全国通用的标准图集，通常采用代号"G"或"结"表示结构标准构件类图集，用"J"或"建"表示建筑标准配件类图集。

2）标准图集的查阅方法

标准图集的查阅方法如下：

①根据施工图中注明的标准图集名称、编号及编制单位，查找相应的图集；

②阅读标准图集的总说明，了解编制该图集的设计依据，使用范围，施工要求及注意事项等；

③了解该图集编号和表示方法，一般标准图集都用代号表示，代号表明构件、配件的类别、规格及大小；

④根据图集目录及构件、配件代号在该图集内查找所需详图。

9.2 混凝土结构施工图平面整体表示方法

9.2.1 概述

（1）平法的概念

混凝土结构施工图平面整体表示方法，简称平法，是把结构构件的尺寸和配筋等，按照平面整体表示方法制图规则，整体直接表达在各类构件的结构平面布置图上，再与相应构件的标准构造详图相配合，即构成一套完整的结构设计。传统图纸的绘制是将构件从结构平面图中索引出来，再逐个绘制配筋详图的方法。相比之下，平法绘制的图纸清晰、简洁、信息量大。

（2）平法整体设计

平法系列图集主要由平面整体表示方法制图规则和标准构造详图两大部分内容组成。

平法结构施工图设计文件包括两部分：

1）平法施工图

平法施工图是在结构平面布置图上，直接按制图规则标注每个构件的几何尺寸和配筋；同时含有结构设计说明。

2）标准构造详图

标准构造详图是将平法施工图图纸中未表达的节点和构件的构造要求内容，以标准图的形式绘制出来，作为设计和施工的参考。

9.2.2 柱平法施工图识读

柱平法施工图的表示方法为：在柱平面布置图上，采用截面注写方式或列表注写方式来表达柱结构设计的内容。

柱平法施工图，采用截面注写方式或列表注写方式，并加注相关设计内容后，便构成了柱平面布置图。在柱平面布置图中包含结构层楼面标高、结构层高及相应的结构层号表，明确各柱在整个结构中的竖向定位。柱平法施工图中标注的尺寸以毫米（mm）为单位，标高以米（m）为单位。

（1）列表注写方式

列表注写方式，是指在柱平面布置图上，分别在同一编号的柱中选择一个或多个截面标注几何参数代号，在柱表中注写柱号、柱段起止标高、几何尺寸与箍筋的具体数值，并配以各种柱截面形状及箍筋类型图的方式来表达柱平法施工图。

柱平法施工图列表注写方式的几个主要组成部分为：平面图、柱类型、箍筋类型图、柱表、结构层楼面标高及结构层高等内容。平面图明确定位轴线、柱的代号、形状及与轴线的关系；箍筋类型图重点表示箍筋的形状特征。

柱表包括：柱编号、柱标高、截面尺寸与轴线的关系、纵筋规格（包括角筋、中部筋）、箍筋类型、箍筋间距等。

1）柱编号

柱编号由类型代号和序号组成，常用柱的编号见表9.6。

常用柱的编号　　　　　　　　　　　　　　　　　　　　表9.6

柱类型	代号	序号	特　　征
框架柱	KZ	××	柱根部嵌固在基础或地下结构上，并与框架梁刚性连接
转换柱	ZHZ	××	柱根部嵌固在基础或地下结构上，并与框支梁刚性连接，框支结构以上转换为剪力墙结构
芯柱	XZ	××	设置在框架柱、框支柱、剪力墙柱核心部位的暗柱
梁上柱	LZ	××	支承或悬挂在梁上的柱
墙上柱	QZ	××	支承在剪力墙上的柱

编号时，当柱的总高、分段截面尺寸和配筋均对应相同时，仅分段截面与轴线关系的定位不同时，仍可将其编为同一柱号，但应在图中说明截面与轴线的关系。

2）柱高（分段起止高度）

各段柱的起止标高，自柱根部以上变截面位置或截面未变但配筋改变处为界分段注写。

柱根部标高应具体分析：框架柱和转换柱的柱根部标高为基础顶面（或嵌固端顶面）标

高；芯柱的根部标高根据结构的实际情况确定，一般与所在框架柱的起止标高相同；剪力墙上柱的根部标高分为两种：当墙上柱纵筋锚固在剪力墙顶部时，其根部标高为墙顶部标高，当墙上柱与剪力墙重叠一层时，其根部标高为剪力墙顶面下一层的结构层楼面标高。

3）柱截面几何尺寸及与轴线的关系

矩形柱截面尺寸用 $b \times h$ 表示，通常，截面的横向边为 b（与 X 向平行），截面的竖边为 h（与 Y 向平行），在截面配筋图上 b 和 h 有明确标注，例如：650×600 表示柱截面尺寸横边为 650mm，竖向边为 600mm。矩形柱与轴线的关系用 b_1、b_2 和 h_1、h_2 表示，需对应于各段柱各边轴线的偏离数值，其中 $b = b_1 + b_2$，$h = h_1 + h_2$。

圆形柱的截面尺寸用 D 表示。同样，圆形柱与轴线的偏离数值，也用 b_1、b_2 和 h_1、h_2 表示，$D = b_1 + b_2 = h_1 + h_2$。芯柱根据结构设计需要在某些框架柱一定高度范围内，在其内部中心位置设置，其定位随框架柱，不需要注写其与轴线的几何关系。

当为异形柱截面时，需在适当位置补绘实际配筋截面图并原位注写截面尺寸及轴线偏离数值。

4）柱纵向钢筋

柱纵向钢筋有两种表示方式：

当纵向钢筋直径均相同，各边根数也相同时，可将全部纵筋的根数、钢筋类型、直径等信息标注在"全部纵筋"一栏中。

当矩形截面的角筋和中部钢筋配置不同时，将纵筋分角筋、b 边中部钢筋、h 边中部钢筋三项分别注写，对于采用对称配筋的矩形截面柱，可仅注写 b 边和 h 边一侧中部配筋，对称边省略不注。

5）柱箍筋

柱箍筋内容有两栏：箍筋类型和箍筋级别、直径、间距等信息。

箍筋类型一栏内，注写柱箍筋类型号和箍筋肢数，具体工程所设计的各种箍筋类型图以及箍筋的复合方式也需绘制在图中的适当位置，并标注与表中对应的 b、h 和类型号。对于矩形复合箍筋类型号表示内容有两个方面，一是箍筋类型编号 1、2、3…；二是箍筋的肢数 $m \times n$，注写在括号里，m 表示 b 方向的肢数，n 表示 h 方向的肢数。

箍筋一栏内，需注明钢筋的级别、直径、箍筋间距；当圆柱采用螺旋箍筋时，需在箍筋前加"L"，箍筋的肢数和复合方式在柱截面图上表示。当为抗震设计时，用"/"区分加密区和非加密区长度范围内的不同间距。

抗震设计时柱箍筋加密区范围见图 9.1。

柱列表注写方式示意如图 9.2 所示。

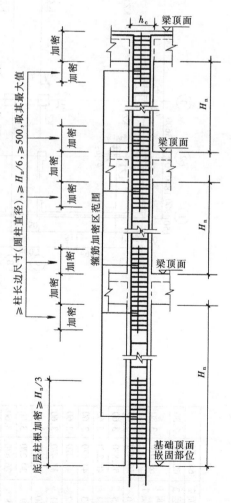

图 9.1 抗震设计时 KZ、LZ、QZ 柱箍筋加密区范围

201

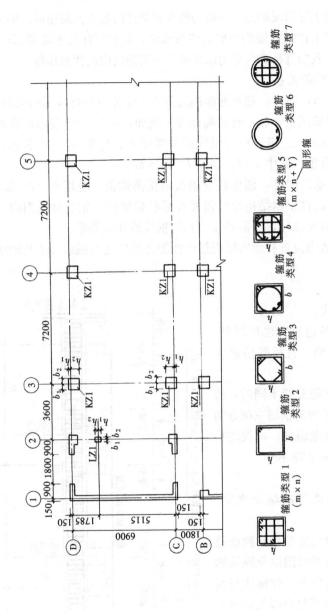

图 9.2 柱列表注写方式示意图

柱 表

柱号	标高	$b \times h$ (圆柱直径 D)	b_1	b_2	h_1	h_2	全部纵筋	角 筋	b 边一侧中部筋	h 边一侧中部筋	箍筋类型号	箍 筋	备 注
KZ1	-0.030—19.470	750×700	375	375	150	550	24 ⊕ 25				1(5×4)	φ 10@100/200	
	19.470—37.470	650×600	325	325	150	1450		4 ⊕ 22	5 ⊕ 22	4 ⊕ 20	1(4×4)	φ 10@100/200	
	37.470—59.070	550×500	275	275	150	350		4 ⊕ 22	5 ⊕ 22	4 ⊕ 20	1(4×4)	φ 8@100/200	

-0.030—59.070 柱平法施工图（局部）

箍筋类型1 (m×n)

箍筋类型2

箍筋类型3

箍筋类型4

箍筋类型5 (m×n+Y) 圆形箍

箍筋类型6

箍筋类型7

层号	标高 (m)	层高 (m)
屋面2 塔层2	65.675 62.370	3.30 3.30
屋面1 (塔层1)	59.070	3.60
16	55.470	3.60
15	51.870	3.60
14	48.270	3.60
13	44.670	3.60
12	41.070	3.60
11	37.470	3.60
10	33.870	3.60
9	30.270	3.60
8	26.670	3.60
7	23.070	3.60
6	19.470	3.60
5	15.870	3.60
4	12.270	3.60
3	8.670	3.60
2	4.470	4.20
1	-0.030	4.50
-1	-4.530	4.50
-2	-9.030	4.50
层号	标高 (m)	层高 (m)
结构层楼面标高 结构层高		

（2）截面注写方式

截面注写方式，是在分标准层绘制的柱平面布置图的柱截面上，分别在同一编号的柱中选择一个截面，以直接注写截面尺寸和配筋具体数值的方式来表达柱平法施工图。

采用截面注写方式，需要在相同编号的柱中选择一根柱，将其在原位放大，其上直接引注几何尺寸和配筋等信息，而对其他相同编号的柱仅需标注编号和偏心尺寸。截面注写方式在柱截面配筋图中直接引注的内容有：柱编号、柱段起止高度、截面尺寸、纵向钢筋、箍筋等，其表达含义与列表注写方式相同。当根据设计要求设置芯柱时，编号之后注写芯柱的起止标高、全部纵筋及箍筋的具体数值，芯柱尺寸按构造确定，定位随框架柱，不需单独注写其与轴线的关系。如图 9.3 所示。

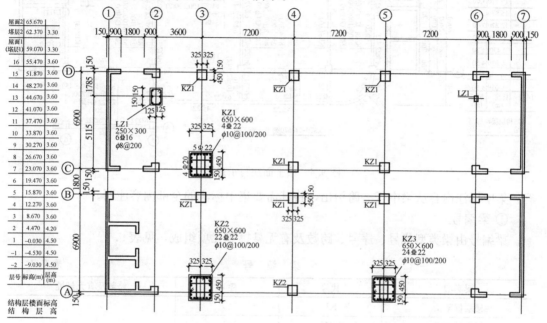

图 9.3　柱截面注写方式示意图

9.2.3　梁平法施工图识读

梁平法施工图设计规则为在梁平面布置图上采用平面注写方式或截面注写方式表达梁结构设计内容的方法。

梁平法施工图设计采用平面注写方式或截面注写方式，直接在梁平面布置图上表达梁的截面尺寸、配筋等相关设计信息。在梁平法施工图中通常包含结构层楼面标高、结构层高及相应的结构层号表，便于明确图纸所表达梁标准层所在的层数，并提供梁顶面相对标高高差的基准标高。梁平法施工图中标注的尺寸以毫米（mm）为单位，标高以米（m）为单位。

（1）平面注写方式

梁平面注写方式，是指在梁平面布置图上，分别在不同编号的梁中各选一根梁，在其上注写截面尺寸和配筋具体数值的方式来表达梁的平法施工图，如图 9.4 所示。平面注写方式的内容包括集中标注内容和原位标注内容两部分。下面分别介绍两种标注形式。

1）集中标注的具体内容

集中标注内容主要表达通用于梁各跨的设计数值，通常有五项必注内容和一项选注内

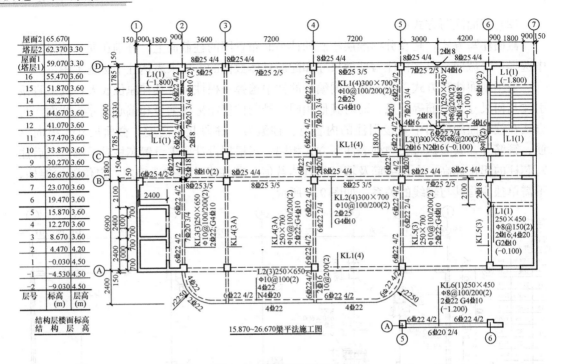

图 9.4　梁平面注写示意图

容。集中标注内容从梁中任一跨引出，将其需要集中标注的全部内容注明。

① 梁编号

梁编号由梁类型代号、序号、跨数及有无悬挑等几项组成，见表 9.7。

梁 编 号　　　　　　　　　　　　　　　　　　表 9.7

梁类型	代号	序号	跨数及有无悬挑
楼层框架梁	KL	××	（××）跨数 （××A）跨数及一端有悬挑 （××B）跨数及两端有悬挑
屋面框架梁	WKL	××	
框支梁	KZL	××	
非框架梁	L	××	
悬挑梁	XL	××	
井字梁	JZL	××	

② 梁截面尺寸

注写梁截面尺寸 $b \times h$，其中，b 为梁宽，h 为梁高。当梁有加腋构造时，注写为 $b \times h$ $Y c_1 \times c_2$，其中，c_1 为腋长，c_2 腋高；当梁为变截面悬挑梁时，用斜线分隔根部与端部的高度值，注写方式为 $b \times h_1 / h_2$，其中，h_1 为梁根部较大高度值，h_2 为梁端部较小高度值。

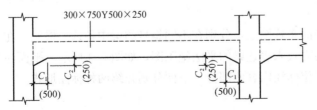

图 9.5　加腋梁截面尺寸注写示意图

如图 9.5、图 9.6 所示。

③ 梁箍筋

梁箍筋注写包含箍筋级别、直径、加密区与非加密区箍筋间距，肢数。由于箍筋在抗震和非抗震设计时不同，因此，表示方

204

法略有差异：

当为抗震设计时，箍筋根据抗震等级的要求对加密和非加密区的要求也不同，在平法表示中，箍筋加密区与非加密区间距用"/"区分，箍筋的肢数写在后面"（）"内。

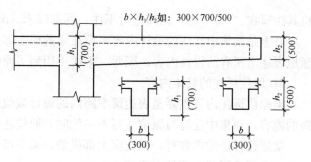

图 9.6　悬挑梁不等高截面尺寸注写示意图

例如：$\phi8@100/200$（4），表示箍筋为 HPB300 级钢筋，直径 $\phi8$，加密区间距为 100，非加密区间距为 200，均为四肢箍。$\phi10@100$（4）$/150$（2），表示箍筋为 HPB300 级钢筋，直径 $\phi10$，加密区间距为 100，四肢箍；非加密区间距为 150，两肢箍。

当为非抗震设计时，箍筋没有明确的加密与非加密要求，但是根据两斜截面受剪承载力要求，在同一跨度内可能采用不同箍筋间距。此时，梁两端与跨中部分的箍筋同样用"/"分开，箍筋的肢数注写在括号内。由于非抗震时，箍筋没有明确的加密与非加密范围的要求，因此，设计中将靠近梁端的箍筋在图纸中注明根数。

④ 注写梁上部通长钢筋或架立钢筋

梁上部通长钢筋一般仅需 2 根，可以由直径相同或直径不同的钢筋连接而成。

当抗震框架梁箍筋采用 4 肢箍或更多肢数时，需补充设置架立筋，即同排中既有通长钢筋又有架立钢筋时，应用"＋"将通长筋和架立筋相连，采用"通长筋＋（架立筋）"方式表达，角部纵筋写在加号的前面，架立筋写在加号后面的括号内。当全部采用架立筋时，则将其全部写入括号内。

当梁下部纵向受力钢筋配置沿全跨相同时，可在集中标注梁上部通长钢筋或架立筋后面连续注写梁下部通长钢筋，并用"；"将上部钢筋与下部钢筋隔开，少数跨不同者采用原位标注修正。

例如：2 Φ 22＋（2 Φ 14）用于四肢箍，其中 2 Φ 22 为通长筋，2 Φ 14 为架立筋。3 Φ 22；3 Φ 20 表示梁的上部配置 3 Φ 22 的通长筋，梁的下部配置 3 Φ 20 的通长筋。

⑤ 注写梁侧面纵向构造钢筋或受扭钢筋

当梁腹板高度 $h_w\geq450mm$ 时，须配置纵向构造钢筋，梁侧面构造钢筋以 G 打头，连续注写设置在梁两个侧面的总配筋值，且对称配置。

当梁侧面须配置受扭钢筋时，注写以大写字母 N 打头，连续注写设置在梁两个侧面的总配筋值，且对称配置。

例如：G4 Φ 10，表示梁的两侧共配置 4 Φ 10 的纵向构造钢筋，每侧各配置 2 Φ 10。N6 Φ 14，表示梁的两侧共配置 6 Φ 14 的受扭纵向钢筋，每侧各配置 3 Φ 14。

受扭钢筋与构造钢筋不需重复设置。需要注意的是：梁侧面构造钢筋的搭接长度和锚固长度按构造要求处理，取值均为 $15d$；受扭钢筋的搭接长度和锚固长度按受力钢筋处理，需按计算确定。

⑥ 注写梁顶面相对标高高差

该项为选注项，梁顶面相对标高高差为相对于结构层楼面标高的高差值，有高差时，将其注写在"（）"内，无高差时不注。标高以米（m）为单位。

以上是梁集中标注的设计内容，而在梁的很多部位仅用集中注写的内容不能全面、清晰地表达出所有的设计内容，因此，平法中用到了原位标注。

2）原位标注的具体内容

梁原位标注内容主要是表达梁本跨内的设计数值以及修正集中标注内容中不适用于本跨的内容。当集中注写与原位注写不一致时，原位注写取值优先。

梁原位标注的内容有：梁支座上部纵筋，梁下部纵筋，附加箍筋或吊筋，修正集中标注内容中不适用于本跨的内容等。

① 梁支座上部纵筋

框架梁支座上部负弯矩值较大，通常支座上部钢筋由贯通钢筋和非贯通钢筋组成，表达方式为：

A. 多排钢筋

当梁支座上部纵筋多于一排时，用"/"将各排纵筋自上而下分开。

B. 两种直径

当同排纵筋有两种直径时，用"＋"将两种直径的纵筋相连，并将角筋注写在前面。

C. 对称或不对称标注

当梁支座两边上部的纵筋不同时，须在支座两边分别标注各自的纵筋配筋；当梁支座两边上部的纵筋相同时，可仅在支座一边标注配筋值，另一边省去不注。

② 梁下部纵筋

框架梁的下部纵筋用以承受由于弯矩产生的拉应力，跨中部分为最大弯矩值，是控制截面所在部位。因此，框架梁下部纵筋在跨中部位不应连接。框架梁下部纵筋如需连接则宜设置在弯矩值较小的支座附近。梁下部钢筋的表达方式为：

A. 多排钢筋

当梁下部纵筋多于一排时，用"/"将各排纵筋自上而下分开。

B. 两种直径

当同排纵筋有两种直径时，用"＋"将两种直径的纵筋相连，并将角筋注写在前面。

C. 不伸入支座的钢筋

当梁下部纵筋不全部伸入支座时，将不伸入支座纵筋的数量写在括号内。

③ 附加箍筋或吊筋

在主次梁相交处，由于次梁直接将荷载集中作用于主梁上，为防止主梁发生破坏，在主次梁相交处，次梁作用在主梁位置的两侧设置附加箍筋或附加吊筋。附加箍筋或附加吊筋直接绘制在梁平面布置图上，用线引注总配筋值。

当多数附加箍筋或吊筋相同时，可在梁平法施工图中统一注明，少数与统一注明不同的内容在原位直接引注。

④ 修正内容

当在梁上集中标注的梁截面尺寸、箍筋、上部通长钢筋、或架立钢筋、梁侧面纵向构造钢筋或受扭钢筋、梁顶面标高高差等内容中的一项或几项内容不适用于某跨或某悬挑端时，则将其不同数值信息内容原位标注在该跨或该悬挑部位，施工时，按原位标注优先选用。

（2）截面注写方式

梁截面注写方式是在分标准层绘制的梁平面布置图上，分别在不同编号的梁中各选一根梁用剖面号引出配筋图，并在其上注写截面尺寸和配筋等具体数值的方式来表达梁平法施工图。在截面注写的配筋图中可注写的内容有：梁截面尺寸、上部钢筋和下部钢筋、侧面构造钢筋或受扭钢筋、箍筋等，其表达方式与梁平面注写方式相同。梁平法施工图截面注写方式示意如图 9.7 所示。

梁截面注写方式既可单独使用，也可与平面注写方式结合使用。

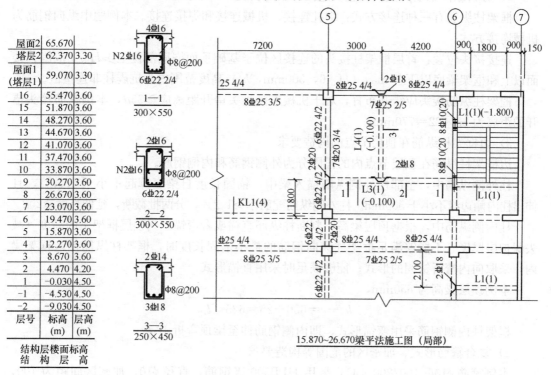

图 9.7　梁平法施工图截面注写方式示意图（局部）

9.2.4　混凝土结构平法施工图识图与钢筋量计算实例

（1）三层无地下室边柱识图与钢筋量计算实例

【已知条件】边柱绑扎连接，框架结构抗震等级一级，首层层高 4.5m。二层、三层层高为 3.6m。混凝土强度等级 C30，环境类别一类，基础高度 $h=1200$mm，基础顶面标高为 -0.030，框架梁高 650mm。如图 9.8、表 9.8 所示。

柱楼面标高和结构层高　表 9.8

顶层	11.67	
3	8.07	3.6
2	4.47	3.6
1	-0.030	4.5
层号	标高（m）	层高（m）

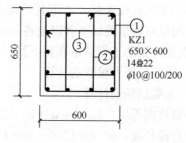

图 9.8　边柱 1 截面标注方式

【平法识图解析】

识图要点：标注内容、纵筋接头位置、顶层节点构造、箍筋的设置要求等。

1）标注内容

框架柱1，截面尺寸为650mm×600mm，纵筋为14根HRB335级钢筋，直径22mm，箍筋为4×4肢箍，HPB300级钢筋，直径10mm，箍筋的加密区间距为100mm，非加密区间距为200mm。

2）分析纵向钢筋的接头位置及连接区段的长度

框架柱纵筋有三种连接方式：绑扎连接、机械连接和焊接连接。本例题中纵向钢筋为机械连接方式。

连接接头位置：首层框架柱接头的连接区位于基础顶面嵌固部位上$\geqslant H_n/3$范围，楼面以上和框架梁底以下各$\max(H_n/6, 500mm, h_c)$高度范围内为抗震柱非连接区。

框架柱纵筋接头应错开布置，对于机械连接接头错开距离应$\geqslant 35d$，本例纵筋接头错开的距离为$35×22=770mm$。

3）边框架柱纵筋在顶层节点的构造要求

边框架柱纵筋在顶层节点内的锚固分为外侧钢筋和内侧钢筋。

柱外侧纵筋中，全部柱外侧纵筋锚入梁中，锚固长度自梁底算起不小于$1.5l_{abE}$，且伸出柱内侧边缘不小于500mm。柱外侧纵筋配筋率$>1.2\%$，分两批截断，延伸长度$\geqslant 20d$。

柱内侧纵筋中，根据顶层梁高，判断柱纵筋直锚或者弯锚。当顶层框架梁的高度（减去保护层厚度）不能够满足框架柱纵向钢筋的最小锚固长度时，框架柱纵筋伸入框架梁内，采取向内弯折锚固的形式；能够满足时采用直锚形式。

本例顶层梁高为650mm，

$$h_b - c = 650 - 25 = 625 < l_{aE}$$

框架柱内侧钢筋采用弯锚形式，即内侧钢筋伸至梁顶弯折$12d$。

4）复合箍筋形式、加密区的范围等构造要求

本例箍筋$\phi 10@100/200$（4），采用HPB300级钢筋，直径$\phi 10$，加密区间距为100，非加密区间距为200，均为四肢箍。

箍筋加密区范围：

① 在基础顶面嵌固部位$\geqslant H_n/3$范围内，中间层梁柱节点以下和以上各$\max(H_n/6, 500mm, h_c)$范围内，顶层梁底以下$\max(H_n/6, 500mm, h_c)$至屋面顶层范围内。

② 框架柱和地下框架柱箍筋绑扎连接范围内需加密，加密间距为$\min(5d, 100mm)$。

本例采用机械连接，无绑扎连接范围。需要加密的范围为：基础顶面以上$H_n/3$范围，中间层在框架梁以下和以上各$\max(H_n/6, 500mm, h_c)$范围需加密。

【框架柱钢筋工程量计算要点】

1）纵筋长度和根数的计算

A. 基础层插筋计算

一级抗震等级：$l_{abE} = 40d = 40×22 = 880mm < 1200 - 40 = 1160mm$

竖直段长度：$h - c = 1200 - 40 = 1160mm > 880mm$（直锚）

$$l_{lE} = 1.4 × l_{abE} = 1.4 × 880 = 1232mm$$

首层非连接区长度：$\dfrac{H_n}{3}=\dfrac{4500-650}{3}=1283$mm　max($6d$，150)$=150$mm

基础插筋长度：$1160+150+1283+1232=3825$mm($14\Phi22$)

B. 首层纵筋长度计算

二层非连接区：max$\left(\dfrac{H_n}{6}，500，h_c\right)=max\left(\dfrac{3600-650}{6}，500，650\right)=650$mm

首层纵筋长度：$4500-1283+650+1232=5099$mm($14\Phi22$)

C. 二层纵筋长度

三层非连接区：max$\left(\dfrac{H_n}{6}，500，h_c\right)=max\left(\dfrac{3600-650}{6}，500，650\right)=650$mm

二层纵筋长度：$3600-650+650+1232=4832$mm($14\Phi22$)

D. 顶层纵筋长度计算

判断柱外侧纵筋配筋率：$\rho=\dfrac{As}{bh}=\dfrac{22^2\times\dfrac{\pi}{4}\times5}{650\times600}=0.4\%<1.2\%$

此时，柱外侧纵筋不需分批截断

柱外侧纵筋锚入梁中锚固长度：

$$1.5l_{abE}=1.5\times40\times22=1320\text{mm}>600+650=1250\text{mm}$$

此时已超过柱内侧边缘。故，

顶层外侧纵筋长度：$3600-650-650+1320=3620$mm （$5\Phi22$）

$$h_b-c=650-22=630\text{mm}<880\text{mm （弯锚）}$$

顶层内侧纵筋长度：

$$3600-650-650+630+12\times22=3194\text{mm （}9\Phi22\text{）}$$

2）箍筋长度和根数的计算

A. 箍筋长度计算

$$l_w=\max(11.9d,75+1.9d)=11.9\times10=119\text{mm}$$

箍筋 $\Phi10@100/200$　弯钩$=$max （$11.9d$，$75+1.9d$）$=119$mm

①号箍筋长度：$(600-2\times20)\times2+$（$650-2\times20$）$\times2+2\times119=2578$mm

②号箍筋长度：$\left(\dfrac{600-2\times20-2\times10-22}{3}+22+2\times10\right)\times2+(650-2\times20)\times2+2\times$ $119=1887.3$mm

③号箍筋长度：$\left[\left(\dfrac{650-2\times20-2\times10-22}{4}\right)\times2+22+2\times10\right]\times2+(600-2\times20)\times2$ $+2\times119=2010$mm

总长：$2578+1887.3+2010=6475.3$mm

B. 箍筋根数：

基础插筋中箍筋根数：$\dfrac{1160-100}{100}+1=12$ 根（只有①号箍筋，非复合箍筋）

首层箍筋根数：

非加密区长度：$4500-1283-650-2.3\times1232-650<0$　（首层全高加密）

根数：$\dfrac{4500-50}{100}+1=46$ 根（有①号②号③号箍筋）

二、三层箍筋根数：

非加密区长度：$3600-650-650-650-2.3\times1232<0$　（二、三层全高加密）

根数：$\left(\dfrac{3600-50}{100}+1\right)\times2=74$ 根　（有①号②号③号三种形式）

3）纵筋接头

采用绑扎连接，搭接长度计入纵筋长度。

4）钢筋汇总列表（表9.9）

柱钢筋列表

表9.9

序号	钢筋位置	钢筋级别	钢筋直径	单根长度 （mm）	钢筋根数	总长度 （m）	总重量 （kg）
1	插筋	HRB400	Φ22	3825	14	53.55	160.11
2	一层纵筋	HRB400	Φ22	5099	14	71.39	213.46
3	二层纵筋	HRB400	Φ22	4832	14	67.65	202.27
4	顶层外侧纵筋	HRB400	Φ22	3620	5	18.1	54.12
5	顶层内层纵筋	HRB400	Φ22	3194	9	28.75	85.96
6	①号箍筋	HPB300	Φ10	2578	132	340.296	209.96
7	②号箍筋	HPB300	Φ10	1887.3	120	226.476	139.736
8	③号箍筋	HPB300	Φ10	2010	120	241.2	148.82

（2）框架梁识图与钢筋量计算实例

【已知条件】楼层框架梁 KL6 采用强度等级为 C30 的混凝土，环境类别为一类，抗震等级为一级，柱截面尺寸为 700mm×700mm，如图 9.9 所示。

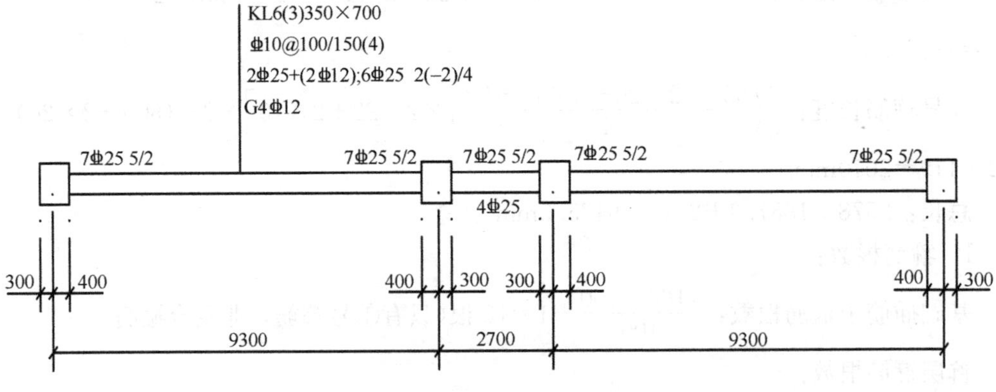

图 9.9　KL6 平法施工图

【平法识图解析】

识图要点：标注内容、纵筋接头位置、节点构造、箍筋和拉筋的设置要求等。

集中标注内容：框架梁 6，三跨，截面尺寸 350mm×700mm；箍筋 HRB400 钢筋，直径 10mm，加密区间距 100mm，非加密区间距 150mm，四肢箍；上部贯通钢筋 HRB400 钢筋 2 根，直径 25mm，架立钢筋 HRB400 钢筋 2 根，直径 12mm；下部钢筋 HRB400 钢筋 6 根，直径 25mm，分两排布置，第一排 2 根，第二排 4 根，第一排钢筋 2 根不伸入支座锚固；构造钢筋 HRB400 钢筋 4 根，直径 12mm。

原位标注内容：第一跨和第三跨支座位置上部钢筋 HRB400 钢筋 7 根，直径 25mm，第一排 5 根，自柱边向跨中延伸 $l_{n1}/3$，第二排 2 根，自柱边向跨中延伸 $l_{n1}/4$；第二跨全跨贯通上部钢筋，第一排 5 根，第二排 2 根。

【框架梁钢筋工程量计算要点】

1）计算净跨

$l_{n1}=9300-400×2=8500$mm $l_{n1}/3=l_{n3}/3=2833$mm，$l_{n1}/4=l_{n3}/4=2125$mm

$l_{n2}=2700-300×2=2100$mm

$l_{n3}=l_{n1}=8500$mm

2）锚固长度

当 $d=25$ 时，$l_{aE}=40d=40×25=1000$mm$>700-20=680$mm

在端支座处用弯锚，弯折长度 $15d=15×25=375$mm

当 $d=12$ 时，架立钢筋的搭接长度 150mm

3）纵筋长度计算见钢筋翻样图

4）箍筋计算

弯钩长度：$\max(11.9d，75+1.9d)=119$mm

加密区范围：$\max(2h_b，500)=1400$mm

外封闭箍筋 $L=(350-2×20)×2+(700-2×20)×2+2×119=2178$mm

内封闭箍筋 $L=[(350-2×20-2×10-25)/3+25+2×10]×2+(700-2×20)×2+2×119=1824.7$mm

箍筋 $L=2178+1824.7=4002.7$mm

根数：$\{[(1400-50)/100+1]×2+[(8500-2800)/150-1]\}×2+(2100-100)/100+1=155$ 根

5）拉筋计算

梁宽$=350$mm   拉筋直径 $d=6$mm

弯钩：$\max(11.9d，75+1.9d)=86.4$mm

13 号钢筋 $L=310+2×6+2×86.4=494.8$mm

根数：$[(9300-800-100)/300+1]×2+(2700-600-100)/300+1=66$ 根

6）钢筋翻样图（图 9.10）

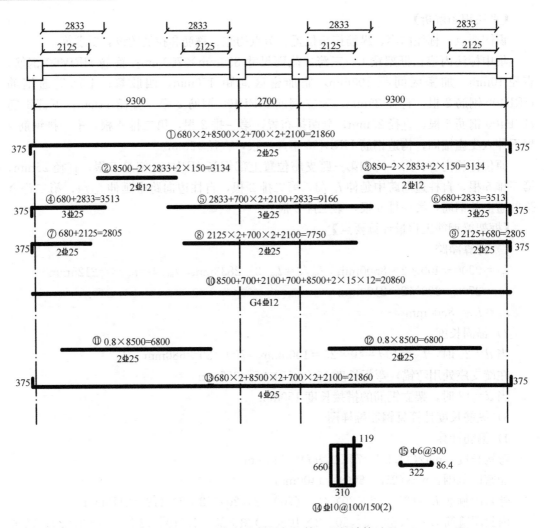

图 9.10　KL6 钢筋翻样图与钢筋工程量计算过程

7）钢筋汇总列表（表 9.10）

KL6 钢筋列表　　　　　　　　　　　　　　　　表 9.10

编号	钢筋形状	级别	直径 （mm）	根数	单根长 （mm）	总长 （m）	总重 （kg）
1	375 ⎡ 21860 ⎤ 375	HRB400	Φ25	2	22610	45.22	174.37
2	3134	HRB400	Φ12	2	3134	6.268	5.566
3	3134	HRB400	Φ12	2	3134	6.268	5.566
4	375 ⎡ 3513	HRB400	Φ25	3	3888	11.664	44.98
5	9166	HRB400	Φ25	3	9166	27.498	106.03

编号	钢筋形状	级别	直径 (mm)	根数	单根长 (mm)	总长 (m)	总重 (kg)
6	3513 ⌐ 375	HRB400	Φ25	3	3888	11.664	44.98
7	375 ⌐ 2805	HRB400	Φ25	2	3180	6.36	24.53
8	7750	HRB400	Φ25	2	7750	15.5	59.77
9	2805 ⌐ 375	HRB400	Φ25	2	3180	6.36	24.53
10	20860	HRB400	Φ12	4	20860	83.44	74.095
11	6800	HRB400	Φ25	2	6800	13.6	52.442
12	6800	HRB400	Φ25	2	6800	13.6	52.442
13	375 ⌐ 21860 ⌐ 375	HRB400	Φ25	4	22610	90.44	348.74
14	119 / 660 / 310	HRB400	Φ10	155	4002.7	620.42	382.8
15	322 86.4	HPB300	Φ6	66	494.8	32.66	7.25

实践教学课题：识读钢筋混凝土框架结构平法施工图

【目的与意义】 通过识图训练，熟练掌握现浇框架结构平面整体表示法的制图规则和构造详图。在读懂平面施工图基础上，能读懂框架柱、框架梁等基本构件的配筋，达到熟练识读框架结构施工图内容和掌握构造要求的目的。

【内容与要求】 选择本教材附图或根据当地实际情况另选一套施工图，以及必要的标注图集，在教师的指导下，读懂框架柱编号、各段柱的起止标高、截面尺寸、柱纵筋、箍筋类型、箍筋注写、箍筋图形所表示的含义。选择一个具有代表性的柱进一步分析纵向钢筋的接头位置、连接区段的长度、纵筋在顶层端节点和中间节点的锚固长度、复合箍筋形式、加密区的范围、加密区箍筋的直径和间距等构造要求；读懂框架梁中集中标注和原位标注的内容，纵向钢筋位置和锚固要求，支座上部纵筋截断点位置、搭接位置和搭接长度要求，加密区范围等构造要求；计算典型构件框架梁、框架柱钢筋工程量，并完成钢筋工程量统计表格。

思 考 题

1. 何谓建筑工程施工图？简述建筑工程施工图按其内容和作用的分类。
2. 结构施工图一般包括哪几部分？
3. 简述结构施工图的识读步骤。
4. 简述标准图集的查阅方法。
5. 简述框架柱钢筋工程量计算方法。
6. 简述框架梁钢筋工程量计算方法。

参 考 文 献

1. 郭继武，龚伟编. 建筑结构（上册）. 北京：中国建筑工业出版社，1996

2. 龚伟，郭继武编. 建筑结构（下册）. 北京：中国建筑工业出版社，1996

3. 胡兴福主编. 建筑结构. 北京：中国建筑工业出版社，2003

4. 苏明周主编. 钢结构. 北京：中国建筑工业出版社，2003

5. 哈尔滨工业大学，华北水利水电学院. 混凝土及砌体结构（上、下册）. 第一版. 北京：中国建筑工业出版社，2003

6. 乐嘉龙主编. 学看建筑结构施工图. 北京：中国电力出版社，2003

7. 陈绍蕃主编. 钢结构. 第二版. 北京：中国建筑工业出版社，2001

8. 丁天庭主编. 建筑结构. 北京：高等教育出版社，2003

9. 陈希哲编著. 土力学地基基础. 第三版. 北京：清华大学出版社，2000

10. 陈书申，陈晓平主编. 土力学与地基基础. 武汉：武汉工业大学出版社，1997

11. 沈克仁主编. 地基与基础. 北京：中国建筑工业出版社，1999

12. 周绥平主编. 钢结构. 武汉：武汉工业大学出版社，1997

13. 叶列平编著. 混凝土结构（上册）. 北京：清华大学出版社，2002

14. 周克荣，顾祥林，苏小卒编著. 混凝土结构设计. 上海：同济大学出版社，2001

15. 张誉主编. 混凝土结构基本原理. 北京：中国建筑工业出版社，2000

16. 李国强，李杰，苏小卒编著. 建筑结构抗震设计. 北京：中国建筑工业出版社，2002

17. 王振东主编. 混凝土及砌体结构（上册）. 北京：中国建筑工业出版社，2002

18. 曹双寅主编. 工程结构设计原理. 南京：东南大学出版社，2002

19. 张丽华主编. 混凝土结构. 北京：科学出版社，2001

20. 葛若东主编. 建筑力学. 第一版. 北京：中国建筑工业出版社，2004

21. 张良成主编. 工程力学与建筑结构. 第一版. 北京：科学出版社，2002

22. 段春花主编. 混凝土结构与砌体结构. 第一版. 北京：中国电力出版社，2008